U0319453

精细化工技术系列教材
编审委员会

精细化工技术系列

日用化学品生产技术

杨晓东　李平辉　主　编
金万祥　　　　主　审

化学工业出版社
·北京·

本书力求符合高职高专教育培养生产一线应用型人才的特点，打破了传统的工艺教材的编写模式，简化理论知识，突出日用化学品的生产过程。各章编写的基本思路为：主要品种→生产原料→生产原理（配方设计）→生产流程。按照日用化学品所占的市场份额，重点介绍洗涤用品、香精香料、化妆品和口腔卫生用品的生产技术，并针对洗涤用品的重要性和多样性，将洗涤用品分为4章编写，以使读者对洗涤用品的作用原理、品种和生产工艺有较为全面、系统的认识。另外，对其他日用化学品也作了简单介绍，供各院校选择使用。

本书可作为精细化学品生产技术专业的专业教材，也可作为其他专业的选修课教材、化工类其他层次的教材和化工技术人员的参考书。

图书在版编目（CIP）数据

日用化学品生产技术/杨晓东，李平辉主编．—北京：化学工业出版社，2008.6（2024.9重印）
精细化工技术系列
ISBN 978-7-122-03072-6

Ⅰ．日…　Ⅱ．①杨…②李…　Ⅲ．日用化学品-生产工艺-高等学校：技术学院-教材　Ⅳ．TQ072

中国版本图书馆CIP数据核字（2008）第081595号

责任编辑：张双进　窦　臻　　文字编辑：李锦侠
责任校对：徐贞珍　　装帧设计：王晓宇

出版发行：化学工业出版社（北京市东城区青年湖南街13号　邮政编码100011）
印　　装：北京科印技术咨询服务有限公司数码印刷分部
787mm×1092mm　1/16　印张12¾　字数316千字　2024年9月北京第1版第10次印刷

购书咨询：010-64518888　　售后服务：010-64518899
网　　址：http://www.cip.com.cn
凡购买本书，如有缺损质量问题，本社销售中心负责调换。

定　　价：38.00元

前　言

本教材是在中国石油和化学工业协会、中国化工高职高专教学指导委员会的指导和支持下，按照新一轮高职高专教材建设的要求，根据精细化工专业委员会制定的“一横多综”的模式，以高职高专精细化学品生产技术专业的培养目标为依据，广泛征求企业专家意见的基础上编写而成的。

随着生活水平的提高，人们更加注重生活的质量和品位，日用化学品逐渐成为人们不可或缺的日常生活用品，促进了日用化学品工业的巨大发展。为了适应日用化学品工业发展的需要，培养生产一线应用型人才，我们编写了此书。

本教材力求符合高职高专教育培养生产一线应用型人才的特点，打破了传统的工艺教材的编写模式，简化了理论知识，突出了日用化学品的生产过程。本教材共分七章，第一章、第二章、第四章和第五章由杨晓东编写，第三章和第八章由王蕾编写，第六章、第七章和第九章由李平辉编写。全书由金万祥主审。

本教材可作为精细化学品生产技术专业的专业教材、其他专业的选修课教材、化工类其他层次的教材和化工技术人员的参考书。

由于编者水平有限，编写过程中可能存在疏漏及欠妥之处，诚盼广大读者批评指正。

编者

2008 年 5 月

目　录

第一章　绪论 …… 1
第一节　日用化学品的范畴及特点 …… 1
第二节　日用化学品的发展概况 …… 1
一、洗涤用品 …… 1
二、化妆品 …… 3
三、牙膏 …… 4
第三节　日用化学品的开发与试验 …… 5
一、日用化学品开发的方法 …… 5
二、日用化学品的研制试验 …… 5
思考题 …… 7
第二章　洗涤剂的去污原理与成分 …… 8
第一节　洗涤剂的去污原理 …… 8
一、污垢的种类和性质 …… 8
二、污垢的去除 …… 10
三、去污力的评定 …… 12
第二节　洗涤剂常用的表面活性剂 …… 12
一、表面活性剂的特征 …… 12
二、表面活性剂的种类 …… 12
三、表面活性剂的选择与复配 …… 18
第三节　洗涤助剂 …… 20
思考题 …… 22
第三章　肥皂 …… 23
第一节　肥皂的性质及去污原理 …… 23
一、肥皂的性质 …… 23
二、肥皂的去污原理 …… 23
第二节　皂基的制备方法 …… 24
一、中性油脂皂化法 …… 24
二、脂肪酸中和法 …… 29
第三节　常用皂类的生产工艺 …… 30
一、洗衣皂生产工艺 …… 30
二、香皂生产工艺 …… 34
三、透明皂生产工艺 …… 38
四、药皂 …… 40
第四节　肥皂的质量问题分析 …… 40
一、控制肥皂冒霜 …… 40
二、控制肥皂上形成“软白点” …… 42
三、控制肥皂开裂和粗糙 …… 44
四、控制肥皂“冒汗” …… 44
五、控制肥皂“糊烂” …… 44
六、肥皂耐用度和耐磨度 …… 45
七、肥皂泡沫性能 …… 45
八、控制肥皂冻裂、收缩、变形和酸败 …… 46
九、控制香皂的沙粒感 …… 47
思考题 …… 48
第四章　粉状合成洗涤剂 …… 49
第一节　生产洗衣粉的主要原料 …… 49
一、生产洗衣粉常用的主剂 …… 49
二、生产洗衣粉的助剂 …… 50
第二节　洗衣粉的配方设计 …… 57
一、普通洗衣粉 …… 57
二、浓缩高密度洗衣粉 …… 60
第三节　粉状洗涤剂的成型技术 …… 62
一、喷雾干燥法 …… 62
二、附聚成型法 …… 65
三、干式混合法 …… 69
第四节　典型洗衣粉的生产实例 …… 69
一、漂白型洗衣粉 …… 69
二、洗衣机用洗衣粉 …… 71
三、特种洗衣粉 …… 71
思考题 …… 72
第五章　液体洗涤剂 …… 73
第一节　生产液体洗涤剂的主要原料 …… 73
第二节　液体洗涤剂的配方及其生产工艺 …… 76
一、液体洗涤剂的配方设计 …… 76
二、液体洗涤剂的生产工艺 …… 77
第三节　液体洗涤剂的典型品种 …… 78
一、衣用液体洗涤剂 …… 78
二、餐具洗涤剂 …… 80
三、洗发香波 …… 81
四、卫生间清洗剂 …… 86
五、汽车用清洗剂 …… 88
第四节　液体洗涤剂常见的质量问题 …… 89
思考题 …… 90
第六章　香料与香精 …… 91
第一节　概述 …… 91
一、基本概念 …… 91
二、香的原理 …… 92
三、香料分类 …… 93

四、香精配方的组成 …………………… 94
五、香料的评价和安全性 …………………… 95
第二节 香料与香精的生产 …………………… 97
一、天然香料的生产 …………………… 97
二、合成香料 …………………… 101
三、香精 …………………… 104
第三节 香精在日用化学品中的应用 …………………… 108
一、水质类化妆品香精 …………………… 108
二、膏霜类化妆品香精 …………………… 111
三、香粉类化妆品香精 …………………… 112
四、美容化妆品香精 …………………… 113
五、发用化妆品香精 …………………… 114
六、口腔卫生用品香精 …………………… 114
七、洗涤用品香精 …………………… 115
思考题 …………………… 116
第七章 化妆品 …………………… 117
第一节 概述 …………………… 117
一、化妆品的定义及作用 …………………… 117
二、化妆品的分类 …………………… 118
三、化妆品与皮肤科学 …………………… 118
四、化妆品的性能要求 …………………… 119
五、化妆品的发展趋势 …………………… 120
第二节 化妆品的原料 …………………… 121
一、基质原料 …………………… 121
二、辅助原料 …………………… 125
三、化妆品添加剂 …………………… 130
第三节 化妆品生产的主要工艺 …………………… 134
一、乳剂类化妆品的生产工艺 …………………… 134
二、液洗类化妆品的生产工艺 …………………… 139
三、水剂类化妆品的生产工艺 …………………… 141
四、气溶胶类化妆品的生产工艺 …………………… 144
五、粉类化妆品的生产工艺 …………………… 146
第四节 常用化妆品的生产实例 …………………… 150
一、皮肤用化妆品 …………………… 150
二、美容化妆品 …………………… 156
三、发用化妆品 …………………… 159
四、特殊用途化妆品 …………………… 161
思考题 …………………… 165
第八章 口腔卫生用品 …………………… 166
第一节 概述 …………………… 166
第二节 牙膏的性能与组成 …………………… 166
一、牙膏的性能 …………………… 166
二、牙膏的基本原料 …………………… 167
第三节 牙膏的配方设计 …………………… 171
一、普通牙膏 …………………… 171
二、透明牙膏 …………………… 173
三、药物牙膏 …………………… 174
第四节 牙膏的生产 …………………… 177
一、间歇制膏工艺 …………………… 177
二、真空制膏工艺 …………………… 178
三、程控制膏工艺 …………………… 179
四、牙膏的灌装与包装 …………………… 180
第五节 牙膏的质量问题分析 …………………… 182
一、牙膏的质量标准 …………………… 182
二、质量问题分析 …………………… 182
第六节 其他口腔卫生用品 …………………… 184
一、牙粉 …………………… 184
二、漱口剂 …………………… 184
三、口腔卫生剂 …………………… 184
思考题 …………………… 185
第九章 其他日用化学品 …………………… 186
第一节 鞋油 …………………… 186
一、溶剂性鞋油 …………………… 186
二、乳化型鞋油 …………………… 187
三、液体鞋油 …………………… 187
第二节 其他 …………………… 188
一、皮革用日化产品 …………………… 188
二、家具上光剂 …………………… 189
三、除臭剂 …………………… 189
四、空气清新剂 …………………… 190
五、玻璃防雾剂 …………………… 191
六、干洗剂 …………………… 191
思考题 …………………… 192
参考文献 …………………… 193

第一章　绪　　论

【学习目的与要求】

了解日用化学品的范畴及特点、日用化学品的发展概况与日用化学品的开发与生产。

第一节　日用化学品的范畴及特点

日用化学品是指人们日常生活中所使用的精细化学品，是精细化学品的重要门类。其种类繁多，主要包括洗涤用品、化妆品、牙膏、香精、香料等。

日用化学品与人们的衣、食、住、行息息相关，它具有以下几个特点：

① 它是大众化的产品，是广为消费者使用的；

② 许多产品与人体直接接触，产品的安全性显得日益重要；

③ 随着人们生活水平的不断提高，市场接受新产品的周期日益缩短；

④ 对生态环境的影响越来越引起广泛关注。

按照日用化学品所占的市场份额区分，洗涤用品和化妆品是日用化学品的两大类产品。洗涤用品是人们日常生活中不可或缺的日用产品，洗涤用品的作用除了提高去污能力外，还能赋予其他功能，如织物的柔软性、金属的防锈、玻璃表面防止吸附尘埃等；随着人们生活水平日益提高，化妆品几乎成为人们不可缺少的生活用品，而且化妆品的品种丰富，各有特色，它的作用大致有清洁作用、保护作用、美化作用、营养作用、治疗作用等。因此本书重点介绍洗涤用品和化妆品的生产技术。

第二节　日用化学品的发展概况

一、洗涤用品

洗涤用品是人们日常生活中不可或缺的日用产品。肥皂是最早的洗涤剂，但肥皂有抗硬水性差、对溶液的酸度较为敏感的缺陷，第二次世界大战以来，合成洗涤剂大量进入以往的肥皂市场，它的发展大致经历了三个阶段。

第一阶段：20 世纪 30～50 年代。在这一阶段，洗涤剂活性物由油脂衍生物、烷基磺酸盐、仲烷基磺酸盐转变为以烷基芳基磺酸盐为主，逐步确定以三聚磷酸盐、纯碱、硅酸盐等为主要助剂、以硫酸钠为主要填充料的基本配方。

第二阶段：20 世纪 60～80 年代。在这一阶段，洗涤剂活性物由支链的四聚丙烯烷基苯过渡到直链烷基苯，并且以烷基苯磺酸盐与醇醚进行复配。其他主活性物开始出现，且逐渐进入限磷阶段，4A 沸石和碱性蛋白酶开始进入洗衣粉配方。

第三阶段：1987 年到现在。在这一阶段，最突出的变化之一是浓缩粉、浓缩液粉及高密度粉的出现；二是复合酶进入洗涤剂配方。同时为了与 4A 沸石配合，聚合物也开始进入配方。在洗衣粉及液体洗涤剂中，甚至出现了一些敏感皮肤适用的洗涤剂品种等。

我国合成洗涤剂工业经过近几十年的发展，已经形成一定的规模，在市场竞争中逐步发展壮大，产品不断更新换代，品种、产量不断增加，品质也有了明显的提高，但与发达国家相比仍存在一定的差距，如生产集中度相对分散，人均洗涤用品占有量比较低。在生产技术水平上，国际上一些大公司为了节约能源、降低生产成本，企业生产规模和单塔生产量都很高。如美国宝洁公司、在美国本土的洗衣粉成型塔，每座塔年产30万吨洗衣粉，而我国目前的洗衣粉成型单塔的生产能力为3～7万吨。

随着人们生活水平的不断提高，人们对洗涤用品的需求也日益多样化。当今全球洗涤剂市场竞争空前激烈，各大洗涤剂生产厂商竞相推出多功能的洗涤产品、以满足各地消费者多元化的需求。从全球范围来看，尽管液体洗涤剂发展迅猛，洗衣粉仍是目前世界各国应用最为普及的洗涤用品。目前，合成洗涤剂将继续向高效、温和、节水、环保、节能与使用方便的方向发展。

1. 开发新型表面活性剂，以多种表面活性剂配方代替单一表面活性剂配方

非离子表面活性剂与离子表面活性剂复配能产生协同效应，可提高去污力并控制泡沫；肥皂与合成表面活性剂复配的洗涤用品，其去污力与抗硬水性等均优于肥皂。但是，目前常用的表面活性剂，有的生物降解性差，有的刺激性大。因此，开发新型的对人体和环境都温和的表面活性剂成了研究的热点。葡萄糖与脂肪酸或脂肪醇生产的烷基糖苷（APG）和葡糖酰胺（APA）是20世纪90年代商品化的一类温和型非离子表面活性剂。这两种新型非离子表面活性剂都对人体温和，生物降解快而完全，泡沫易于控制，性能优异，能与各种表面活性剂复配，并具有协同增效作用。使用APG替代AEO和部分LAS的洗衣粉在保持原有洗涤性能的同时，其温和性、抗硬水性和对皮脂污垢的洗涤性明显得到改善。然而，由于其价格过高，作为洗涤剂配方成分之一尚难以为消费者所接受。

2. 开发漂白用酶或是低温用氧化还原酶，增加酶的新作用

长期以来，酶被认为是用于清除污斑的组分，即蛋白酶用于清除蛋白污斑，如血迹和草汁，淀粉酶用于清除淀粉污斑，脂肪酶用于清除脂肪污斑。现代洗涤用酶已从单一型向混合型发展，包括脂肪酶、蛋白酶、纤维素酶和淀粉酶。目前，酶工业的发展重点在开发漂白系统用酶或低温用氧化还原酶，使酶制剂的应用与节水、节能和低温洗涤的发展趋势相一致。另外，纤维素酶的发展也增加了酶的其他作用，如降解作用、护色作用、总体的洗净作用和保持白度的作用。

3. 适应环境保护的要求，改善水体富营养化问题

洗衣粉中常含有的助剂磷酸盐类已经使用了数十年，但大量的磷酸盐排入水中，会使水体富营养化而导致藻类大量繁殖，破坏了水域的生态平衡而污染水源。为此，20世纪60年代，部分欧洲及美洲国家、日本相继控制和禁止含磷洗涤剂的生产和应用，洗涤剂的配方将向低磷型和无磷型发展，并陆续推出了以4A沸石等为助剂的无磷洗涤剂。然而经过几十年的禁磷实践，人们发现水体富营养化并无明显改善。无磷洗涤剂也产生了一系列环保问题，如沸石在环境中的沉积等。因此，最近几年，在全球洗涤工业界，对有磷、无磷洗涤剂环保作用重新认识的呼声日益高涨。英国利物浦大学莱斯教授提出，磷并不是造成水体富营养化的主要因素。在其他地区，控制氮比控制磷更为重要。判断产品是否有利于环境要从产品的生命周期考虑，仅仅以其中部分成分为判断依据是无意义的。这些观点受到了中国洗涤工业界的广泛响应。预计在未来几年，对限磷、禁磷的争论仍会继续下去。

4. 开发具有多种外观形态的新剂型

除传统型洗衣粉和液体洗涤剂之外，一些新型洗涤产品相继投放市场。近年来，在欧洲市场上出现了一种片剂型洗涤剂，并迅速占据了一定的市场份额。这种产品有利于消费者更方便、更准确地计量，且体积小，易于携带，节省包装材料，有利于环保。但片剂型溶解缓

慢，在衣物上有不溶残余物，因此为了提高溶解分散速率，有的在洗涤片剂中加入聚合物，能在洗涤液中均匀、彻底地预溶，并有足够的强度，可在从工厂到商店再到消费者家中这一过程中保持完好无损。

二、化妆品

人类使用化妆品已有几千年的历史。在中国，殷商时代就已使用胭脂，战国时期的妇女就以白粉敷面、以墨画眉。在国外，使用化妆品最早的国家是埃及，用防腐香油保存尸体，使之成为木乃伊。

近年来，人们对化妆品的需求日益多样化，促使我国的化妆品行业得到了飞速的发展，取得了前所未有的成绩，工业产值不断增加，产品的种类和功能更加多样化，产品结构有了新的调整，且出现了许多新的理论和新的生产工艺，如微乳液技术、凝胶技术、气雾剂技术等。一方面，使产品的质量有了显著提高，附加值加大，档次明显提升；另一方面，新的理论也对传统的配方技术提出了挑战，如十二烷基硫酸钠常作为膏霜类化妆品的乳化剂，但近期有研究表明，这种乳化剂会使皮肤本身的生理功能发生紊乱。因此，传统的许多化妆品的配方需要进行调整，相应的生产工艺也需要改进。

1. 开发新型、高效和安全的防晒原料

阳光是万物赖以生存的、不可缺少的条件，适当的紫外线照射有利于人体健康。然而，紫外线照射又是使皮肤衰老的重要因素之一。强烈的紫外线照射会损害人的免疫系统，加速皮肤老化，导致各种皮肤病甚至产生皮肤癌。为了防止紫外线对皮肤的伤害，人们需要在皮肤表面涂上防晒的保护性化妆品。而防晒与美白有因果关系，因此，防晒与美白化妆品是近代化妆品发展中永恒的主题。

防晒化妆品性能的优劣，主要取决于防晒原料性能的好坏，因此，开发新型、高效和安全的防晒原料是化妆品发展的方向。从防晒技术和原料看，世界范围内开展的研究有：复合技术与材料在化妆品中应用的研究，包括抗 UVA 和 UVB 防晒剂的复合使用、吸收剂与散射剂的配合应用等；寻找具有防晒和抗污染能效的天然活性成分，以天然活性物质与纳米 TiO_2 和 ZnO 替代目前的化学防晒剂，包括具有优良防晒性能的黑色素、各种植物提取物、海洋生物提取物等。

2. 开发生物技术制剂

生物技术是 20 世纪 70 年代兴起的，生物技术的发展对化妆品科学起了极大的促进作用。以分子生物学为基础的现代皮肤生理学逐步揭示了皮肤受损伤和衰老的生物化学过程，使人类可以利用仿生的方法，设计和制造一些生物技术制剂，生产一些有效的抗衰老产品，延缓或抑制引起衰老的生化过程，恢复或加速保持皮肤健康的生化过程。

这引起了对传统皮肤保护概念和方法的突破性研究，从传统的利用油膜来保持皮肤水分的物理护肤方法，发展到利用与细胞间脂质具有类似结构的物质来保持皮肤健康的仿生方法。这些仿生方法已成为发展高功能化妆品的一个方向，并且推动了化妆品科学的发展。

生物技术时代的化妆品原料的开发包括：生命科学的发展导致人们对一些生命现象有了科学的认识，如对皮肤的老化现象、色素形成过程、光毒性机理、饮食对皮肤的影响等的科学解释，使人们可以依据皮肤的内在作用机制，通过适当的模型有针对性地筛选化妆品原料、设计新型配方，改善或抑制某些不良过程；利用如大肠杆菌、酵母菌、动物细胞、植物细胞等来生产一些高效的物质作为化妆品的原料。

3. 开发天然化妆品

几千年前，人类已经使用黄瓜水、丝瓜汁等搽肤搽脸以保持皮肤柔软白嫩，用红花抹腮、指甲花染发以衬托容颜的美丽。然而，由于科学技术的发展，使人工合成化学品比提取天然品更容易，制造和使用也更方便，因此人工合成品日益增多，对化妆品的发展起了极大的推动作用。但是合成化学品不仅消耗了大量不可再生或再生过程很缓慢的资源，而且给自然界带来了大量的废弃物，其中部分是自然界原来没有的。另外合成化学品毒性问题已引起人们的关注，以致对合成产品是否安全产生疑问，“回归大自然”的倾向迅速波及整个化妆品工业，从而化妆品原料经历了由天然物向合成品，继而又从合成品向天然物的二次转变。

“二次转变”要求采用先进的科学技术，通过对天然物的合理选择，对其中的有效成分进行抽提、分离、提纯和改性，以及与化妆品其他原料合理配用。调制技术的研究和提高，已使当代的天然化妆品的性状大为改观，不仅具有较好的稳定性和安全性，其使用性能、营养性和疗效性亦有明显提高，在世界范围内已开始进入一个崭新的发展阶段。

三、牙膏

牙膏是和牙刷一起用于洗净牙齿表面的一种物质，其功能主要是辅助牙刷去除口腔中的食物残屑和牙垢，使口腔清爽、洁齿健齿等。牙膏自18世纪50年代初问世以来，在很长的一段时间里，在商品性质和分类上都居于美容化妆品之列，它在国内外的日用化学品中占有重要地位。牙膏是人们日常生活的必需品，且与人们的口腔卫生和健康状况紧密相连，因此牙膏的生产与消费水平也是衡量一个国家文化生活和卫生水平的标志之一。

早在公元前3000年，我国就已有保护牙齿清洁卫生习惯的记载。人们用骨粉（牛骨或乌贼鱼骨）或食盐擦牙，刮舌后用盐水漱口。古老的洁齿、清洁口腔的方法一直传至20世纪初。1926年，上海化学工业社生产出中国第一批牙膏，即三星牙膏。此后，天津的火车头牙膏、上海的因齿灵牙膏、广州的二友牙膏相继问世。但是在洋货充斥市场的旧中国，规模甚小近乎作坊式的牙膏业是难以与输入的洋牙膏相匹敌的，所以也根本不能成为一个独立的工业体系。解放后，牙膏生产发展较快，三星牙膏、黑人牙膏等都是解放初期我国第一代牙膏产品。1954年，上海牙膏厂研制成功中华牙膏和白玉牙膏。1957年，天津牙膏厂研制出了中国第一支含氟牙膏。1973年，天津又推出了纯中药脱敏牙膏。至1983年，我国药物牙膏产量已达3亿支，居世界药物牙膏产量第二位。

改革开放以来，我国牙膏工业取得了持续快速的发展。特别是1996～2000年，全行业通过技术改造、利用外资和引进设备等措施，使行业生产规模、产品质量、品种档次、工艺设备等方面都发生了巨大的变化，使我国牙膏工业进入了世界先进行列。

目前我国牙膏生产企业有60多家，生产的牙膏牌号已逾300个，花色品种已达400多种，著名的品牌有佳洁士、高露洁、黑妹等。其花色有白色牙膏、加色牙膏、透明牙膏、彩条牙膏等。在品种方面，含中草药的药物牙膏约占70%以上。药物牙膏主要有防龋牙膏、脱敏牙膏、抗结石牙膏和止痛消炎牙膏等。目前我国各类牙膏出口到世界60多个国家和地区，已成为牙膏出口大国。

到目前为止，我国的牙膏行业无论在装备、原材料配套、产品品种、检测手段、科研开发以及技术力量等方面部已接近国际水平。但是，我国牙膏产销量虽位居世界第二位，可我国人口众多，与发达国家相比，年人均牙膏消耗量仍处于较低水平，与我国2000年口腔卫生保健规划“人人享有卫生保健”的目标相去甚远。因此，从牙膏产量、质量、品种以及科研开发等方面都要付出极大的努力。今后要依靠科技进步，开发具有我国特色的以中草药为主的新型药物牙膏，以满足国内外市场的需求。

第三节　日用化学品的开发与试验

一、日用化学品开发的方法

日用化学品具有以下几个特点：

① 它是大众化的产品，是广为消费者使用的产品；

② 许多产品与人体接触，产品的安全性显得日益重要；

③ 随着人们生活水平的提高，市场接受新产品的周期缩短；

④ 由于它是化学品，其对生态环境的影响越来越引起广泛关注，例如含磷洗衣粉被禁用。由此可知，用化学产品的开发显得尤为重要。

（1）从应用的角度选择与调整配方　以功能性护肤品为例，它不仅能起护肤作用，还具有去除面部皱纹、色斑、粉刺及增白的美容作用。这是因为在其配方中添加了具有护肤、美容功效的原料或活性成分，如生化制剂类、天然萃取物类、合成或半合成化学制品类等。

（2）充分利用仪器分析技术　目前，仪器分析广泛应用于日用化工产品的开发研究和配合工艺的实际操作上。在开发日用化工产品的过程中，精密仪器有助于选择最佳配方和优化工艺条件，还可以用于成品鉴定。

（3）正确使用加工工艺　以功能性护肤品为例，它的配方一般都比较复杂，尤其是活性组分受光、热、溶解度等因素影响很大，如失活则将失去相应的功能，所以必须根据配方的基本特征，通过实验确定最佳的加工工艺，并选择合适的生产设备。

（4）重视人体和环境保护　日用化工产品对人体健康和生态环境的影响正受到高度关注，开发“绿色产品”正成为企业的共识。

二、日用化学品的研制试验

在进行新产品的研制试验前，必须先拟订有关方案，明确所要达到的目标，制订切实可行的操作措施。新产品研制需经过小型试制阶段（简称小试）、小批试生产阶段（简称中试）才能进入正式生产和销售阶段。

1. 小试

小试是用小型仪器设备，用几十毫升（或克）的原料相互反应，这不仅能揭示大生产的奥秘，还能最小限度地减少损失，尽早获得成功。

做小试涉及原料的选择、试验的方法、催化剂选择、建立分析手段等事项。开始做小试，原料要用纯试剂（如化学纯级）。纯试剂杂质少，能本质地显露出反应条件和原料配比对产品收率的影响，为选择合适催化剂、最佳反应条件和最佳配比提供可靠的依据，减少研制新产品的阻力。在用纯试剂研制新产品取得成功的基础上，逐一改用工业原料。有的工业原料含有的杂质，对研制新产品影响很小，也不影响产品的质量，则可直接采用；有的工业原料含杂质太多，影响合成新产品的主反应，加速副反应，影响产品质量。催化剂可以使反应加速千万倍以上，使许多不宜用于工业生产的缓慢反应得到加速，建立新的产业。尽量从省原料、省能源、少污染的角度选择催化剂。

2. 中试

中试就是小型生产模拟试验，是小试到工业化生产中间必不可少的环节。中试是根据小试试验研究工业化可行的方案，它进一步研究在一定规模的装置中各步化学反应条件的变化规律，并解决试验室中所不能解决或发现的问题，为工业化生产提供设计依据。虽然化学反应的本质不会因试验生产的不同而改变，但各步化学反应的最佳反应工艺条件，则可能随试验规模和设备等外部条件的不同而改变。一般来说，中试放大试验是快速、高水平到工业化生产的重要过渡阶段，其水平代表工业化的水平。

（1）中试的目的　中试是从小试试验到工业化生产必经的过渡环节，在模型化生产设备上基本完成由小试向生产操作过程的过渡，确保按操作规程能始终生产出预定质量标准的产品；是利用在小型的生产设备中进行生产的过程，其设备的设计要求、选择及工作原理与大生产基本一致；在小试成熟后，进行中试，研究工业化可行工艺，设备选型，为工业化设计提供依据。所以，中试放大的目的是验证、复审和完善实验室工艺所研究确定的合成工艺路线是否成熟、合理，主要经济技术指标是否接近生产要求；研究选定的工业化生产设备结构、材质、安装和车间布置等，为正式生产提供最佳物料量和物料消耗等各种数据。

总之，中试放大要证明各个化学单元反应的工艺条件和操作过程，在使用规定的原材料的情况下，在模型设备上能生产出预定质量指标的产品，且具有良好的重现性和可靠性。产品的原材料单耗等经济技术指标能为市场所接受；三废的处理方案和措施的制订能为环保部门所接受；安全、防火、防爆等措施能为消防、公安部门所接受；提供的劳动安全防护措施能为卫生职业病防治部门所接受。

（2）中试放大研究的内容

① 生产工艺路线的复审。一般情况下，单元反应的方法和生产工艺路线应在实验室阶段就基本确定了。在中试放大阶段，只是确定具体工艺操作和条件以适应工业化生产。但是当选定的工艺路线和工艺过程，在中试放大阶段暴露出难以克服的重大问题时，就需要复审实验室工艺路线，修正其工艺过程。

② 设备材质与型式的选择。开始中试放大时应考虑所需的各种设备的材质和型式，并考查是否合适，尤其应注意接触腐蚀性物料的设备材质的选择。

③ 搅拌器型式与搅拌速度的考查。合成反应中的反应大多是非均相反应，其反应热效应较大。在实验室中由于物料体积较小，搅拌效果好，传热、传质的问题表现得不明显，但在中试放大时，由于搅拌效率的影响，传热、传质的问题就突出地暴露出来。因此，中试放大时必须根据物料性质和反应特点注意研究搅拌器的型式，考查搅拌速度对反应规律的影响，特别是在固液非均相反应时，要选择合乎反应要求的搅拌器型式和适宜的搅拌速度。

④ 反应条件的进一步研究。实验室阶段研究获得的最佳反应条件不一定能符合中试放大的要求。应该就其中的主要影响因素，如热反应中的加料速度、反应罐的传热面积与传热系数，以及制冷剂等因素进行深入的试验研究，掌握它们在中试装置中的变化规律，以得到更适合的反应条件。

⑤ 工艺流程与操作方法的确定　在中试放大阶段由于处理物料量的增加，因而有必要考虑反应与后处理的操作方法如何适应工业化生产的要求，特别要注意缩短工序，简化操作。

（3）进行中试的条件

① 小试合成路线已确定，小试工艺已成熟，产品收率稳定且质量可靠。成熟的小试工艺应具备的条件是：合成路线确定；操作步骤明晰；反应条件确定；提纯方法可靠等。

② 小试的工艺考察已完成。已取得小试工艺多批次稳定翔实的实验数据；进行了3～5批小试稳定性试验说明该小试工艺稳定可行。

③ 对成品的精制、结晶、分离和干燥的方法及要求已确定。

④ 建立的质量标准和检测分析方法已成熟确定。包括最终产品、中间体和原材料的检

测分析方法。

⑤ 某些设备，管道材质的耐腐蚀试验已经进行；三废问题已有初步的处理方法；已提出原材料的规格和单耗数量；已提出安全生产的要求。

（4）中试放大的方法

① 经验放大法。主要是凭借研发经验通过逐级放大（小试装置－中间装置－中型装置－大型装置）来摸索反应器的特征和反应条件。它也是目前药物合成中采用的主要方法。

② 相似放大法。主要是应用相似原理进行放大。此法有一定局限性，只适用于物理过程的放大，而不适用于化学过程的放大。

③ 数学模拟放大法。是应用计算机技术的放大法。它是工业研究中常用的模拟方法，在兵器工业中应用较为广泛。现在将它引入了日用化工行业，是今后发展的方向。

此外，微型中间装置的发展也很迅速，即采用微型中间装置替代大型中间装置，为工业化装置提供精确的设计数据。其优点是费用低廉、建设快。现在国外的化工设备厂商已注意到这方面的需求，已经设计制造了这类装置。

总之，在日用化工新产品的研制开发中，在实验室制得少量样品虽是首先必须做到的重要步骤，但远不能算是真正的开发。必须进行中试生产，并对中试产品进行质量、性能测试，调整配方和工艺，以得到中试最佳配方和工艺。作为一种工业产品，还必须解决生产中的一系列工程问题，进行工艺流程设计，选择合适的制造设备，得到日用化工新产品生产的工艺流程和设备设计平面图，并现场安装调试设备，且能稳定持续地生产出数量以吨计，甚至以百吨计的合格产品，才算实现了产品开发的全过程。

（5）新产品的鉴定　鉴定是对新产品进行技术、经济、效益的评价。通过了鉴定就意味着得到了社会的公认，新产品可以通过市场进行正式销售。在鉴定以前需对新产品进行试应用，以获得用户承认，保证新产品能通过鉴定。

鉴定资料一般有小试报告、中试报告、应用报告、环保监测站和防疫站对“三废”治理通过验收的报告、毒性报告、分析测试质量检验报告等。

小试报告包括：该精细化学新产品的合成方法和机理（为保密起见，催化剂、添加剂等允许用代号，配方的成分只说一些主要成分，略去详细配比）；新产品对国家、社会的重要性；正交设计寻找最佳合成条件的做法；小试产品的质量；经济效益的估算等。中试报告包括设备概况；中试生产是否正常；三废处理；产品应用报告；毒性报告；中试的技术水平和经济效益分析。

思　考　题

1. 什么是日用化学品？它有哪些特点？
2. 化学产品的开发有哪些主要方法？
3. 中试的目的是什么？
4. 中试放大研究有哪些主要内容？
5. 中试放大有哪些主要方法？

第二章　洗涤剂的去污原理与成分

【学习目的与要求】

掌握洗涤剂常用的表面活性剂的结构及使用特点；了解洗涤剂的去污原理、表面活性剂的选择与复配和常用的洗涤助剂。

根据国际表面活性剂会议（CID）用语，所谓洗涤剂，是指以去污为目的而设计配合的制品，由必需的活性成分（活性组分）和辅助成分（辅助组分）构成。作为活性组分的是表面活性剂，作为辅助组分的有助剂、抗沉淀剂、酶、填充剂等，其作用是增强和提高洗涤剂的各种效能。

洗涤剂品种的发展和各种功能的要求，使洗涤剂所选的原料非常繁多。这些原料可以分两大类。一类是主要原料，它们是具有洗涤作用的各种表面活性剂。表面活性剂不但能明显地降低表面张力，而且也能明显地降低界面张力。此外，它具有润湿或反润湿、乳化或破乳、起泡或消泡以及加溶、分散等一系列作用。其根本原因是表面活性剂能改变体系的表面状态。由于洗涤剂是由多种原料复配而成的混合物，洗涤剂的优劣取决于所选主要原料的品种和质量。另一类是辅助原料，它们在洗涤过程中发挥着助洗作用或赋予洗涤剂某种功能，如柔软、增白等，一般用量较少，但也有的用量很大，如洗衣粉中的辅助原料硫酸钠的含量可达到50%以上。

本章主要阐述洗涤剂的去污原理，洗涤剂主要原料的性质及其选用规则。

第一节　洗涤剂的去污原理

一、污垢的种类和性质

污垢是指被洗涤对象表面上需除去的表面黏附物（不管是外来的还是本身的，不管与被洗涤物本身有无明显界限）以及不需要的杂质。在不同情况下，污垢的种类存在很大差别，情况很复杂，只能对具体情况作具体分析，因此有必要对污垢进行分类研究。

1. 根据污垢存在的形状分类

（1）颗粒状污垢　如固体颗粒、微生物颗粒等以分散颗粒状态存在的污垢。

（2）覆盖膜状污垢　如油脂和高分子化合物在物体表面形成的膜状物质，这种膜可以是固态的，也可能是半固态或流态的。

（3）无定形污垢　如块状或各种不规则形状的污垢，它们既不是分散的细小颗粒，又不是以连续成膜状态存在的。

（4）溶解状态的污垢　如以分子形式分散于水或其他溶剂中的污垢。

以不同形状存在的污垢去除过程的微观机理有很大差别，如固体颗粒状态的污垢与液体膜状污垢在物体表面的解离分散去除机理就大不相同。

2. 根据污垢的化学组成分类

按这种分类方法可把污垢分为无机物和有机物两大类。

（1）无机污垢　如水垢、锈垢、泥垢。从化学成分上看，它们多属于金属或非金属的氧化物及水化物或无机盐类。

（2）有机污垢　食物残渣中的淀粉、糖、奶渍、肉汁、动植物油迹，衣物上沾染的血污、色素、矿物油等，从成分上看它们分别属于碳水化合物、脂肪、蛋白质、有机高分子化合物或其他类型的有机化合物。

应该说明的是，通常所说的油垢，实际上可能是两类性质完全不同的有机物：一类是矿物油，包括机器油、润滑油等，它们属于有机物的烃类，是石油分馏的产品；另一类是油脂，包括动物脂肪和植物油；它们属于有机物酯类，是饱和或不饱和的高级脂肪酸甘油酯的混合物。它们与矿物油的区别是在碱性条件下可以发生皂化反应。

不同化学成分的污垢使用不同方法去除，一般情况下，无机污垢常采用酸碱等化学试剂使其溶解而去除，而有机污垢则经常利用氧化分解或乳化分散的方法从物体表面去除。

3. 根据污垢的亲水性和亲油性分类

（1）亲水性污垢　如可溶于水的食盐等无机物和蔗糖等有机物。

（2）亲油性污垢　如油脂、矿物油、树脂等有机物。

亲水性强的污垢通常用水作溶剂加以去除，亲油性污垢则利用有机溶剂溶解，或用表面活性剂溶液乳化分散加以去除。

4. 根据在物体表面的存在状态分类

污垢与物体表面的结合状态是多种多样的，由于结合作用力种类的不同使结合牢固程度不同，因此从物体表面去除污垢的难易也不同。

（1）单纯靠重力作用在物体表面沉降而堆积的污垢　这种形态存在的外来污垢，在物体表面上的附着力很弱，较容易从物体表面上去除，如衣物或家具表面上附着的粗大尘土颗粒。

（2）靠吸附作用结合于物体表面的污垢　在这种情况下，污垢分子与物体表面的分子间存在着吸附作用力，这种吸附力既可能是分子间的范德华作用力，也可能是分子间的氢键作用或分子间形成共价键的结合。当污垢分子靠吸附作用结合于物体表面时，特别是污垢以薄膜状态紧密结合于表面时，这种结合力是很强的。与表面直接接触的污垢分子层由于存在这种强烈的吸附作用、通常的清洗方法常很难把它们去掉。而且以这种状态存在的污垢颗粒越小，与物体表面的吸附力也越强，在超精密工业清洗中要求把这类微小的污垢粒子也清除掉，因此要采用一些特殊的方法来克服污垢粒子对物体表面的吸附作用。

（3）污垢粒子靠静电吸引力附着在物体表面　当污垢粒子与物体表面带有相反电荷时，它就会依靠静电吸引力吸附到物体表面。有时污垢粒子与物体表面都带有相同的负电荷，但物体表面存在带正电荷的金属阳离子，此时靠金属阳离子的中间作用，污垢粒子也会依靠静电引力间接吸附于物体表面。许多导电性能差的物体表面在空气中放置时往往会带上电荷，而带电的污垢粒子就会靠静电引力吸附到此物体表面上。当将这类物体浸没在水中时，由于水有很大的介电常数，会使污垢与物体表面之间的静电引力大为减弱，此时这类污垢就容易从表面解离。

这类由导电性差的材料组成的物体在溶液中加以清洗之后，如果放置在空气环境中令其干燥，很可能又会被带电的尘埃颗粒污染。为避免发生这种情况，在超精密工业清洗工艺中，这类物体在清洗处理之后都是放置在十分清洁的无尘室中进行干燥的。

（4）在物体表面形成的变质层污垢　金属在潮湿空气中放置会生锈，锈垢这种污垢不是来自外界环境，而是物体与周围环境中物质发生化学反应在表面形成的变质层。这种污垢的特点是在污垢变质层与物质基体之间往往存在一个明确的分界面，因此可通过用酸、碱等化学试剂或用物理的机械方法把变质层污垢从物体表面除去。

（5）渗入物体表面内部的污垢　如衣物表面的液体污垢，不仅在衣物表面扩散润湿，同时也会向衣物纤维内部渗透扩散。这种渗入物体内部的污垢在清除时会遇到更大困难。

（6）刺破物体表面而楔入内部的坚硬污垢　如金属切削碎屑和研磨粉楔入物体表面，火车车厢的表面涂层被火车行进过程中车轮与铁轨摩擦产生的铁粉所刺破。

通常把上述前三种情况称为“附着污垢”，污垢来自环境并且与物体表面存在一明确分界面，这种污垢的清除一般不会造成物体表面的损伤。而把后三种情况称为“污染污垢”，由于污垢与物体已连成一体并深入到物体表面之内，因此清除这种污垢要认真选择合适的清洗方法，既要去除污垢，又要尽量避免损伤表面。

二、污垢的去除

1. 污垢的去除原理

污垢的去除主要包括化学作用和物理作用，一般有以下几种。

（1）溶解和分散作用　对污垢起溶解和分散作用的主要是水和溶剂，它们在溶解和分散污垢的同时还具有媒介作用。水是良好的洗涤媒介，但它有以下缺点：水对油脂类的污垢不具有溶解和分散能力，在洗涤时必须添加表面活性剂和助剂；水的表面张力很大，把带有污垢的织物投入水中浸渍时，水不太容易渗入织物的组织内，同时也难浸润附着在纤维上的污垢；水中含有多种盐类，如+1价的钾、钠，+2价的钙、镁、铁，+3价的铝等金属的碳酸盐、碳酸氢盐、硫酸盐、硝酸盐、硅酸盐，还有它们的氧化物，其中+2价以上的金属盐和肥皂反应后生成不溶于水的金属皂，这种金属皂不具有去污能力，对去污不利，在使用肥皂洗涤时不仅降低肥皂的去污能力，而且这种金属皂很容易沉积在被洗物表面上，使被洗物的光泽和色调等消退，触感变硬。

溶剂，特别是对油性污垢溶解力强的溶剂，广泛用于工业清洗，在家庭洗涤方面主要是作为干洗剂使用。乙醇之类的亲水性溶剂比水更容易分散油性污垢，所以常把乙醇配成水溶液，洗涤油性小的污垢和水溶性污垢。

污垢的化学性质和溶剂的溶解力之间存在着互相选择和适应的关系。对于单一化学成分形成的污垢，使用溶解力最强的溶剂时，用最少的溶剂量可得到最大的去污效果。由于一般污垢的组成成分是复杂的，因此，对于溶剂的选择，须针对污垢各种成分的性质和含量，选择相适应的溶剂。例如织物上的污垢有亲水性的污垢和亲油性的污垢，组成成分很广泛。如果只靠水的溶解力就洗不掉油性污垢，如果单纯使用亲油性溶剂就洗不掉水溶性污垢。又如，干洗用的溶剂，四氯乙烯之类的合成溶剂比石油类溶剂的溶解范围宽。不加其他助剂，单独使用溶剂干洗时，四氯乙烯之类的合成溶剂可以洗掉多种类型的污垢。

另外，由于污垢成分的种类多，为了把污垢全部洗掉，常需用多种溶剂配合使用以扩大溶解范围。这时，应注意互相混合的溶剂的溶解特性应相近，例如能够溶解食盐的水和能够溶解油脂的石油类溶剂，由于溶解特性并不相近，就不具有可混用性。在这种情况下，就要利用表面活性剂的乳化作用和增溶作用，把水和石油类溶剂制成乳状液，以便同时发挥两者的溶解特性。在工业洗涤和干洗领域，就是利用这个原理配制成各种工业用洗涤剂和干洗剂的。

溶剂的溶解力与温度有很大关系，提高溶剂的温度，可以使溶解速率和溶解力成倍增加。但是，为了提高溶解力而提高温度时，要注意不至于因此而使溶剂发生变化。

（2）表面活性作用　在洗涤剂中，发挥表面活性作用的主体是表面活性剂。表面活性剂是一类具有特定的分子结构的物质，即兼具亲水和憎水基团于一身的物质。它最重要的特性是能够富集在液-液、液-气和气-固界面，显著改变界面状态和性质，降低界面传送阻力，从而起到水油交融的作用，使原来互不相容的亲水物和亲油物充分混合。表面活性剂不仅在日用化工，而且在纺织、石油、食品、材料（金属、陶瓷、塑料、橡胶、化纤等）、农业、医药等许多部门都得到了广泛应用，被誉为“工业味精”。表面活性剂的品种据称有10000多种。当前，新表面活性剂的开发，尤其是低刺激性、易生物降解，以及多功能表面活性剂的开发仍然很活跃。

（3）化学反应作用　酸、碱、氧化剂等药品的化学反应有重要的去污作用。在工业洗涤方面，一般使用硫酸、盐酸、烧碱等洗去金属表面的锈、水垢、油垢等。而日用洗涤剂中一般用弱酸和弱碱，化学反应较温和。氧化和还原作用也是日用洗涤剂中常有的化学反应，如漂白作用。另外，许多氧化剂还具有杀菌作用，特别是次氯酸钠，常作为日用杀菌剂。

（4）吸附作用　吸附作用去除污垢的机理主要是利用同污垢具有亲和性的物质将污垢吸附到其表面。吸附剂的比表面积一般较大，如活性白土、淀粉等。

（5）酶的分解作用　动植物生物体内的酶是一种高分子有机化合物，对生物体内许多物质的分解和合成具有催化作用。在洗涤过程中，可借助酶的这种作用达到去污的目的。在洗涤剂中使用的酶属于加水分解酶类。

（6）物理作用　仅仅将被洗物浸泡在含有表面活性剂和助剂的洗涤液中并不能充分发挥洗涤效果，还要适当利用物理作用。物理作用主要是为了提高洗涤剂与纤维的接触面积，利用机械力促使污垢从纤维上脱离和移走。在施用物理作用力时，应防止被洗物受到损伤，且使被洗物的每个部位受力均等。加热也是一种重要的物理作用。一般化学反应的温度每上升10℃，其反应速率增加1倍。对不同种类的纤维进行加热洗涤，可以使纤维的表面迅速润湿膨胀，从而提高洗涤效果。但是，加热洗涤时必须注意加热温度，既不损伤被洗物，又能在该温度下充分发挥洗涤剂的洗涤效果。

2. 污垢的去除过程

被洗物、污垢和洗涤剂构成去污体系。洗涤过程一般可简化为：

$$F \cdot S + D \longrightarrow F + S \cdot D$$

式中，F为被洗物；S为污垢；D为洗涤剂，一般是水或水加洗涤剂的溶液以及溶剂等，它的作用是将洗涤剂传送到被洗物和污垢的界面，再将脱落下来的污垢分散和悬浮起来。污垢去除过程中的洗涤污水实际上是乳浊液、悬浊液、泡沫和胶体溶液的综合分散体系，去污过程是多种胶体现象的综合。

（1）润湿作用　即使得纺织品或其他固态物质能被水所润湿，为此要求任何洗涤剂都必须是表面活性剂，能降低水的表面张力，使水分子易于渗透到织物组织中去。

（2）乳化力　污物被肥皂或洗涤剂分子包围后，易于分散到液体中去形成乳状液，因此，也要求洗涤剂能降低水的表面张力。

（3）分散作用或胶溶作用　这就要求洗涤剂分子是分散剂，把油渍、污物变成分散的胶体溶液，其中主要靠洗涤剂分子和水形成的双电层的吸附引力。

（4）保护作用　保护胶体粒子不发生聚沉作用。

（5）携污能力　防止污垢重新沉积在织物上的能力。

（6）泡沫力　起泡是洗涤过程中很普遍的现象，但并不是洗涤剂中表面活性物质的主要性质。起泡取决于界面上洗涤剂分子的定向吸附作用，它和表面张力的降低有密切的关系，它间接地增加了洗涤剂的携污能力。

三、去污力的评定

对于不同类型的洗涤剂，其去污力的评定方法不同。在我国，目前可参考的标准有：衣料用洗涤剂去污力测定标准（GB/T 13174—91，适于衣料用洗涤剂，包括粉状、液体及膏状产品）、餐具洗涤剂国家标准（GB 9985—88，适于洗涤蔬菜、水果、餐具的洗涤剂）、金属材料用水基洗涤剂（HB 5226—82，航天部标准）和通用水基清洗剂国家专业标准（ZB 43002—86）等。

第二节　洗涤剂常用的表面活性剂

表面活性剂是各种洗涤剂的主要活性物，其种类繁多，结构复杂。通常根据其结构特征，分为阴离子表面活性剂、阳离子表面活性剂、两性表面活性剂和非离子表面活性剂。本节重点介绍洗涤剂中常用的表面活性剂及其特征。

一、表面活性剂的特征

表面活性剂的种类繁多，结构复杂，但从分子结构的角度归纳起来，所有的表面活性剂都具有“双亲结构”及“亲油基团和亲水基团强度的相互平衡”两个特征。

（1）表面活性剂分子中的“双亲结构”　任何一种表面活性剂，其分子都是由两种不同的基团组成的：一种是非极性的亲油基团（疏水）；另一种是极性的亲水基团（疏油）。这两种基团处于分子的两端面形成不对称的分子结构。这样，它既有亲油性又有亲水性，形成一种所谓的“双亲结构”。亲油基和亲水基之间的结合可形成双亲结构的分子，但不一定都具有表面活性，只有亲水、亲油强度相当时，才可能是表面活性剂。

（2）亲油基团和亲水基团强度的相互平衡　一个良好的表面活性剂，不但具有亲油及亲水基团，同时它们的亲水、亲油强度必须匹配。亲油性太强，会完全进入油相；亲水性太强，会完全进入水相。只有具有适宜的亲油亲水性，才能聚集在油-水界面上定向排布，从而改变界面的性质。亲油基的强度除了受基团的种类、结构影响外，还受烃链长短的影响；亲水基的强度主要取决于其种类和数量。若亲油基是直链或支链烷烃，则以8～20个碳原子为合适；若亲油基为烷烃基苯基，则以8～16个碳原子为合适：若亲油基为烷烃基萘基，则烷基数一般为两个，每个烷基碳原子数在3个以上。

二、表面活性剂的种类

1. 阴离子表面活性剂

阴离子表面活性剂溶于水中时，分子电离后亲水基为阴离子基团，如羧基、磺酸基、硫酸基，在分子结构中还可能存在酰氨基、酯键、醚键。疏水基主要是烷基和烷基苯，常见的阴离子表面活性剂的主要品种有以下几类。

（1）羧酸盐　羧酸盐类表面活性剂俗称脂肪酸皂，化学通式为RCOOM，其中$R=C_8 \sim C_{22}$，M为K^+、Na^+、$N^+H(CH_2CH_2OH)_3$等。

羧酸盐是用油脂与碱溶液加热皂化而制得的，也可用脂肪酸与碱直接反应制得。由于油脂中脂肪酸的碳原子数不同以及选用碱剂不同，所成的肥皂的性能有很大差异。具有代表性的脂肪酸皂是硬脂酸钠，它在冷水中溶解缓慢，且形成胶体溶液，在热水及乙醇中有较好的溶解性能。脂肪酸皂的碳链愈长，其凝固点愈高，硬度愈大，但水溶性愈差。就同样的脂肪酸而言，钠皂最硬，钾皂次之，铵皂较柔软。钠皂和钾皂有较好的去污力，但其水溶液碱性较高，pH值约为10，而铵皂水溶液的碱性较低，pH值约为8。用于制造各类洗涤用品的脂肪酸皂都是不同长度碳链的脂肪酸皂的混合物，以便获得所需要的去污力、发泡力、溶解性、外观等。这类表面活性剂虽有去污力好、价格便宜、原料来源丰富等特点，但它不耐硬水，不耐酸，水溶液呈碱性。

(2) 烷基硫酸酯盐　烷基硫酸酯盐的化学通式为 $RO—SO_3M$，其中 $R=C_8\sim C_{18}$，M 通常为钠盐，也可能是钾盐或铵盐。烷基硫酸酯盐的制备方法是将高级脂肪醇经过硫酸化后再以碱中和。这类表面活性剂具有很好的洗涤能力和发泡能力，在硬水中稳定，溶液呈中性或微碱性，它们是配制液体洗涤剂的主要原料。其中最主要的品种是月桂酸硫酸钠，商品代号为 K_{12}，结构简式为 $C_{12}H_{25}O—SO_3Na$，白色粉末，可溶于水，可用作发泡剂、洗涤剂等。

如果在烷基硫酸酯的分子上再引入聚氧乙烯醚结构，则可以获得性能更优良的表面活性剂。这类产品中具有代表性的是月桂醇氧乙烯醚硫酸钠，其结构简式为 $C_{12}H_{25}(OCH_2CH_2)_n—OSO_3Na$，俗称 AES。由于聚氧乙烯醚的引入，使得月桂醇氧乙烯醚硫酸钠比月桂酸硫酸钠水溶性更好，其浓度较高的水溶液在低温下仍可保持透明，适合配制透明液体香波。月桂醇聚氧乙烯醚硫酸盐的去油污能力特别强，可用于配制去油污的洗涤剂，如餐具洗涤剂。该原料本身的强度较高，在配方中还可起到增稠作用。

将非离子表面活性剂单月硅酸甘油酯经硫酸酸化后，再中和，可制得单月桂酸甘油酯硫酸钠，其结构简式为

$$C_{11}H_{23}\underset{\underset{O}{\|}}{C}OCH_2CHOHCH_2OSO_3Na$$

该产品易溶于水，水溶液呈中性，对硬水稳定，其发泡性和乳化作用均好，去污力强，适用于配制香波等高档液体洗涤剂。

(3) 烷基磺酸盐　烷基磺酸盐的通式为 $R—SO_3M$，其中 R—可以是直链烃基、支链烃基或烷基苯基，M 可以是钠盐、钾盐、钙盐、铵盐，这是应用得最多的一类阴离子表面活性剂。它比烷基硫酸酯盐的化学稳定性更好，表面活性也更强，成为配制各类合成洗涤剂的主要活性物质。烷基磺酸盐的疏水基不同时，可以表现出不同的表面活性，可分别作为乳化剂、润湿剂、发泡剂、洗涤剂等使用。现将烷基磺酸盐中的几种主要产品介绍如下。

① 烷基苯磺酸钠 (ABS)。烷基苯磺酸钠的结构简式为

$$C_{12}H_{25}—C_6H_4—SO_3Na$$

它是由烷烃脱氢后直接与苯缩合制得烷基苯，然后用 SO_3 磺化、中和后即得成品。烷基苯磺酸钠具有良好的发泡力和去污力，综合洗涤性能优越，是合成洗涤剂中使用最多的表面活性剂。早期的烷基苯磺酸钠是以丙烯为原料，聚合成四聚丙烯（十二烯），再与苯缩合成十二烷基苯。用这种原料生产的烷基苯磺酸钠虽然润湿能力好，去污能力也好，但不易生物降解，排放后污染环境，因此这种产品已逐渐被用正构烷烃生产的直链烷基苯磺酸钠所取代。

② 仲烷基磺酸钠 (SAS)。仲烷基磺酸钠的结构简式为

$$R—\underset{\underset{SO_3Na}{|}}{CH}—R'$$

它是以平均碳原子数为 $C_{15}\sim C_{16}$ 的正构烷烃为原料而制得的磺酸盐。正构烷烃在紫外线照射下与 SO_2 及 O_2 通过磺氧化法反应生成烷基磺酸，然后用 NaOH 中和得到仲烷基磺酸钠。

$$RCH_2R' + 2SO_2 + O_2 + H_2O \xrightarrow[NaOH]{紫外线} R-\underset{\displaystyle SO_3Na}{\underset{|}{CH}}-R' + H_2SO_4$$

进行磺氧化反应时，磺酸基可能出现在正构烷基烃基上的任何一个碳原子上，由于仲碳原子比伯碳原子更易发生反应，因此产品的组成主要是仲烷基磺酸钠。用磺氧化法生产的烷基磺酸钠副产品少，色泽浅，适宜用于民用洗涤品。另外，仲烷基磺酸钠的表面活性与直链烷基苯磺酸钠接近，但溶解性能及生物降解性能均优于直链烷基苯磺酸钠。仲烷基磺酸钠的缺点是用它作为主要组分的洗衣粉发黏，不松散，因此只用于液体洗涤剂中。

③ α-烯基磺酸盐（AOS）。石蜡裂解后得到的 $C_{15}\sim C_{18}$ 的 α-烯基用 SO_3 磺化后，再进行中和，便得到 α-烯基磺酸盐，简称 AOS，它的主要成分是烯基磺酸盐［$R-CH=CH-(CH_2)_n-SO_3Na$］和烃基烷基磺酸盐［$R-CHOH-(CH_2)_n-SO_3Na$］。

AOS 的去污力优于 LAS，而且生物降解性能好，不会污染环境，且刺激性小，毒性远低于 LAS 及 AS。AOS 与非离子表面活性剂及阴离子表面活性剂都有良好的配伍性能，与酶也有良好的协同作用，是制造加酶洗涤剂的良好原料。

④ 烷基磷酸盐。烷基磷酸盐也是一类重要的阴离子表面活性剂，可以用高级脂肪醇与五氧化二磷直接酯化制得。所得产品主要是磷酸单酯及磷酸双酯的混合物。

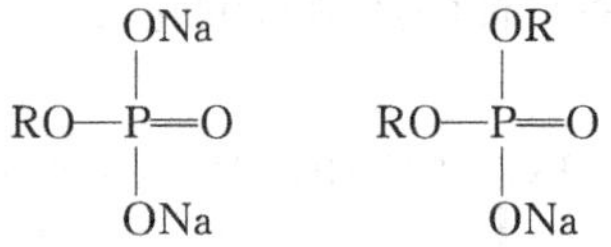

$$RO-\overset{\displaystyle ONa}{\overset{|}{\underset{\displaystyle ONa}{\underset{|}{P}}}}=O \qquad RO-\overset{\displaystyle OR}{\overset{|}{\underset{\displaystyle ONa}{\underset{|}{P}}}}=O$$

不同疏水基的产品以及磷酸单酯及磷酸双酯盐含量不同时，产品性能有较大差异，使产品适用于乳化、洗涤、抗静电、消泡等不同的用途，如十二烷基磷酸酯钠盐主要作为抗静电剂，用于具有调理作用的产品中。

十二烷基聚氧乙烯醚磷酸酯钠盐是一种优良的表面活性剂。它由非离子表面活性剂烷基聚氧乙烯醚与五氧化二磷酯化得到，结构简式为

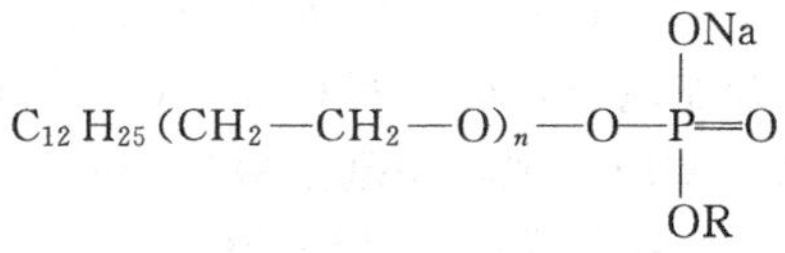

$$C_{12}H_{25}(CH_2-CH_2-O)_n-O-\overset{\displaystyle ONa}{\overset{|}{\underset{\displaystyle OR}{\underset{|}{P}}}}=O$$

这是一种黏度很高、去污力很强、适合于配制餐具洗涤剂的表面活性剂。这类磷酸酯盐兼有非离子表面活性剂的特点，因此其综合性能及配伍性能俱佳。以多元醇酯类非离子表面活性剂衍生的磷酸酯盐，如单月桂酸甘油酯磷酸酯盐，也是综合性能较好的阴离子表面活性剂，用于食品乳化剂、餐具洗涤剂和硬表面清洗剂。

2. 阳离子表面活性剂

阳离子表面活性剂溶于水中时，分子电离后亲水基为阳离子。几乎所有的阳离子表面活性剂都是有机胺的衍生物。阳离子表面活性剂的去污力较差，甚至有负洗涤效果，一般主要用作杀菌剂、柔软剂、破乳剂、抗静电剂等。日用化学品中常用的阳离子表面活性剂有以下几种。

（1）季铵盐　季铵盐是阳离子表面活性剂中最常用的一类，一般由脂肪叔胺与卤代烃反应得到。例如用十二烷基二甲基胺与氯苄反应生成氯化十二烷基二甲基苄基铵。

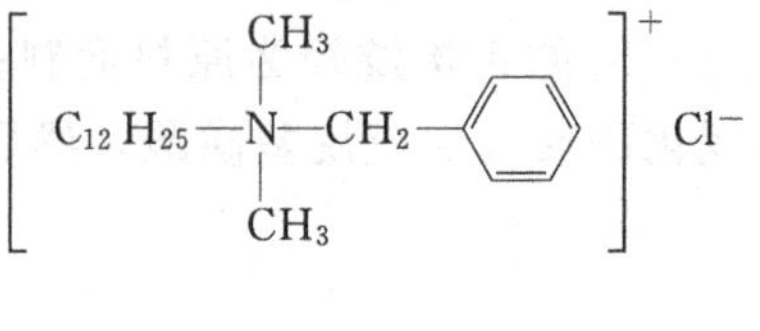

$$\left[C_{12}H_{25}-\overset{\displaystyle CH_3}{\overset{|}{\underset{\displaystyle CH_3}{\underset{|}{N}}}}-CH_2-C_6H_5\right]^+ Cl^-$$

这是一种具有杀菌能力的表面活性剂，俗称“洁尔灭”。除此以外，季铵盐表面活性剂还有氯化十六烷基三甲基铵、溴化十二烷基二甲基苄基铵、氯化十八烷基三甲基铵、氯化双十八烷基二甲基铵。

（2）咪唑啉盐　咪唑啉盐化合物是典型的环胺化合物。用羟乙基乙二胺和脂肪酸缩合即可得到环叔胺，再进一步与卤代烃反应即得咪唑啉盐表面活性剂。这类表面活性剂主要用作头发滋润剂、调理剂、杀菌剂和抗静电剂，也可用作织物柔软剂。例如

$$\left[\begin{array}{c} \qquad N\text{—}CH_2 \\ C_{12}H_{35}\text{—}C \diagup\!\!\!\!\!\!= \qquad | \\ \qquad N\text{—}CH_2 \\ H_3C \diagup \quad \diagdown CH_2CH_2OH \end{array}\right]^+ Cl^-$$

（3）吡啶卤化物　卤代烷与吡啶反应，可生成类似季铵盐的烷基吡啶卤化物。

$$\begin{array}{c} H\ \ H \\ C\text{—}C \\ N \qquad C\text{—}H \\ C\text{=}C \\ H\ \ H \end{array} + RCl \longrightarrow \left[\begin{array}{c} H\ \ H \\ C\text{—}C \\ R\text{—}N \qquad C\text{—}H \\ C\text{=}C \\ H\ \ H \end{array}\right]^+ Cl^-$$

氯化十二烷基吡啶铵是这类表面活性剂的代表物，其杀菌力很强，对伤寒杆菌和金黄葡萄球菌有灭杀能力，在食品加工、餐厅、饲养场和游泳池等处作为洗涤消毒剂使用。

3. 两性离子表面活性剂

两性离子表面活性剂分子中既有正电荷的基团，又有负电荷的基团，带正电荷的基团常为含氮基团，带负电荷的基团是羧基或磺酸基。

两性表面活性剂在水中电离，电离后所带的电性与溶液的 pH 值有关，在等电点以下的 pH 值溶液中呈阳性，显示阳离子表面活性剂的作用，在等电点以上的 pH 值溶液中呈阴性，显示阴离子表面活性剂的作用。在等电点的 pH 值溶液中形成内盐，呈现非离子性，此时表面活性较差，但仍溶于水，因此两性表面活性剂在任何 pH 值溶液中均可使用，且与其他表面活性剂相容性好，耐硬水，发泡力强，无毒性，刺激性小，也是这类表面活性剂的特点。

（1）甜菜碱型两性表面活性剂　甜菜碱是从甜菜中分离出来的一种天然产物，其分子结构为三甲胺基乙酸盐。如果甜菜碱分子中的一个—CH_3 被长碳链烃基代替就是甜菜碱型表面活性剂，一般由对应的叔胺与氯乙酸钠反应制得。例如

$$R\text{—}\overset{\displaystyle CH_3}{\underset{\displaystyle CH_3}{\overset{|}{\underset{|}{N^+}}}} + ClCH_2COONa \longrightarrow R\text{—}\overset{\displaystyle CH_3}{\underset{\displaystyle CH_3}{\overset{|}{\underset{|}{N^+}}}}\text{—}CH_2COO^- + NaCl$$

有代表性的是 *N*-十二烷基-*N*,*N*-二甲基-*N*-羧甲基甜菜碱（简称 BS-12），如下

$$C_{12}H_{25}\text{—}\overset{\displaystyle CH_3}{\underset{\displaystyle CH_3}{\overset{|}{\underset{|}{N^+}}}}\text{—}CH_2COO^-$$

（2）氨基酸型两性表面活性剂　氨基酸型两性表面活性剂是在一个分子中具有胺盐型的阳离子部分和羧酸型的阴离子部分的两性表面活性剂。在工业上应用的有将丙氨酸的氢用长链烷基取代的丙氨酸型以及将甘氨酸的氢用长链烷基取代的甘氨酸型。

丙氨酸型两性表面活性剂在水溶液中，偏于酸性时呈阳离子活性、偏于碱性时呈阴离子活性。在微酸性等电点时，溶解度最小，表面张力和渗透力低，去污力差。一般在偏于碱性

时的去污力好。这类表面活性剂主要用作清洗剂和起泡剂，可用于金属清洗。因为它对皮肤的刺激性小，而且其水溶液的泡沫同肥皂近似，故也可配入香波中等。此外，还可用于染色助剂等，但价格较高，只限于某些特殊用途。

甘氨酸型两性表面活性剂，在20世纪40年代后期被发现有杀菌作用之后，被广泛用作杀菌剂和消毒剂。代表性的甘氨酸型两性表面活性剂是联邦德国Gold schmidt公司的Tego系列产品，在两性表面活性剂中，它们的杀菌作用最强。例如，十二烷基氯与二亚乙基三胺反应然后与一氯乙酸反应而制得的十二烷基二（氨乙基）甘氨酸，对革兰阴性菌和革兰阳性菌等有良好的杀菌作用。甘氨酸型两性表面活性剂，除了在家庭、食品工业、发酵工业和乳品工业等中作为杀菌剂使用之外，有时也用于化妆品。同氯系或阳离子表面活性剂型杀菌剂相比，它具有刺激性和毒性小、抗菌谱广、在蛋白质存在下杀菌作用下降得小等优点。

4. 非离子表面活性剂

表面活性剂由疏水基和亲水基构成，在溶液中离解的称为离子性表面活性剂，不离解的称为非离子性表面活性剂。一般而言，非离子表面活性剂具有增溶、渗透、去污、乳化等性能。其中以乳化性能受到重视，其次是去污性能。一种非离子表面活性剂适宜于作为乳化剂还是作为去污剂等，取决于该非离子表面活性剂分子中亲水部分所占的比例。人们以分子中亲水基分子量对表面活性剂分子量之百分比称为亲水亲油平衡值，简称为HLB。一般而言，HLB在3～7时可作为W/O型乳化剂；HLB在8～18时，可作为O/W型乳化剂；HLB在12～16时，可作为去污剂。

在非离子表面活性剂中，聚乙二醇型非离子表面活性剂的独特性质是：它的水溶液在慢慢加热至一定温度时成为乳白色的乳液，超过此温度，水溶液仍不变成透明。这种表面活性剂水溶液开始变成乳白色的温度称为浊点。HLB越大，浊点越高，也就是说，亲水性越大，浊点越高。因此，浊点是表示聚乙二醇型表面活性剂亲水性的重要指标。如果在远高于浊点的温度下使用聚乙二醇型表面活性剂，则不能发挥这种表面活性剂所具有的性能，因此，必须十分注意使用温度。

非离子表面活性剂，特别是聚乙二醇型非离子表面活性剂，可以按HLB的需要制成不同加成度的制品，它在很宽的pH值范围内稳定性良好。因此，除大量用作洗涤剂外，在许多工业上可作为乳化剂、渗透剂、消泡剂、增溶剂等使用。多元醇型非离子表面活性剂的毒性较小，乳化力好，较多地用于食品工业，这是它的特点。

(1) 聚氧乙烯醚类非离子表面活性剂　聚氧乙烯醚类非离子表面活性剂可根据疏水基的种类分类。疏水基主要是高碳醇、烷基苯酚、脂肪酸、多元醇脂肪酸酯、烷基胺、脂肪酰胺、油脂等。

聚氧乙烯醚类非离子表面活性剂易溶于水，主要是由于相当于亲水基的聚氧乙烯醚中的羟基和聚氧乙烯基中的氧原子通过氢键与水分子水合所致。将聚氧乙烯醚非离子表面活性剂水溶液加热，达到一定温度时，水溶液变成白色混浊状。水溶液开始混浊的温度称为浊点，这是聚氧乙烯醚非离子表面活性剂所特有的性质。浊点随环氧乙烷加成摩尔数的增加而上升，它可作为这类表面活性剂的亲水性指标。

聚氧乙烯醚非离子表面活性剂，特别是以高碳醇和烷基苯酚为疏水基的，是以稳定的醚键结合而成的，而且由于没有离子性，所以对酸、碱也比较稳定，还可以与离子性表面活性剂并用。其他特点有临界胶束浓度比离子性表面活性剂小，所以可在更低浓度下使用，一般泡沫较少。

聚氧乙烯醚表面活性剂的制法是：将高碳醇等具有活性氯的化合物，在酸或碱催化剂存在下，于 50～200℃，用环氧乙烷加成聚合。用作酸性催化剂的是无机酸三氟化硼（BF_3）之类的路易斯酸等，用碱作催化剂的是烧碱和甲醇钠（CH_3ONa）之类的碱金属醇化物。一般是在烧碱的存在下，将环氧乙烷加压压入反应器，逐次进行加成反应制得。使用酸性催化剂时，特点是制成品分子量分布窄。调节环氧乙烷加成摩尔量，可以制得任意 HLB 值的聚氧乙烯醚非离子表面活性剂产品。此外，如上所述，还可与离子性表面活性剂并用，因此，它的应用范围极广，作为洗涤剂以及乳化剂、分散剂、消泡剂、渗透剂、增溶剂等，应用于许多工业部门。

（2）酰胺型非离子表面活性剂　酰胺型非离子表面活性剂的代表性产品是烷醇酰胺。由于其中含亲水基—OH，所以也常将其归类于多元醇型非离子表面活性剂中。烷醇酰胺型非离子表面活性剂，按其制取时原料脂肪酸和烷醇胺的摩尔比分为 1∶1 型和 1∶2 型两类。1∶2 型是一种具有良好水溶性的络合物。同分子内具有酯基的多元醇型非离子表面活性剂相比，酰胺型非离子表面活性剂由于有酰胺键，所以耐水解性好，可在较广的 pH 值范围内使用。

烷醇酰胺型非离子表面活性剂的制法，通常是脂肪酸和烷醇胺加热缩合。但除生成烷醇酰胺之外，还有胺酯和酰胺酯等副产物。为了制得高纯度的烷醇酰胺，可用脂肪酸甲酯代替脂肪酸进行合成。用这种方法可制得 90％以上的高纯度的烷醇酰胺。此外，也可以使用椰子油等的甘油酯，但产品纯度比用脂肪酸甲酯要差。

烷醇酰胺型非离子表面活性剂除具有增黏性、增泡性和泡沫稳定作用之外，还具有缓和一般表面活性剂对皮肤刺激的效果。因此，它是化妆品工业的香波和家庭用洗涤剂中常用的表面活性剂。

近年来，随着对肥皂粉需求量的增加，烷醇酰胺型非离子表面活性剂用作肥皂粉的助溶剂以及皂垢分散剂已受到重视，另外还可用作香料等的增溶剂、金属工业的防锈剂等。此外，还有脂肪酰胺与环氧乙烷加成的脂肪酰胺型非离子表面活性剂，用作香波的起泡剂、清洗剂等。

（3）多元醇型非离子表面活性剂　多元醇型非离子表面活性剂由甘油、季戊四醇、山梨糖醇、失水山梨糖醇、蔗糖、烷醇胺等多羟基化合物同高碳脂肪酸进行酯化反应制得。

① 甘油单酸酯（单酸甘油酯）。一般是在催化剂存在下，于 200～300℃将油脂与甘油进行酯交换，也有用脂肪酸和甘油直接酯化的方法。无论用哪种方法，由于脂肪酸和甘油的 3 个羟基的反应概率是相等的，所以酯化产品是几种化合物的混合物。酯交换法所得到的甘油单酸酯含量约为 60％，而直接酯化的方法只能制得含量为 45％～50％的甘油单酸酯。

② 失水山梨醇酯。山梨醇是由葡萄糖加氢还原而得到的多元醇，由于醛基已被还原，因此化学稳定性好，山梨醇与脂肪酸反应时可同时发生脱水和酯化反应。例如

$$\mathrm{HOH_2C-\overset{OH}{\overset{|}{C}H}-\overset{OH}{\overset{|}{C}H}-\overset{OH}{\overset{|}{C}H}-\overset{OH}{\overset{|}{C}H}-CH_2OH} \xrightarrow{-H_2O} \begin{array}{c} \mathrm{H_2C{-}O{-}CHCH_2OH} \\ \mathrm{|\qquad\qquad|} \\ \mathrm{HOHC\qquad CHOH} \\ \mathrm{\diagdown\ \diagup} \\ \mathrm{\underset{OH}{\underset{|}{C}H}} \end{array} \xrightarrow{RCOOH} \begin{array}{c} \mathrm{H_2C{-}O{-}CHCH_2O{-}\overset{O}{\overset{\|}{C}}{-}R} \\ \mathrm{|\qquad\qquad|} \\ \mathrm{HOHC\qquad CHOH} \\ \mathrm{\diagdown\ \diagup} \\ \mathrm{\underset{OH}{\underset{|}{C}H}} \end{array}$$

这种失水山梨醇的硬脂酸酯就是乳化剂“斯盘-60”（Span-60）。山梨醇可在不同位置的羟基上失水，构成各种异构体，实际上山梨醇的失水反应是很复杂的，往往得到的是各种失水异构体的混合物。“斯盘”（Span）是失水山梨醇脂肪酸类表面活性剂的总称，按照脂肪

酸的不同和羟基酯化程度的差异，斯盘系列产品的代号如下：

Span-20　R=$C_{11}H_{23}$；Span-40　R=$C_{13}H_{27}$

Span-60　R=$C_{15}H_{29}$；Span-65　R=$C_{15}H_{31}$

Span-80　R=$C_{17}H_{33}$；Span-85　R=$C_{17}H_{35}$

斯盘类表面活性剂的亲水性较差，在水中一般不易溶解。若将斯盘类表面活性剂与环氧乙烷作用，在其羟基上引入聚氧乙烯醚，就可大大提高它们的亲水性，这类由斯盘衍生得到的非离子表面活性剂称为“吐温”（Tween）。吐温的代号与斯盘相对应，即Span-20与环氧乙烷加成后成为Tween-20，Span-40与环氧乙烷加成后成为了Tween-40，以此类推。Span与Tween混合使用可获得具有不同HLB值的乳化剂。由于这类表面活性剂无毒，常用于食品工业、医药工业和化妆品工业中。

③ 烷基糖苷（APG）。烷基糖苷是一种由葡萄糖的半缩醛羟基与脂肪酸在酸催化作用下脱去水分子而得到的一种苷类化合物。其结构如下

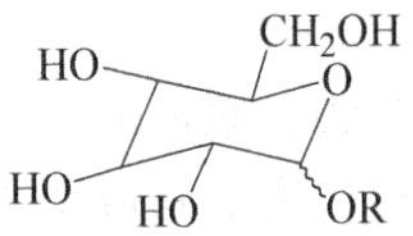

HO　CH_2OH　O

HO　HO　OR

APG作为表面活性剂有三大优势：一是性能优异，其溶解性能和相行为等与聚氧乙烯醚类表面活性剂比较，更不易受温度变化的影响，且对皮肤刺激性小，适合制作化妆品和洗涤剂等；二是以植物油和淀粉等再生天然资源作原料，对人体作用温和，无毒；三是APG是被人们视为具有广泛发展前景的绿色表面活性剂，在化妆品、洗涤剂等日用化学品工业领域用途非常广泛，可以作吸湿剂、保湿剂、润湿剂、块皂添加剂以及护发剂。如根据它与阴离子表面活性剂复配的泡沫特性以及温和性与溶解性，可配制一种温和的高性能手洗餐具洗涤剂。还可配制在强酸条件下的硬表面洗涤剂，可用于汽车及机械的清洗，能防止金属被氧化及被酸腐蚀。

纯的APG为白色固体，实际产品由于组成不同，分别呈奶油色、淡黄色、琥珀色。APG作为一种非离子表面活性剂，能有效地降低水溶液的表面张力。由于其亲水基团是羟基，它的水合作用强于环氧乙烷基团，因此具有优良的水溶性，不仅极易溶解，且形成的溶液稳定，在高浓度无机盐剂的存在下溶解性依然良好，可配成含20%～30%常用无机盐的烷基糖苷溶液。APG在水中的溶解度随烷基链的加长而减小，随聚合度的增加而增加。APG的水溶液无浊度，不会形成胶体。烷基糖苷的溶解性能和溶液性质使它具有广泛的相容性。

APG具有优良的去污性能。其去污力与阴离子LAS和AES相当，但APG的泡沫细腻而稳定，泡沫力居于中上水平，优于烷基醚型非离子表面活性剂，并且具有良好的生物降解性，对眼睛和皮肤的刺激性均低于月桂基硫酸钠、月桂醚硫酸钠及月桂基琥珀酸二钠，还可以与LAS和AES复配，降低它们的刺激性。

当然，APG的性能与烷基碳链的长度有关，一般来说，烷基碳原子数在8～10范围内有增溶作用；在10～12范围内去污作用良好，可作洗涤剂；若碳链更长，则具有W/O型乳化剂作用乃至润湿作用。

三、表面活性剂的选择与复配

1. 表面活性剂的选择

在选择表面活性剂时应考虑表面活性剂的结构对其去污性能的影响以及对织物的褪色和

手感的影响。

在水中的纤维表面一般都带负电荷，阳离子表面活性剂被纤维吸附后表面变成疏水性，同时还会中和污垢表面的负电荷而使污垢沉积到织物表面上去。故在洗涤剂配方中多采用阴离子表面活性剂及非离子表面活性剂。

非离子表面活性剂的去污能力受硬水的影响较小，而阴离子表面活性剂的去污能力易受硬水的影响，其中肥皂受硬水的影响尤为严重。不同亲水基对硬水的敏感性可大致排列为如下顺序：

脂肪醇(酚)醚、脂肪醇(酚)醚硫酸盐＜α-烯基磺酸盐＜烷基硫酸盐＜烷基磺酸盐＜烷基苯羧酸盐。

非离子表面活性剂的去污效果受温度的影响较大。如洗涤温度在非离子表面活性剂的浊点附近，去油污能力最强。在选用非离子表面活性剂时，不同的疏水基要与适合的环氧乙烷加成数相匹配，使之与要求的洗涤温度相适应。

表面活性剂在基质和污垢表面的吸附在洗涤过程中起重要作用。在给定浓度下，亲水基相同的表面活性剂，其疏水基愈长，吸附量愈大。就阴离子表面活性剂而言，疏水基链长增加，去污性能增强，但也不是碳链愈长愈好，而是有一个最佳的链长范围，此范围的确定与洗涤温度和水的硬度有关。这是因为随着碳链的增长，表面活性剂在水中的溶解度降低，同时其Krafft点（在较低温度下，表面活性剂在水中的溶解度随温度的上升而升高缓慢，但到某一温度后，表面活性剂在水中的溶解度随温度的上升而迅速上升。该溶解度突变所对应的温度称为Krafft点）明显上升。当洗涤温度低于Krafft点时，表面活性剂的溶解量很少，不能达到临界胶束浓度，得不到较好的去污效果。图2-1及图2-2所示为两种温度下同长度烃链的脂肪酸钠的洗涤效果。可以看出，在55℃时C_{16}和C_{18}的脂肪酸钠有较好的洗涤效果，而温度降到38℃时，C_{14}的脂肪酸钠具有较好的洗涤效果。因此，欲配制在较低温度下使用的洗涤剂，就不宜选用烃链过长的表面活性剂。

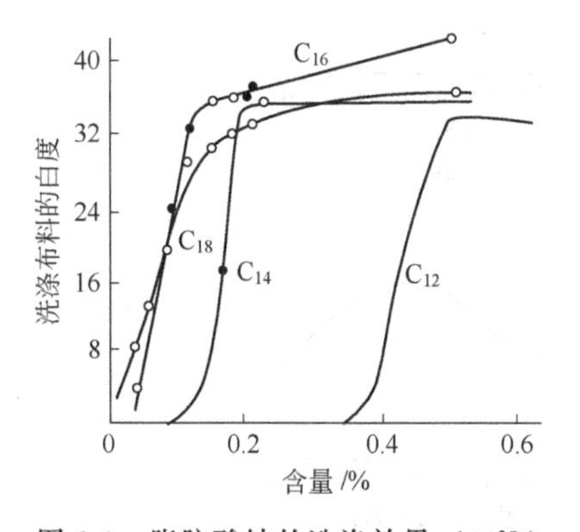

图2-1　脂肪酸钠的洗涤效果（55℃）

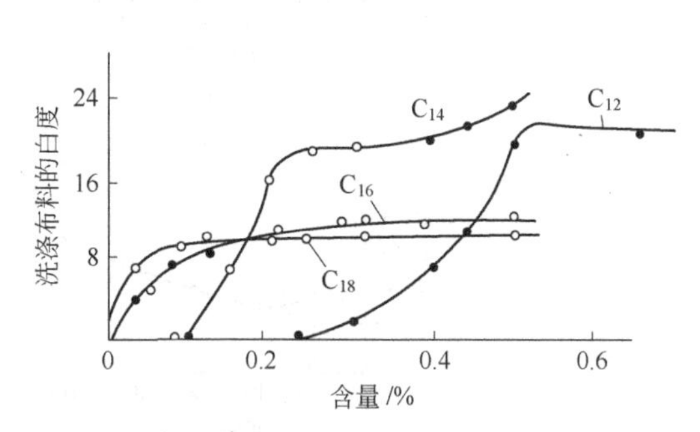

图2-2　脂肪酸钠的洗涤效果（38℃）

对于非离子表面活性剂，尽管其临界胶束浓度较低，Krafft点一般都低于0℃，但烃链的最佳长度也有一个范围，疏水基过长，水溶性变差，浊点降低，去污能力也随之下降。虽然对于长碳链的表面活性剂，增加其分子中的环氧乙烷加成数可增加水溶性，但这样会降低表面活性剂在界面的吸附量而影响其洗涤效果。因此作为洗涤剂用的表面活性剂，不论是阴离子型还是非离子型，若洗涤温度在30～40℃，其疏水基链长一般以C_{12}～C_{16}较好。

表面活性剂疏水基的支链化对去污性能有显著影响。研究表明，疏水基的支链化对去污不利，一般随着支链化程度的提高，去污力明显下降。这是因为支链产生了较大的位阻效应，一方面使吸附量降低，另一方面又使临界胶束浓度值升高，不易形成胶束，导致去污能力下降。但支链化可以提高表面活性剂的润湿能力。

2. 表面活性剂的复配

现在市场上出现的洗涤剂大都是复配洗涤剂，效果很好。所谓复配洗涤剂是由两种以上的表面活性剂配合而得的，各种表面活性剂的特性不同，将几种表面活性剂适当配合后可以发挥良好的协同效应。协同效应是指两种或两种以上表面活性剂并用时，它们的总效应超过它们各自单独使用效能的加和。例如，肥皂是由不同碳效的脂肪酸组成的，烷基苯磺酸盐系合成洗涤剂是由不同碳数的烷基组成的，两者必须在一定碳效的范围内复配才可发挥明显的协同效应。一般来说，两种不同类型的活性物互相配合都得到一定的协同效应，但是阳离子表面活性剂和阴离子表面活性剂一般不能复配。不同类型的表面活性剂复配后，其去污力的协同效果如图 2-3 所示。

图 2-3(a) 所示为肥皂和烷基苯磺酸钠复配对棉布的去污效果，看来以肥皂为主体的去污力最高，复配后其去污力稍有下降的倾向，基本上没有协同效应。图 2-3(b) 所示为烷基苯磺酸钠和烷基酚聚氧乙烯醚的复配，最好效果是非离子为 20%、烷基苯磺酸钠为 80%的配比，除此之外的去污力都差。图 2-3(c) 所示为高碳醇硫酸酯钠盐和烷基酚聚氧乙烯醚系表面活性剂复配，其去污力升降的现象很明显。图 2-3(d) 所示为烷基苯磺酸钠和酰胺磺酸钠的复配，对薄呢的去污力效果，其协同作用很明显，在酰胺磺酸盐比例为 60%时为最好。除了活性物单体的复配之外，还要考虑助剂的复配、洗涤条件等因素的作用，所以调制复配洗涤剂前须进行适当的试验，明确各种因素和条件的作用。

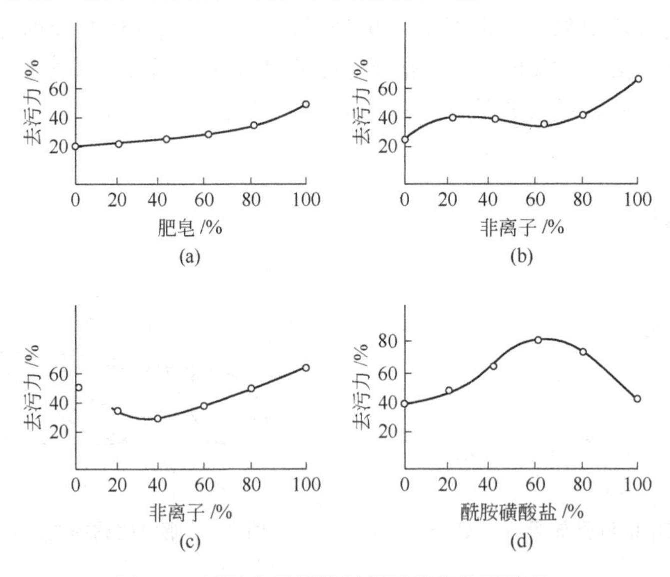

图 2-3 不同表面活性剂复配后的协同效果

第三节 洗涤助剂

洗涤剂中添加助剂的作用，主要是帮助表面活性剂充分发挥活性作用，从而提高洗涤效果。助剂的选择、配比，必须与起主要作用的表面活性剂的性能相适应，多数情况下，选择适当的助剂可决定洗涤剂的效果。

1. 洗涤剂中各种助剂的主要作用

(1) 碱性助剂　例如碳酸钠在洗涤剂中起增强碱性的作用，三聚磷酸钠在洗涤剂中起减弱碱性的作用。这种助剂能使酸性污垢中和后变成亲水性的污垢，对于肥皂类的洗涤剂还具有防止生成金属皂和游离脂肪酸等的作用。

(2) 酸性助剂　例如磷酸等酸性助剂能使金属的氧化物溶解，并且在铁的表面上形成磷酸铁覆盖膜，具有防止表面腐蚀的作用。

(3) 降低表面活性剂溶液的表面张力　例如硅酸钠自身几乎不具有降低表面张力的作用，但它与肥皂共存时，对降低肥皂的表面张力有增强作用。在烷基苯磺酸盐系表面活性剂溶液中添加各种无机盐助剂，在低浓度条件下一般可以降低烷基苯磺酸盐表面活性剂的表面、界面张力。

(4) 助剂对洗涤剂溶液形成胶束作用的影响　由于胶束电荷的作用，能更有效地吸附污垢，而且使胶束的临界浓度下降，增强分散溶液中污垢的能力。

(5) 防止被分散污垢的再附着　例如羧甲基纤维素（CMC）可以防止被分散后的污垢再附着在纤维上，这是由于污垢从纤维表面脱离后，CMC代替污垢吸附在已清洁的纤维表面上，从而防止污垢与纤维接触。

(6) 软化硬水作用　例如三聚磷酸钠使钙盐、镁盐变成可溶性的磷酸盐，从而防止生成金属皂。

(7) 金属离子的封闭螯合作用　金属离子尤其是铁离子的存在对去垢效果产生不良影响，如添加乙二胺四乙酸二钠盐（EDTA），对金属离子有良好的封闭作用。

上述各项是助剂应具有的性能，为了充分发挥主剂和助剂以及助剂之间的协同效应，一般是几种助剂适当配合使用。

2. 几种助剂的使用方法和效果

(1) 碳酸盐　在碳酸盐类助剂中最常用的是无水碳酸钠（纯碱），价格比较便宜。它的水溶液破除力强，1%水溶液的pH值可达11.2左右，一般多用于工业用洗涤剂，如用于清洗玻璃等。对于弱碱性纤维的洗涤和家庭用洗涤剂，一般不使用强碱性助剂。在洗衣店中用肥皂洗涤白棉布时，添加这种强碱性助剂，可增强洗涤效果。家庭用洗涤剂中添加碳酸氢钠时，须适当调整pH值，使之成为倍半碳酸钠使用。碳酸盐类作为肥皂的助剂效果良好，但如作为烷基苯磺酸系合成洗涤剂和高碳醇硫酸酯等的助剂反而不显效果，甚至降低去污力。

(2) 硅酸盐　硅酸钠和磺酸钠一样都是强碱性助剂，此外也是污垢分散剂和硬水软化剂，硅酸钠在不同 Na_2O 和 SiO_2 比例下的碱度是不同的，配制家用洗衣皂和合成洗衣粉时的 $Na_2O:SiO_2$ 为 1∶3.2。用于烷基酚聚氧乙烯醚、烷基苯磺酸盐系合成洗涤剂和高碳醇硫酸酯盐等的效果非常好，而且对金属还有防腐蚀的效果。硅酸盐类助剂虽然价格便宜，但也是一种碱性助剂，pH值高，对于皮肤以及弱碱性纤维等有损伤，应根据用途适当控制用量。

(3) 磷酸盐　磷酸盐的价格比碳酸盐高，但效果非常好，用途广泛，使用量大。它的pH值比前述助剂低，有较强的缓冲作用，对皮肤刺激性小。它还具有软化硬水，封闭金属离子，分散污垢，防止污垢再沉积以及防止金属腐蚀等作用。在烷基苯磺酸盐系合成洗涤剂中添加磷酸盐助剂，可以提高去污力。它添加在肥皂中的效果较前者差。在各种不同的洗涤剂中添加不同的聚合磷酸盐，其效果也不一样。例如，在烷基苯磺酸盐系和高碳醇硫酸酯系洗涤剂中添加三聚磷酸钠或六偏磷酸钠，去污效果好。烷基酚聚氧乙烯醚系非离子表面活性剂中添加不同聚合磷酸盐，去污效果顺序为六偏磷酸钠＞焦磷酸钠＞三聚磷酸钠。

（4）芒硝　芒硝是价格比较便宜的中性无机助剂，广泛用作家用和工业用合成洗涤剂中的助剂。用硫酸法和发烟硫酸法制取的烷基苯磺酸盐系和高碳醇硫酸酯系的表面活性剂，在反应过程中由于有过剩的硫酸存在，使反应生成物中含有芒硝，一般不进行分离而直接作为助剂使用。

（5）沸石　20 世纪 70 年代初，人们发现三聚磷酸盐随洗涤污水进入水域而发生过营养化作用，致使水生动植物死亡。欧美及日本等先后提出在洗涤剂中限制和禁止使用磷酸盐，只允许生产少磷或无磷的制品。与此同时，许多国家纷纷研究和开发新的代用品。经过多年努力，基本上认定 4A 型合成沸石可以作为三聚磷酸盐的取代助剂。20 世纪 80 年代起，主要在服装洗涤剂中不同程度地配加了 4A 型合成沸石。

（6）羧甲基纤维素（CMC）　羧甲基纤维素是在纤维素上导入乙酸基，再用氧化钠中和制得的，是亲水性很强的有机助剂。在无水状态下是白色粉末，加水后水合为黏稠状液体。在洗涤剂中与无机助剂并用，抗污垢再沉降的效果十分显著。

（7）其他无机助剂　如氢氧化钠是强碱性助剂，多用于清洗玻璃、金属等的工业用洗涤剂中，家用洗涤剂中一般不用。硼酸钠是弱碱性助剂，对污垢的分散性、起泡性和黏度等有良好作用，多用于家庭用洗涤剂、肥皂和洗发香波等。

思　考　题

1. 什么是表面活性物质？什么是表面活性剂？

2. 表面活性剂有哪些主要特征？

3. 什么是表面张力？它的单位如何表示？液体的表面张力是怎样产生的？

4. 什么是 HLB 值？为什么说 HLB 值是表面活性剂的一个重要特性值？

5. 什么是 Krafft 点？

6. 什么是协同效应？

7. 阴离子表面活性剂、阳离子表面活性剂、非离子表面活性剂、两性离子表面活性剂的结构特征各是什么？举例说明它们的性质与用途。

8. 表面活性剂的选择要注意哪些问题？

9. 洗涤剂中各种助剂有哪些主要作用？

第三章　肥　　皂

【学习目的与要求】

了解肥皂的性质、相关质量问题及处理办法；掌握肥皂去污原理、皂基的制备方法以及相应的生产工艺。

第一节　肥皂的性质及去污原理

一、肥皂的性质

肥皂具有多晶性、吸湿性、水解性和去垢性等性能。

(1) 多晶性　肥皂是一种同质多晶体，借助 X 射线衍射实验可观察到同质多晶现象。纯净的无水肥皂是白色晶体，而晶型则有多种。按照弗格森（Ferguson）的分类，可分为 α、β、δ、ω 四种晶型。市售的许多肥皂都属于后三种晶型。肥皂保管的时间越长、越干燥，结晶越显著，不应把这看成是变质现象。

(2) 吸湿性　肥皂在潮湿的环境中有吸收水分的能力，称为肥皂的吸湿性。肥皂的吸湿作用是由其亲水基的大量存在引起的，碳链越短的肥皂，亲水性越强，吸湿性也就越强；如果碳链长度一样，则具有双键的肥皂分子吸湿性要强一些。

低级的、不饱和的脂肪酸盐本身质地就软，而它们的吸湿性又较强，因此保管这类肥皂时应特别注意防止它们因吸湿而引起酸败变质。

(3) 水解性　肥皂溶于水后，部分肥皂发生水解，其过程如下：

$$RCOONa+H_2O \rightleftharpoons RCOOH+Na^{+}+OH^{-}$$

肥皂水解的结果，由于 OH^- 的产生，皂液呈碱性。普通洗衣皂的 pH 值大约为 11～12，香皂的 pH 值大约为 10。

(4) 去垢性　肥皂是一种最古老的表面活性剂。实际上，肥皂溶于水后，其表面张力和界面张力都有所下降。同时，由于肥皂分子的特殊结构，使得它在水溶液中具有湿润、分散、乳化、起泡、增溶等性能。

二、肥皂的去污原理

肥皂（soaps）就是长链脂肪酸的钠盐或钾盐，它可以由天然油脂在碱性条件下水解得到。日常所用的肥皂为脂肪酸钠盐。因为是固体，质较硬，所以又叫硬肥皂。其中含约 70%的脂肪酸钠、0.2%～0.5%的盐及约 30%的水分。加入香料及颜料就成为家庭用的香皂，加入甲苯酚或其他防腐剂就成为药皂。洗涤用肥皂通常加入松香酸钠来增加泡沫。

肥皂的去污原理是因为长链脂肪酸钠盐（或钾盐）结构上一头是羧酸离子，具有极性，是亲水的，另一头是链状的烃基，是非极性的，是憎水的。

其分子结构如图 3-1 所示。

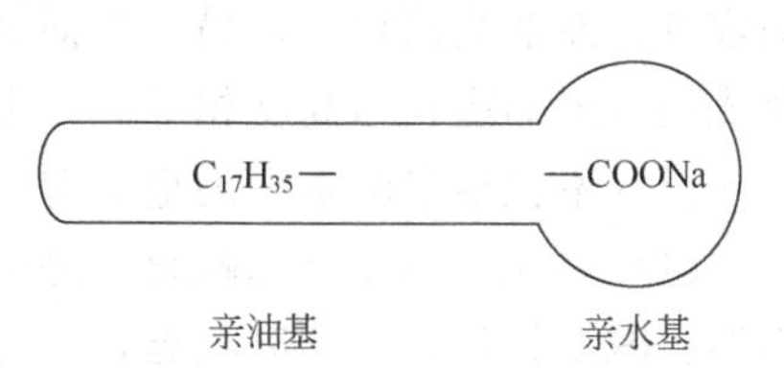

图 3-1　肥皂的分子结构示意

脂肪酸钠的亲水基团倾向于进入水分子中，而憎水的烃基则被排斥在水的外面，排列在水表面的脂肪酸钠分子削弱了水表面上水分子之间的引力。所以肥皂可以强烈地降低水的表面张力［纯水的表面张力为 $7.3\times10^{-4}N/cm^2$，而肥皂溶液为（$2.5\times10^{-4}\sim3.0\times10^{-4}$）$N/cm^2$］，它是一种表面活性剂。

若肥皂分子在水溶液中（不在水表面上），则其长链憎水的烃基依靠相互间的范德华引力聚集在一起，似球状。而在球状物的表面为亲水基团羧酸离子所占据，与水相连接（这些羧酸离子可以被水溶剂化或和正离子成对）。这样形成的球状物称为胶囊。

这样形成的一粒粒很小的胶囊，由于外面带有相同的电荷，彼此排斥，使胶囊保持着稳定的分散状态。如果遇到衣服上的油迹，胶囊的烃基部分即投入油中，羧酸离子部分伸在油的外面而投入水中，这样油就被肥皂分子包围起来，降低了水的表面张力，使油迹较易被润湿，在受到机械摩擦时，脱离附着物，分散成细小的乳浊液（即形成很多细小的油珠受肥皂分子包围而分散的稳定体系）随水漂洗而去。这就是肥皂的去污原理。

肥皂具有优良的洗涤作用，但也有一些缺点，例如肥皂不宜在硬水或酸性水中使用。因为在硬水中使用时，能生成不溶于水的脂肪酸钙盐和镁盐，而使肥皂失效。在酸性水中肥皂能游离出难溶于水的脂肪酸，也使其去污力降低。此外，制造肥皂需要消耗大量的食用油脂。用合成洗涤剂代替它，基本上克服了上述缺点。

第二节　皂基的制备方法

皂基的制备方法有很多，有中性油脂造化法及脂肪酸中和法。其中中性油脂皂化法包括沸煮法和连续煮皂法。

一、中性油脂皂化法

1. 沸煮法

油脂与碱液在开口蒸汽的翻动下进行沸煮，可精确地达到所要求的皂化程度。在油脂皂化完成后，再进行盐析等操作以回收甘油。对甘油回收的要求不同，所采用的盐析次数也不同。国内肥皂厂基本上都用此法煮皂。

煮皂锅一般都是用普通的碳钢制成的。皂锅的底都是锥形的以利于放清废液或皂脚。锅内底部装有开口的蒸汽管，一般分为三道，旁边两道，中间一道，各道均装有阀门，可分别控制。开口蒸汽管上的孔径一般为 Φ4mm 左右。皂锅装有两个出口，一个在底部，可把废液或整锅物料放出；另一个稍高于锥底，装有一根能上下移动的撇取管。在撇取管的尽头有一只扁平的鱼尾状的吸头，它可根据需要保证吸出上层的皂基或下层的皂脚等，而不扰乱其他，碱析水输入皂锅，易冲出泡沫，因此也由此压入。皂锅的容量自 15～100m^3 皆有，一般为 30～50m^3。皂锅的四周需保温，以防止热量散失过甚。肥皂的温度对它的黏度影响很大，当肥皂温度低于 75℃时，肥皂变得十分稠厚，影响整理静置时皂脚的下沉，因此皂锅的形状选择比皂锅的容量更为重要。一方面为了不要散热过快，致使锅中肥皂易冷，要求皂锅容量大而散热面积小；另一方面为了使皂脚沉降路程短，皂锅又不宜太高，一般皂锅的直径成正方形的边长与高度相等。在皂锅上装有各种物料的输入管和输出管。油脂及松香的总投入量（不包括皂脚量）为皂锅容量的 30%～35%。

（1）皂化　皂化也称碱化，是油脂与碱液起反应生成肥皂及甘油的过程。皂化开始时，因油、碱不相容，呈分离状态，反应很缓慢，要靠蒸汽翻动来增加油、碱的接触面积，以促进它们的反应。特别目前大多采用逆流洗涤煮皂操作法，皂化时都套用碱析水，由于碱析水中含有较多的盐，更促使油与碱液分离，因此皂化反应也更缓慢。当翻煮一段时间后，肥皂逐渐形成，这时油、碱能溶解于肥皂中，使皂化反应变成在均一状态下进行，因此反应速率大大加快，锅中物料渐渐变稠，肥皂开始上涨，如反应剧烈，上涨迅速，则应立即关小蒸汽或关闭蒸汽；如再继续上涨，则需在锅面上加入适量冷水，以降温压下液面。当皂化反应接近完成时，锅内物料中的油、碱浓度都降低，因此皂化反应的速率又缓慢下来。皂化操作完成时的肥皂呈微碱性，用1%酚酞指示剂测试，当时不呈红色，经过片刻呈现淡红色，用手指蘸皂时，皂可结硬成片。如用酚酞测试不显色，用手指蘸皂时，皂有油腻感，且不结硬成片，这说明皂化尚未完全，应继续加碱皂化。一般当皂化率达到95%左右时，即停止皂化操作。虽然皂化率越高，对在以后的工序中洗出甘油越为有利，但皂化率过高后，会有较多的过量碱存在，易造成盐析后碱到废液中去而造成损失。

有时采取二次皂化，则油脂一般也分两次投入。第一次投入油脂为总投入量的70%～80%，且为了减少肥皂中的盐含量不影响第二次皂化操作，因此在第一次皂化中都不先投入椰子油及棕榈仁油等不易盐析的油脂。由于目前大多采用逆流洗涤煮皂操作法，皂化反应较为缓慢，因此第一次皂化的皂化率一般只有70%～80%；当遇皂化速率甚慢时，则只要求把打入到碱析水中的碱熬掉，而不再加碱，这样的皂化率仅有50%左右，与下面所谓的半废液处理相似。第二次皂化的皂化率可以达到95%左右。

有时为处理掉碱析水或碱含量过大的废液中的碱，加入些油脂进行皂化，但不要求皂化率高，只以熬掉碱析水或废液中的碱为度。虽然这也是一种皂化操作，但是肥皂厂习惯上称为半废液处理。

皂化时，最好液碱也计量，这样皂化操作比较容易控制。但需化验测出每次加入碱析水的含碱量以便计量。

皂化时加入一定量的肥皂，能加快皂化速率，从这一角度讲，皂脚应留在锅中一起进行皂化。但目前各肥皂厂都采用逆流洗涤煮皂操作法，由于皂脚中甘油含量低，都加在后几次的碱析中，因此在整理静置后，皂脚抽离本锅。皂化（包括盐析操作时间在内）一般为3～4h。

(2) 盐析　在油脂皂化完成以后，尚需回收甘油，用干盐或饱和盐水来使肥皂和甘油分离，这个过程叫做盐析。在一定浓度的盐溶液中肥皂不能溶解，而甘油可以溶解，根据这个特性使两者分离。通过盐析尚可去除一部分色素及杂质，盐析经静置以后，浮在盐水上面的肥皂一般称为皂粒，下层的盐水，俗称废液，其中除含有甘油及盐外，还含有少量的碱、杂质、水溶性色素及肥皂等。

皂化盐析时，一般加入干盐，均匀地撒在肥皂表面，同时开大蒸汽，使锅内物料均匀翻透，干盐溶解。当肥皂表面开始再现析开状态时，即应暂停加盐，翻煮一段时间，待盐全部溶解后，再观看锅内情况，是否盐析合度。观看盐析是否合度，除看锅内肥皂表面情况外，还需从锅内取出一些样品，看析出的废液冷却后是否凝冻，如废液清晰无凝冻状态，则可停止蒸汽翻动，进行静置；如析出的废液有凝冻状态，则是盐析得尚不够，需继续补充加盐，直到废液清晰为止。盐析也不可过度，否则会有更多的废液包含在皂粒中，影响甘油洗出，遇此情况，应适当地加些清水。

盐析以后，肥皂中甘油洗出的多少，完全取决于废液的分出量，因此盐析后，必须有足够的静置时间，以保证废液的分出。另一方面盐析的程度更为重要，不可盐析过度，而使皂粒包含有更多的废液。

在检查盐析程度的同时，尚需检查废液中的碱量。如碱量超过指标，应根据具体条件，采取适当的措施，可再加油熬煮或把此碱量较大的废液压至另一空锅中进行半废液处理，把废液中的碱熬煮掉。

对盐析静置后放出的废液，要求清晰，游离氢氧化钠含量在0.05%以下，脂肪酸含量不高于0.15%。废液量由工艺要求决定。甘油含量随不同的油脂、废液量以及所采取的煮皂工序不同而异。

废液中的含盐量随各种油脂而异。使肥皂自废液中完全析出的废液的最低盐浓度称为废液的极限浓度。各种油脂所成肥皂的废液极限浓度列于表3-1中。

表3-1 各种油脂所成肥皂的废液极限浓度

油脂名称	废液中盐的极限浓度/%	油脂名称	废液中盐的极限浓度/%
向日葵油	5	棕榈油	5
豆油	6	猪油	6～6.3
玉米油	5	牛、羊油	5～7.0
棉籽油	5.5～6.9	椰子油	20～25
菜籽油	3.5～4.8	棕榈仁油	18
花生油	5.5～6.7		

(3) 洗涤　洗涤是为了进一步洗出肥皂中的甘油，也可去除一部分色素及杂质。当经皂化盐析后的皂粒的皂化率不足时，尚可加碱补充皂化。

经皂化盐析放去废液以后的皂粒，开蒸汽进行翻煮，加入适量的清水，使成闭合状态，检查皂中碱量，如以酚酞指示剂测试不显红色，说明皂化不足，可补充加入一些碱液，以使皂化率达到要求（95%左右），然后进行盐析。洗涤盐析放出的盐析水称为洗涤水，也称废液。其中的游离碱含量及脂肪酸含量的要求与皂化盐析的废液相同。洗涤水量以及洗涤水的含盐量和含甘油量也与皂化盐析时情况一样，但由于洗涤水不套用，因此甘油含量较低。

(4) 碱析　碱析是使经皂化后尚未完全皂化的油脂，在碱过量的情况下，保证皂化完全，同时进一步洗出肥皂中的甘油，并可去除一部分色素及杂质。碱析去除色素及杂质的效果比盐析为优。

碱析是用碱液来代替食盐进行析开。碱析静置后，下层称为碱析水，也有称为半废液的。同盐析的要求一样，为更好地洗出甘油，应尽量把碱析水放清，而且也不宜析得过粗。由于碱析水中含有过量的碱，不可直接送往甘油工段去回收甘油，因此碱析就不如皂化盐析或洗涤盐析那样要求析出的水清澈。为便于整理，最后一次碱析，一般碱析得更细一些。在煮香皂皂基时，不加碱液析开，而全部用盐水析开，如这样整理后的皂基，游离碱含量尚嫌高时，可在倒数第二次碱析时，加入一部分盐水进行盐碱析。洗衣皂由于整理时加入了皂化率只有70%～75%的松香皂以及皂基的游离碱含量的指标较高，故与香皂不同，全部用碱液来进行碱析。

一般煮皂操作都采用碱析水逆流套用的工艺，因此皂化盐析以后，放去废液，开蒸汽进行翻煮，套入碱析水，此时肥皂一直处于析开状态，无法闭合，根据锅中析开情况，适当地加入一些碱液或清水。最后一、二次加清水的碱析，则在放去碱析水后，开蒸汽翻煮，加入清水先使之闭合，再逐步加入碱液，使之析开。不同次数的碱析，对碱析程度的要求也不同。

(5) 整理　碱析以后的皂粒的脂肪酸含量和电解质含量经调整后，使之静置，分成皂基及皂脚两个皂相。上层皂基质地纯净，是制造洗衣皂、药皂、工业皂及香皂等的原料，它的脂肪酸含量在60%～63%，氯根及游离氢氧化钠的总量在0.45%以下。具体含量与油脂配方、整理条件及静置时间有关。表 3-2 列出了一般香皂及洗衣皂的皂基质量指标要求。

表 3-2　一般香皂及洗衣皂的皂基质量指标要求

皂基类别	脂肪酸	游离氢氧化钠	氯根及游离氢氧化钠总量
香皂皂基(20%椰子油)	60%以上	0.20%以下	0.45%以下
洗衣皂皂基(无椰子油)	60%以上	0.30%以下	0.45%以下

下层皂脚色泽深、杂质多、脂肪酸含量仅 25%～35%，一般在下锅碱析时回用，但有时为改善皂基的色泽，可定期地割除部分或全部皂脚于低一级的皂基中。皂基与皂脚之净脂肪酸质量比为 (5∶1)～(8∶1)。在皂脚回用的情况下，皂基的得率一般为油脂量的 1.5 倍。整理对改善皂基的色泽甚为有效，因此有些煮皂操作采用两次整理。当采用两次整理时，第二次的整理就比较容易掌握。

当最后一次碱析放去碱析水后，加适量清水，同时开蒸汽进行翻煮，锅中肥皂逐渐呈闭合状态。洗衣皂在整理时加入松香皂及棉油皂脚皂，一般锅中肥皂所含的游离碱量已足够皂化未完全皂化的松香皂，因此无需再加碱。

香皂的游离氢氧化钠含量要求不大于 0.05%，因此香皂皂基中的游离氢氧化钠含量也要求要低，但游离氢氧化钠含量降低后，势必导致氯根含量增加，这样对香皂的加工成型易引起酥裂。国内尚有很多工厂的香皂皂片是用热空气干燥（帘式烘房）的游离氢氧化钠在热空气干燥的过程中由于与空气中的二氧化碳作用，而变成了碳酸钠，因此皂基的游离氢氧化钠含量的指标定得较高，如表 3-2 所列，应在 0.20%以下，实际上一般在 0.10%～0.15%，相应的氯根含量可以低些，有利于以后的加工。但某些用真空干燥的皂片所加工的香皂以及一些要求游离氢氧化钠及游离碳酸钠含量都低的香皂品种，则要求皂基的游离氢氧化钠含量在 0.10%以下，或者皂基的游离氢氧化钠含量不降低，而在皂基干燥前，加入适量的硬脂酸，以降低游离碱含量。根据表 3-2 所列的皂基质量要求，整理结束时肥皂的电解质和脂肪酸含量大致如表 3-3 所列。

表 3-3　整理结束时肥皂的电解质和脂肪酸含量

肥皂种类	脂肪酸/%	游离氢氧化钠/%	氯根/%
香皂	54～56	0.35～0.50	0.60～0.85
洗衣皂	54～57	0.50～0.80	0.30～0.40

2. 连续煮皂法

由于用沸煮法煮皂周期长，蒸汽耗用量大以及劳动强度高，所以发明了连续煮皂法，目前国外有些国家已较普遍采用，在工业上正式应用的有蒙萨冯法、麦促尼法、夏普尔法以及阿尔法-拉伐耳法等。阿尔法-拉伐耳法在国内也有工厂采用，因此在这里简单地对这种连续煮皂法作一些介绍。

阿尔法-拉伐耳“离心纯化”连续煮皂法是封闭的、全自动的。全过程分为皂化、洗涤及整理三个阶段。它的工艺流程如图 3-2 所示。

(1) 皂化阶段　油脂及 28%烧碱液，分别通过过滤器 F_{11} 及 F_{12} 和加热器 H_{11} 及 H_{12}，由定量泵 PP_{11} 及 PP_{12} 输入皂化塔 C_{11}。CL_{11} 及 CL_{12} 分别为油脂与碱液的恒压槽，这保证了物料进入定量泵的压力恒定，并且尚有去除物料中空气的作用。

加热器 H_{11} 及 H_{12} 均装有温度控制器，因此物料进入皂化塔的温度是恒定的。皂化塔的物料出口有一只恒压阀，以保持塔中压力恒定。

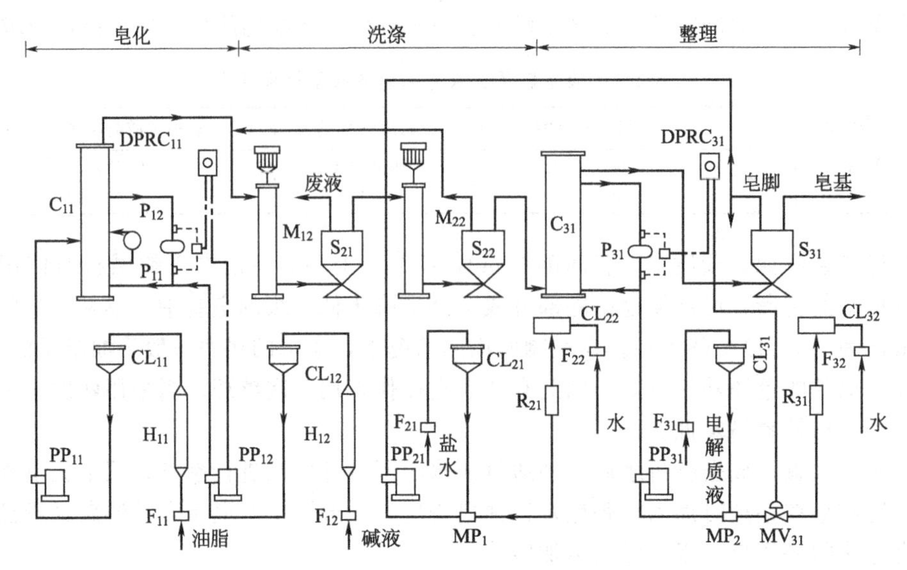

图 3-2　阿尔法-拉伐耳“离心纯化”连续煮皂法工艺流程

皂化塔的结构如图 3-3 所示。P_{11}为循环泵，P_{12}为混合泵。皂化塔中肥皂的排出量与循环量之比为 1∶4，对新加入的物料来讲，皂化始终自皂化率 80%开始。由于有大量的肥皂存在，油脂及碱液进入后，即溶解在肥皂中，皂化立即在一均相下进行，因此皂化反应大大地被加速了。碱液由塔底进入，使塔底（a 段）肥皂中含有过量的碱。油脂从塔的中间（b 段）进入，通过混合泵的作用，使油与碱很快地皂化，主要的皂化反应在 b 段中进行。在 b 段的皂化停留时间虽只有两分钟，而皂化率可达到 99.8%。当肥皂离开塔顶时，皂化率可达到 99.95%。皂化皂的游离碱含量在 0.2%左右。

碱液的加入量是通过所谓的“恒组分控制系统”来控制的。“恒组分控制系统”主要是利用肥皂中电解质含量的变化所引起的黏度变化。当肥皂中电解质含量低时，肥皂非常稠厚，随着电解质含量增加，黏度下降，当过了最低点后，又迅速上升。这可由图 3-4 来表示。图中肥皂的黏度由循环泵两端的差示压力（图 3-3 中的 DP）来表示。油脂按所需的产量由定量泵固定一定的量，然后根据肥皂因缺碱或多碱所引起的黏度变化，通过差压记录仪和控制器 $DPRC_{11}$不断地自动调节碱液定量泵 PP_{12}。上面这种控制方法，在某种条件下，可使肥皂中过量碱含量的精确度达到±0.01%，比用 pH 计控制为优；它不仅可以控制过量碱，而且还可以控制盐等其他电解质含量，因此这种方法也可以用于整理阶段中。

（2）洗涤阶段　洗涤阶段根据需要可有2～4 次的洗涤（图 3-2 所示为两次洗涤的工艺流程）。洗涤是用盐水逆流洗涤。一定浓度的盐水通过过滤器 F_{21}及恒压槽 CL_{21}而至混合装置 MP_1，在此同时加入一定量的水，将盐水调节到所需的浓度。水通过过滤器 F_{22}、恒压槽 CL_{22}及转子流量计 R_{21}而至混合装置，与盐水混合，水量通过转子流量计调节。配成所需浓度的新鲜盐水通过定量泵 PP_{21}，加至最后一次洗涤混合器 M_{22}中，逆流而到第一次洗涤混合器 M_{21}中，与皂化塔中流出的皂化皂相混合，经离心分离机 S_{21}分离出废液，流到废液池中，以备送往甘油工段回收甘油。经离心分离机 S_{21}，分离出的肥皂再经 1～3 次洗涤，由最后一次洗涤的离心分离机 S_{22}分出，而进入整理塔。在所有的洗涤过程中肥皂与盐水混合后，形成皂基相与废液相，不出现皂粒相，因皂粒会包住更多的废液，而降低洗涤效果，因此盐水浓度的控制十分重要。

由于皂化塔中出来的皂化皂的游离碱含量达 0.2%左右，又有皂脚套入最后一次洗涤

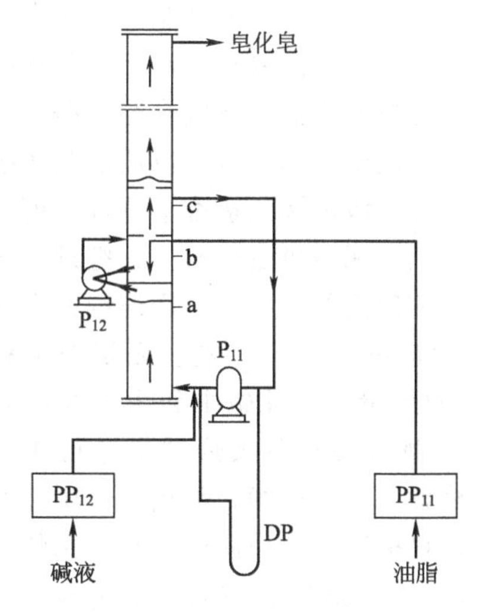

图 3-3　皂化塔结构示意

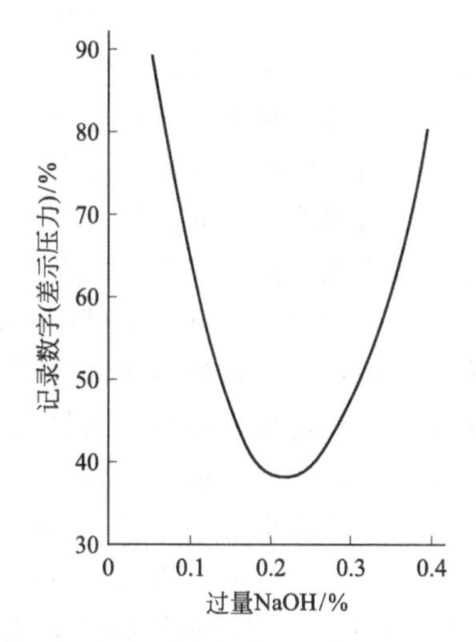

图 3-4　含 62%脂肪酸的皂化皂的电解质含量与黏度曲线

中，因此废液中游离碱含量达 0.5%左右，大大地高于沸煮法所排出的废液。

(3) 整理阶段　整理在整理塔 C_{31} 中进行。一定浓度的整理电解质液经过过滤器 F_{31}、恒压槽 CL_{31} 而至混合装置 MP_2，也加入一定量的水，调整到所需要的浓度。水通过过滤器 F_{32}、恒压槽 CL_{32}、转子流量计 R_{21} 及薄膜调节阀 MV_{31} 而至混合装置。配成所需浓度的整理电解质液通过定量泵 PP_{31} 加入。整理与皂化相同，也用“恒组分控制系统”来自动控制，在此加入的整理电解质液量不变，由循环泵 P_{31} 两端的差示压力通过差压记录仪的控制器 $DPRC_{31}$ 来自动控制水的薄膜调节阀，调节整理电解质液的浓度。在此塔中形成的皂基与皂脚两相，由离心分离机 S_{31} 分开。皂脚回到洗涤阶段的最后一次洗涤混合器中。为了改善成皂的色泽，可放出一部分皂脚，必要时也可全部放出。

阿尔法-拉伐耳“离心纯化”连续煮皂法的皂基和废液的甘油含量以及甘油的回收率见表 3-4。

表 3-4　皂基和废液的甘油含量以及甘油的回收率

洗涤次数	皂基中最高的甘油含量/%	废液中最低的甘油含量/%	甘油的回收率/%
2	0.95	11.3	86.0
3	0.50	12.2	92.5
4	0.30	12.6	95.5

注：表中所列的结果是基于以下条件得出的：投入的油脂中含 10%甘油；废液与皂基之比为 50∶100；皂脚量不超过 15%，皂脚回入最后一次洗涤中。

二、脂肪酸中和法

脂肪酸作为原料，用碱中和而成肥皂。这种煮皂方法先要把油脂水解成脂肪酸和甘油。油脂水解过去一般采用常压催化分解法（也称特维区尔分解法）及压热催化分解法（分解釜中压力维持在 1.0～2.0MPa，用金属的氧化物或氢氧化物作催化剂）。近年来采用高压无催化剂连续分解法的已不少。这种方法是在一座水解塔中进行，油脂及水分别由塔底及塔顶进入，脂肪酸及甘油水分别自塔顶及塔底排出。这种方法反应时间短（物料在塔中的停留时间一般为 2～4h）、水解率高（97%左右）、甘油水浓度高（15%左右），且不需用催化剂。国内也有肥皂厂用高压无催化剂连续分解法来分解油脂的。

有的肥皂厂采用压热催化分解法或高压无催化剂连续分解法来分解油脂，再用中和法制成洗衣皂，以这一工艺流程来代替大皂锅的沸煮法。洗衣皂对色泽要求不高，油脂水解成脂肪酸后，不再进行蒸馏，直接与皂用酸、棉油酸及松香等按配方混合成混合脂肪酸，以备中和之用。也有先将松香制成松香皂后，再在中和时混合的例子。如果水解以后的脂肪酸再进行蒸馏，可改善脂肪酸的色泽，这样可用以制造香皂，为低级油脂制造香皂开辟了道路。这一工艺流程大大地简化了煮皂的操作，一次中和即成皂基，无需再进行盐析、整理等操作。

脂肪酸中和可用烧碱，也可用纯碱，但用烧碱比用纯碱简便。中和可用连续的方法，采用中和塔，也可用间歇的皂化法进行。成皂的脂肪酸含量可达60%左右。用烧碱中和所用液，碱中盐含量需加以控制，否则过高后会影响成皂的质量。用纯碱中和由于在反应过程中，有二氧化碳放出，极易溢锅，因此需特别注意，一般在专门的反应器中进行连续中和时，应同时连续排出二氧化碳。纯碱为固体粉末，需溶解，较为麻烦，但用纯碱中和的成本较用液碱为低。用纯碱中和脂肪酸，皂化率升高后，物料稠厚，操作困难。意大利的麦仲尼SGG脂肪酸连续皂化法可用纯碱皂化至80%，而一般仅皂化到50%左右，最后再用烧碱来皂化完全。

皂用酸及油脂碱炼皂脚分解蒸馏所得的脂肪酸，皆可用中和法煮皂。

第三节　常用皂类的生产工艺

一、洗衣皂生产工艺

洗衣皂即肥皂，我国目前生产的洗衣皂，由于脂肪酸含量不同，以及外观有不透明的和透明的等区别，其生产途径可分为下列三种：填充洗衣皂，以泡花碱作填充，脂肪酸含量低于皂基；纯皂基洗衣皂，不加填充，纯皂基所制；高脂肪酸洗衣皂，皂基经过干燥，脂肪酸含量高于皂基。

洗衣皂按其加工设备不同，主要可分为以下几种。

(1) 冷框皂　俗称冷桶皂。这种加工设备简单而易于上马，但劳动强度大，返工皂多，质量不易保证，成皂干后歪斜变形严重，国内正规制皂厂已不用这种加工设备。

(2) 冷板车皂　劳动强度比冷框生产方式有所降低，但与其他方式相比，依然很大，成皂较坚硬，着水不易裂糊，但泡沫较差，干后也容易收缩变形。

(3) 香皂工艺的研压皂　一般制72%及72%以上的高脂肪酸洗衣皂，皂基需先经烘干，所用的设备即一般的香皂加工设备，国内一些高级洗衣皂生产厂家用此工艺生产。

(4) 真空干燥冷却皂　国内已有很多工厂用这种方式生产填充洗衣皂、纯皂基洗衣皂及高脂肪酸洗衣皂。这种真空干燥冷却法劳动强度低，可以使整个生产过程连续化。成皂起泡迅速，泡沫丰富，干后不歪斜变形，但在水中浸泡后易于裂糊，其性能与香皂相近。

下面对目前国内比较普遍采用的冷板车生产工艺及真空冷却生产工艺进行比较详细的介绍。

1. 冷板车生产工艺

冷板车生产工艺用于生产填充洗衣皂及不加填充的纯皂基洗衣皂。冷板车生产工艺的流程如图3-5所示。

(1) 调和　调和用的设备通常称为调缸，是钢制可封闭的夹层圆锅，内有桨式或套筒式搅拌器。一般桨式搅拌器的转速为30～40r/min；套筒式搅拌器转速较快，为80r/min左右。夹层中通以热水或蒸汽保温。调缸的容量视冷板车的容量而定，以比冷板车的容量大

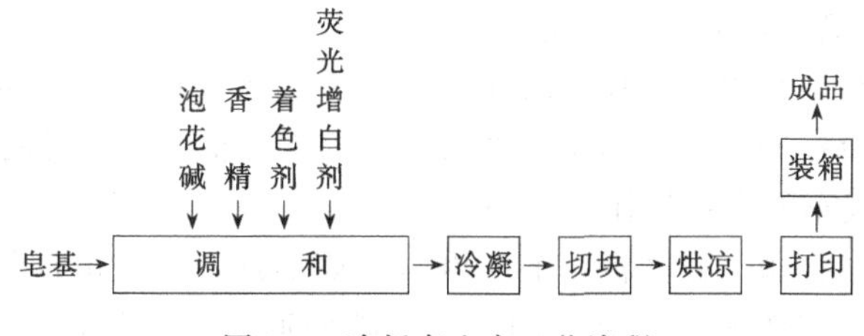

图 3-5　冷板车生产工艺流程

1/3～1/2 为宜。

煮皂工段整理静置好的皂基，脂肪酸含量在 60%以上，欲制低于 60%脂肪酸含量的洗衣皂，需加填充。少量的填充可用盐水，如纯皂基的洗衣皂可用少量的盐水填充，以调节脂肪酸规格，但大量的填充则很少用盐水，这是由于盐水填充后，肥皂软料，收缩严重，天气潮湿时会使肥皂表面出汗。目前广泛采用泡花碱为洗衣皂的填充料，其氧化钠与二氧化硅的比例一般都是 1∶2.4。纯皂基的洗衣皂虽不加泡花碱作填充，但亦加入少量（0.5%～1%）泡花碱以防止肥皂在放置过程中酸败。

填充量的计算：

$$填充量=总量-\frac{总量\times成皂脂肪酸含量(\%)}{皂基脂肪酸含量(\%)}$$

优质洗衣皂中需加入一些香精及荧光增白剂。一般香精的加入量为 0.3%～0.5%，荧光增白剂的加入量为 0.03%～0.2%。有些洗衣皂还加着色剂，所加着色剂以黄色为多，也有加蓝色的。

肥皂在调缸中保持 70～80℃，调和的时间约为 15～20min。调和完毕，关闭调缸，打开进冷板车的阀门，通入压缩空气把肥皂压进冷板车。调缸中的压力控制在 0.15～0.20MPa，维持 25min 左右，这是为使冷凝后的皂片不致因收缩而有空头或瘪膛。然后关掉肥皂进冷板车的阀门，放去调缸中的压缩空气，再进行下一次操作。

生产过程中所产生的废品及边皮约有 10%左右，可直接回入调缸中，也可卸入一只开口锅中用直接蒸汽熔化后，再加入调缸。这样用直接蒸汽熔化的重熔皂，脂肪酸含量较成皂低，由于加入重熔皂而带进水分，必须在填充量中扣除，否则成皂中水分太多，影响硬度。也有用闭口蒸汽来熔化返工肥皂的，这样就没有直接蒸汽熔化时水分增加的问题。

(2) 冷凝　肥皂的冷凝是在冷板车中进行的。冷板车是由一台电动机驱动开关的。每台冷板车有木框 60～65 只，冷板比木框多一块，在冷板车上第一块放冷板，以后木框与冷板相间而列，最后一块仍为冷板。冷板中有一条条横的隔板，使冷却水由下呈 S 形弯曲而上。冷板的底部有一个孔，与冷板车的进皂阀门相通，肥皂由此孔通过冷板而进入各只木框。冷板的表面需光洁，而又不易受蚀。冷板车的木框（俗称“门子”）是冷凝肥皂的模框，肥皂通过冷板底部的进皂孔，由下而上垫满木框，木框的上边有一条狭缝，当肥皂进入木框时，空气从这条缝中及时排出。木框一般用质地坚韧而不易变形的木材制成。木框的外面四边用“T”形钢做框，以保证木框能耐 0.2MPa 的操作压力；木框的里面四边衬有厚度为 3mm 左右的黄铜板，以使冷凝后的皂片易于脱出，而不致黏附在木框上。木框的内径及厚度根据肥皂质量规格而确定，一般厚度在 32～37mm，每片肥皂质量在 22～24kg。

厚度为 33mm 左右的木框，一般肥皂的冷凝时间为 45～50min，这与冷却水的温度、调缸中肥皂的温度以及肥皂的凝固点等有关。冷却水一般保持在 20℃以下较为适宜。天热季节，自来水的温度超过 30℃，则肥皂的冷凝时间需要延长或提高肥皂的凝固点（也即肥皂的硬度)，因此有的制皂厂在天热季节用深井水。

取出木框中的皂片。卸出的皂片堆放在小车上，一般堆放的高度为 20～22 片，再送到切块机上进行切割。冷板进皂孔中的肥皂每次需要挖空。整个卸皂时间（包括冷板车的开和关）约为 10min。冷板车的生产操作周期一般为 1h。

(3) 切块、烘凉和打印　由冷板车上取出的大块皂片，先在电动切块机上裁切成连皂。每次平放皂片两块，纵横切成一定尺寸的连状，随即通过翻皂机，把平放的连皂翻转 90°，直立于卧式烘房的帘子上。帘子不停地运转，把肥皂带到卧式烘房的尽头，再用人工把肥皂放到打印机的输送带上，进行打印。

打印机都是机动的，打印的速度为 100～120 块/min。有些厂在印模的字迹、图案上钻一些 Φ1～1.5mm 的小孔，背面再把这些小孔连成一个通道，以使打印时印框中的空气及时排除，保证肥皂的印迹清晰。

(4) 装箱　打好印的肥皂，随即装入箱中。皂箱分为 30 连装的纸箱和 60 连装的木箱两种。每箱皂重随产品品种不同而异，一般纸箱装皂 9～10kg，木箱装皂 18～20kg。

2. 真空冷却生产工艺

真空冷却工艺生产洗衣皂是目前一些规模较大的肥皂工厂广为采用的方法，使洗衣皂生产实现连续化。真空冷却生产工艺流程如图 3-6 所示。

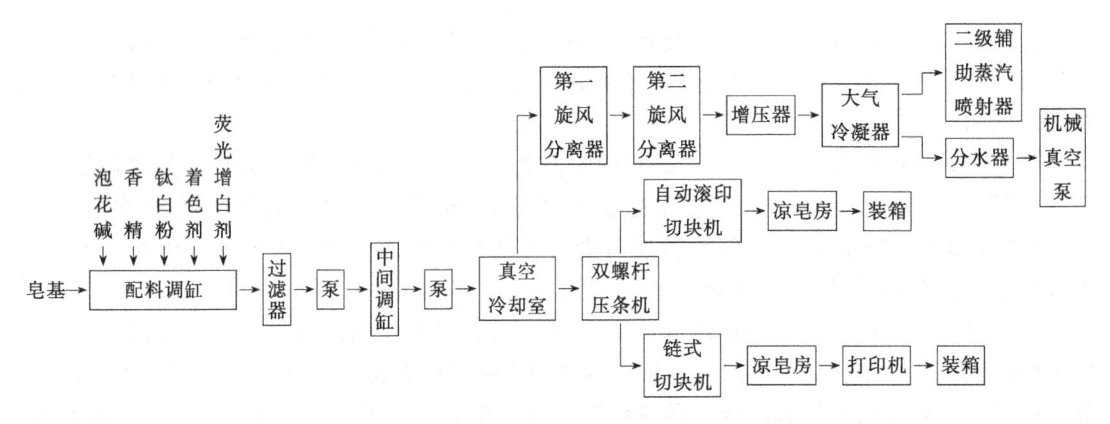

图 3-6　真空冷却生产工艺流程

(1) 配料　在真空冷却生产工艺流程中有两只调缸，一只用于配料，另一只用于中间贮存。配料调节缸及中间调缸都是钢制敞口的夹层圆锅，内有桨式搅拌器，转速一般为 30～35r/min，夹层中通蒸汽以保温。配料调缸的容量，以相当于真空冷却设备 1～2h 的产量为宜。中间调缸的容量尚需比配料调缸稍大，以能在缸料未用尽时，打入配料调缸中一缸料。配料调缸尚配一翻皂斗可把生产过程中的返工肥皂倒在其中，再由电动机牵引的钢丝绳把翻皂斗提升到调缸口，把肥皂倒入调缸中，皂用酸及其他脂肪酸的皂化也在调缸中进行。

真空冷却设备生产洗衣皂，都用 1∶2.4 的泡花碱作填充，一般在填充中不加水稀释，因加水后会使成皂软烂，也由于这个原因，生产过程中的返工肥皂都直接回入调缸中而不用直接蒸汽熔成重熔皂后加入。

根据调缸中肥皂温度及真空冷却室中真空度的条件，肥皂在真空冷却室中冷凝的同时，有 3%～5%的水分蒸发掉，因此欲生产含 53%脂肪酸的洗衣皂，在调缸中肥皂脂肪酸含量应配成 49%左右（以蒸发掉 4%水分计算）。

真空冷却设备所生产出的洗衣皂略带透明，而洗衣皂所用油脂的色泽不可能很好，使肥皂显得深暗，因此加入0.1%～0.2%的钛白粉，以减少肥皂的透明度，增加白度。

在配料调缸中皂用酸等脂肪酸与液碱先行皂化，再依次加入皂基、返工皂、泡花碱及钛白粉等，钛白粉先用水调成均匀的悬浮液后加入。为了缩短配料的时间，在皂化皂用酸的同时，加入皂基及卸入返工皂，这样皂基量就按皂用酸、皂基及返工皂三者的总量计。

优质洗衣皂中还需加一些香精及荧光增白剂。一般香精的加入量为0.3%～0.5%，荧光增白剂的加入量在0.03%～0.2%。有些洗衣皂加着色剂，所加的着色剂以黄色为多，也有加蓝色的。

每次配料完毕，化验一次脂肪酸及游离碱含量（游离氢氧化钠不超过0.25%，以保证成皂游离氢氧化钠含量不超过0.30%），符合要求后，可准备输出。

调缸中肥皂的温度在70～95℃，通过过滤器（滤孔一般为Φ6mm）及皂泵，输到中间调缸中，再由皂泵（一般此处所用的皂泵为齿轮泵，装有回流旋塞可调节流量，也可用变速电机调节泵的转速）把肥皂输进真空冷却室的空心转轴。

（2）真空冷却　在真空冷却室中维持一定的真空度，肥皂进入真空冷却室后进行绝热蒸发，由于肥皂带入的热量可以蒸发其自身水分，使其冷却至该真空度时相应的水的沸点。由于肥皂的温度大大地超过了水的沸点，因此就有一定量水分马上被蒸发出，使肥皂的温度冷到水的沸点温度，所以用这个工艺生产洗衣皂，在真空冷却室中干燥与冷却是同时发生的，利用这个原理，也可以用作香皂皂基的干燥。

生产不同脂肪酸含量的洗衣皂所需的真空度见表3-5。

表3-5　生产不同脂肪酸含量的洗衣皂所需真空度（以绝对压力表示）

洗衣皂脂肪酸含量/%	绝对压力/mmHg
53～56	15～35
60～65	25～45
72左右	40～60

注：1mmHg=133.322Pa。

生产脂肪酸含量为65%以下的洗衣皂，真空系统需由三级蒸汽喷射器（即一只增压器及一套二级辅助蒸汽喷射器）或由一只增压器及一台往复式机械真空泵维持。

与真空冷却室配套的是带夹套的双螺杆压条机，夹套内通20℃以下的冷水。一般脂肪酸含量在65%及65%以下的洗衣皂不宜多压，否则肥皂越研压越软烂，因此真空冷却设备生产洗衣皂，一次压条即可，且压条机的出条越畅快越好，如在压条机中多翻研后，也会使成皂变得软烂，因此压条机中所用的多孔挡板，孔径也较大，为Φ20mm左右。

（3）切块、烘凉、打印及装箱　压条机压出的连续皂条，可采用不同的切块和打印方式。较简单的是采用滚印机，使皂条两面压出商标及厂名等字迹及图案，这种滚印机非常简单，辊筒直径仅为30mm左右，由皂条带动。然后皂条碰到一只铰链开关，利用电磁吸铁牵引通过帆布运输带送入烘房。由于钢丝切割时，皂条在继续运动，切割的两端有一斜面，因此在出烘房后，再有一台切块机，切去两端的斜面，并把三连一长条切成三连。这样滚印与切块不是同步的，因此皂面上字迹及图案不太完整，但总有一个完整的字迹及图案。当压条面产量较大时，由于出条速度太快，铰链开关一起打开，电磁吸铁不能工作，因此切不出条，在此情况下，压条机宜用双口出条，以降低出条速度，保证长条切块机能很好地工作。为了与压条机压出的双条配合，需采用双滚印机及双长条切块机。

有些皂厂在压条机后安装自动滚印切块机，这比上述的滚印、切块方式进了一步，皂面上的字迹、图案完整，接近于打印的肥皂，不会出现不完整的字迹及图案，因此有很多厂采用。自动滚印切块机上有上、下两只辊筒、分别刻商标及厂名，并配有一对齿轮，使两只辊筒同步。为了使它与肥皂的接触面好，能得到较大的转矩，因此辊筒的直径需选得大些，一般为 Φ300mm 左右。

自动滚印切块机上另有切皂辊筒，辊筒上沿圆周等距地装有钢丝架，在钢丝架间张紧着钢丝，以此来切割皂条，钢丝架的另一端装有轴承，靠弹簧压紧在固定不动的凸轮上。在切皂过程中钢丝架靠凸轮的作用和切皂辊筒的转动，保证切口平直。这种自动滚印切块机不需要动力驱动，滚印辊筒由压条机压出的皂条带动，再通过链条来带动切皂辊筒。

真空冷却设备压出的皂条，表面较黏，随即打印或装箱都不适宜，因此需进行烘凉。烘房有卧式的和立式的，卧式烘房基本上同前冷板车生产工艺中所述相似，但进皂机构较为复杂，目前采用的一种是，自切块机中切出的一连连皂块，靠运输带的速度使皂块跳至另一根与此运输带垂直放置的横着的帆布运输带上，到皂块布满烘房的阔度时，由一个大推板将肥皂推入烘房中，当肥皂推入烘房后，帘子走动一定距离，以保证下一排肥皂的推入，因此帘子是间歇行走的。肥皂在烘房中停留的时间为 15～20min，然后在烘房尽头装箱或进入打印机。

烘房一般分为两段，前半段鼓入热空气，使肥皂表面进行干燥，后半段鼓入冷空气，使干燥后的肥皂再行冷却，但是现在有很多肥皂厂烘房只吹冷风，而不加热。

打印及装箱的情况基本上与冷板车生产工艺中所述相似，但真空冷却工艺所生产的洗衣皂大多采用滚印。

二、香皂生产工艺

香皂的生产都采用研压工艺，其工艺流程如图 3-7 所示。

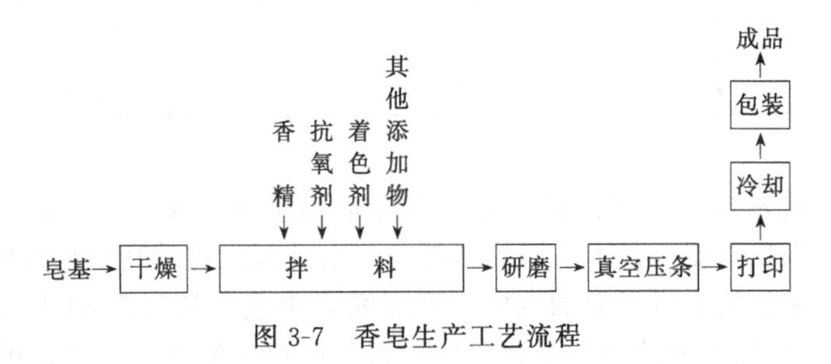

图 3-7 香皂生产工艺流程

1. 干燥

由皂锅或连续煮皂设备所生产的皂基，其脂肪酸含量为 62%～63%，相应的水分含量大约为 30%～32%，因此欲制造脂肪酸含量为 80%的香皂，首先必须将皂基进行干燥。目前国内有热空气干燥、真空干燥、常压干燥三种方法。

(1) 热空气干燥　这种干燥设备也称帘式烘房，但由于其产量低、热耗量大以及干燥后的皂片干湿不匀，因此今后将逐渐被淘汰。

在干燥之前，首先把热的皂基冷却制成皂片。一般都用冷却辊筒，这一装置有上、下两只相对而旋转的辊筒，下面一只较大，为冷辊筒，中间通冷水，温度以不高于 25℃为宜，把皂基冷却凝固在它的表面，再用铲刀把肥皂铲成皂片；上面一只较小，为热辊筒，中间通热水或蒸汽，它的作用是使皂基能均布于下面的冷辊筒上。在两只辊筒间装一料斗，贮有一定量的皂基，以使皂基供料不致间断。大、小辊筒间的距离可以调节，一般控制皂片的厚度在 0.5mm 左右。

从冷辊筒上铲下的皂片，由倾斜的传送器连续地送至烘房中的帘子上。烘房四壁及顶都用木板制成，内有帘子 3～6 层。帘子一般用镀锌铁丝制成，有的厂为避免断下的短铁丝混入皂片中而改用尼龙丝制作，空气由鼓风机抽入 S 型铜制散热排管而加热，从帘子的下面向上吹，使皂片进行干燥，在烘房的顶上另有鼓风机，把带有水分的热空气抽出，在最后一层帘子的尽头，有一螺旋输送器将干燥后的皂片输出。这种干燥设备的产量较低，一般每小时仅能干燥 200～400kg 皂片，最高的也不过只有 500～750kg 皂片，在烘房中的停留时间为 12～20min。烘房中间的空气温度为 60～70℃；干燥后皂片的温度为 45～55℃；制造脂肪酸含量 80%的香皂，干燥后皂片的水分含量控制在 10.5%～12.5%。

(2) 真空干燥香皂皂片　目前一些规模较大的工业肥皂厂都已采用，其工艺流程如图 3-8 所示。

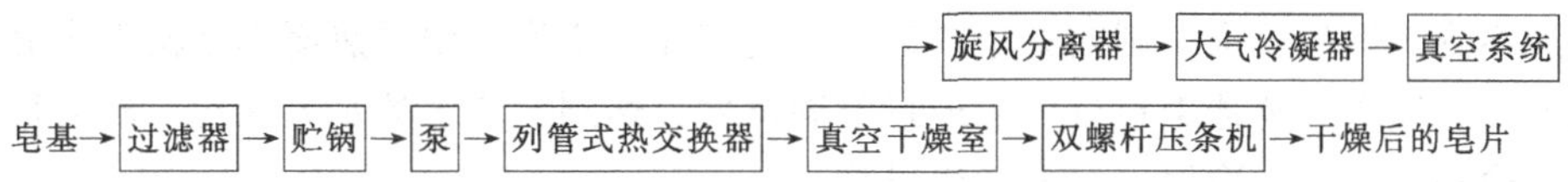

旋风分离器→大气冷凝器→真空系统

皂基→过滤器→贮锅→泵→列管式热交换器→真空干燥室→双螺杆压条机→干燥后的皂片

图 3-8　真空干燥工艺流程

这一工艺原理与真空冷却生产洗衣皂一样。肥皂在真空下，干燥与冷却是同时完成的，不过在此主要是进行干燥。单靠皂基带入的热量不足以将其干燥到所要求的水分，因此需在皂基进真空干燥室前先通过热交换器进行加热。

通过过滤的皂基放入贮锅，由泵输经一只或两只列管式热交换器，加热到 160～170℃。出热交换器的肥皂进入真空干燥室的空心转轴，通过装于转轴上的喷头，把肥皂喷在真空干燥室的内壁上，由安装在同一根空心转轴上的刮刀（在喷头前），把干燥冷凝在内壁上的肥皂刮下，落入连接在真空干燥室下面的一台双螺杆压条机中，一般压挤成直径为 10mm 左右的圆条，再由压条机螺杆带动的旋转刮刀把压出的圆条切成 20～30mm 长的短条，输入贮斗供拌料用。

目前所用的真空干燥室的结构与洗衣皂真空冷却室相同。真空干燥室中喷头的孔径为 8～14mm，由产量高低而定。刮刀一般用弹簧钢带或 45 号钢板制成，且不开口，为避免刮刀与干燥室壁刮出铁屑落入皂中，因此有用特殊的 3mm 厚的纸质层压板来做刮刀的。真空干燥室中的真空较生产洗衣皂时为低，因此无需用三级蒸汽喷射器，用二级辅助蒸汽喷射器或一台机械真空泵即可。压条机压出的干燥后的肥皂的水分为 10.5%～12.5%，温度一般为 50～55℃，压条机的冷却段中需通以温度不高于 25℃的冷却水。

真空干燥室中蒸发出的水蒸气，由机械真空泵或二级辅助蒸汽喷射器抽出。

由于真空干燥的肥皂不与空气接触，皂基中所含的游离碱，不会像热空气干燥时那样，被空气中的二氧化碳转化成碳酸钠，因此真空干燥所得的皂片，其游离碱含量大大高于热空气干燥所得者。如果将这些游离碱含量很高的皂片随即进行拌料，则对香皂的香气及色泽都有影响，对此解决的途径有两个：第一是在煮皂过程中尽量降低皂基的游离碱含量，国外有很多厂采用这个方法，皂基的游离氢氧化钠含量在 0.05%以下，氯根含量在 0.25%～0.31%，但有时如皂脚分离不净，可能使氯含量更高，则给香皂的加工带来困难；第二是在皂基中加入一定量的硬脂酸或椰子油酸，以中和掉皂基中的一部分游离碱，一般加硬脂酸的多，这个方法对质量易于保证，降低了肥皂中的总碱量（包括游离氢氧化钠及碳酸钠），但皂基的贮锅需带有搅拌器，并需有加硬脂酸的定量装置。硬脂酸在拌料时加到固体的皂片中是有问题的，因为虽然加入的硬脂酸为热的液体，但冷后仍会结硬，经研磨粉碎成很小的硬颗粒，在洗用时可非常明显地感觉到。

（3）常压干燥　常压干燥的设备比真空干燥简单，投资省、建造快；操作简便，无需控制真空，调换品种方便；消除了令人讨厌的皂粉问题，杜绝了浪费，改善了操作条件，无需因设备被皂粉阻塞而停产进行清理；占地面积小；水、电、蒸汽的耗量少等。有很多优越性，因此很有发展前途。其工艺流程如图 3-9 所示。

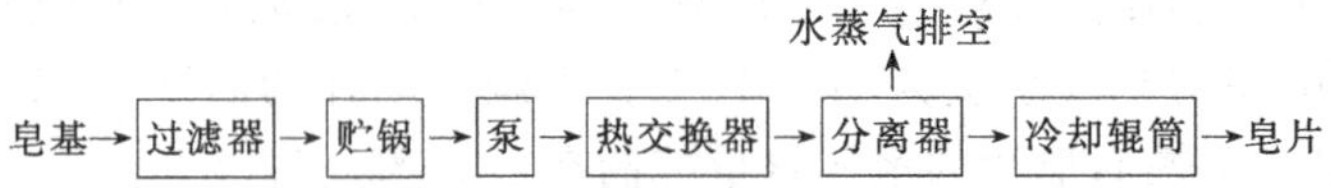

水蒸气排空（分离器顶部）

皂基→过滤器→贮锅→泵→热交换器→分离器→冷却辊筒→皂片

图 3-9　常压干燥工艺流程

常压干燥在分离器前的工艺流程与真空干燥相仿。热交换器用板式的或列管式的，有时一只尚达不到干燥的要求，则两只串联起来。皂基在热交换器中受热而不断蒸发水分，最后以切线方向，喷入分离器中再进一步进行急骤蒸发，达到所要求的水分含量，然后落至分离器下面的冷却辊筒上；冷后由铲刀铲得皂片。

冷却辊筒有大、小两只，大辊筒中通冷水，其直径较大，保证肥皂的冷却；小辊筒中通热水或蒸汽，使肥皂能均布于冷的大辊筒上。由分离器中分出的蒸汽直接排至屋外。分离器用蒸汽保温，以免其中分离出的水蒸气再凝结落下。

常压干燥时，肥皂同空气接触的时间极短，因此干燥后的皂片的游离碱含量也较高，其解决方法与前述真空干燥一样。

为了更均匀地控制干燥后皂片的水分，有采取两次常压干燥的，第一次干燥到脂肪酸含量为 72%左右，不进行冷却，再由一台泵输进热交换器中进行第二次干燥。这样第二台输皂泵需能输送黏稠的、脂肪酸含量为 72%左右的肥皂。

也有常压干燥与真空干燥结合起来的干燥流程，皂基先进行常压干燥，干燥到脂肪酸含量为 72%左右，不进行冷却，再由一台泵输经热交换器加热后，进入真空干燥室进行第二次干燥，这样使干燥的设备更加复杂。

2. 拌料

根据不同香皂的要求，在香皂中需加入的添加物有以下几种。

（1）抗氧剂　肥皂由于它的脂肪酸部分会自动氧化，置久后酸败、变色，因此需加入一定量的抗氧剂。目前香皂中最常用的抗氧剂为泡花碱，其比例可以是 1∶2.4，偏碱性的；也可以是 1∶(3.3～3.6)，中性的，由于香皂要求游离碱含量尽可能低，因此一般都加用后一种。所用泡花碱的加入量为肥皂量的 1.0%～1.5%。

也有推荐在加入泡花碱的同时，加入 0.8%左右的硫酸镁液（含有 7 个结晶水的硫酸镁与水 1∶1 溶解），则更能增加它的抗氧作用，但泡花碱与硫酸镁不能加在一起，必须分开加至皂片中。例如最先添加泡花碱，再加入其他添加物，最后加入硫酸镁，否则会结晶出很硬的块子。

其他抗氧剂，可用的是 2,6-二叔丁基对甲基苯酚（BHT），在香皂中的用量为 0.05%～0.10%，同时尚需加 0.1%～0.2%的乙二胺四乙酸钠（EDTA），后者不是抗氧剂，而是一种螯合剂，能使香皂中存在的微量铜、铁不活泼，否则微量的铜、铁是香皂自动氧化催化剂。由于 2,6-二叔丁基对甲基苯酚及乙二胺四乙酸钠的价格较贵，因此还不能完全替代价格低廉的泡花碱。2,6-二叔丁基对甲基苯酚不溶于水，是溶在香精中加入的。

国外报道 2,6-二叔丁基-4-甲氧基苯酚作为香皂抗氧剂的效果很好，用量为 0.007%。

这类抗氧剂含有酚基或氨基，能与许多香料反应形成带色物质，因此选用时需根据不同的香精配方进行个别的试验。

(2) 香精 用量为1%～2.5%，一般香皂的香精用量为1%，越是高级的香皂，香精用量越多。香精都是根据各种香型配成混合香精后加入的，有些油溶性的添加物，如上述的2,6-二叔丁基对甲基苯酚等，即溶在香精中后再加入。

(3) 着色剂 香皂中所用的着色剂有染料和有机颜料，前者一般溶于水；后者不溶于水，配成悬浮液后加用，由于它的耐光、耐碱和耐热等性能好，因此现在都逐渐采用这类有机颜料，如耐晒黄G和酞菁绿等。

着色剂的品种很多，但要色泽鲜艳、耐光、耐碱、耐热，在肥皂洗用时不会沾污衣物等。

香皂根据色泽的要求，加入一种或数种着色剂。能溶于水的染料在制成溶液后，一般需用四层纱布进行过滤，以免未完全溶解的颗粒在制成的香皂中形成色点。当使用碱性玫瑰精作着色剂时，特别要防止在成皂中产生红点，溶解时宜先用少量冷水调节器成浆，再用开水溶解，然后用四层纱布过滤两次。用两种或两种以上染料拼色时，要注意不要把酸性染料（如酸性皂黄）与碱性染料（如碱性玫瑰精）拼混，否则会沉淀结块。有机颜料由于不溶于水，在水中成悬浮液，因此不进行过滤，在使用时需充分搅拌，以免发生沉淀而影响成皂的色泽。为使之成为稳定的悬浮液，需在其中加入适量的肥皂等分散剂。

有色香皂的色泽鲜艳与否，除与所选用的着色剂有关外，还与香皂本身的色泽有极大的关系。另外，香皂的色泽还与所加香精的变色程度有很大的关系。

(4) 杀菌剂 随着除臭及杀菌香皂的发展，在香皂中加入杀菌剂的也逐渐增多。目前所用的这类杀菌剂为二硫化四甲基秋兰姆及3,4,5-三溴水杨酰苯胺等，它们基本上不溶于水，都是粉末状加到皂片中，用量为0.5%～1%。

(5) 多脂剂 也称护肤剂，既能中和香皂中的碱性，减少对皮肤的刺激，又能防止香皂的脱脂作用，因此在使用加有多脂剂的香皂时有种滑润舒适的感觉。这类物质可以是单一的脂肪酸，如碘价较低的硬脂酸的椰子油酸；也可以由石蜡、羊毛脂、脂肪醇等配制成多脂混合物。多脂剂的用量为1%～5%。如加入的多脂剂为单一的硬脂酸，则不宜直接加到皂片中，虽硬脂酸加入时为熔化的液体，但加到皂片中后，仍会凝结成很硬的结晶，在肥皂洗用时有粗糙砂粒的感觉，因此这种多脂剂要加到干燥的皂基中。

(6) 钛白粉 对香皂起遮光作用，从而减少有色香皂的透明度，增加白色香皂的白度，钛白粉主要用于白色香皂中，但加入过多后，有使皂色显得“呆板”的弊病。它的一般用量为0.025%～0.20%，是以粉状加入的。

由上可见，香皂的添加物分为两类，一类为液体，另一类为固体，香皂的拌料在搅拌机中进行，最常用的为间歇拌料，在一只磅秤上，吊一只皂片斗，由一输送器将皂片输入皂片斗中至一定量，磅秤碰到电触点，输送器停止，同时皂片斗下面的门打开，把皂片放到搅拌机中再用人工加入各种添加物。如皂片过干，可适量加入一些清水，搅拌时肥皂的水分控制在12.5%～14%。物料在搅拌机中搅拌3～5min后放出，到研磨机中进行研磨。

3. 研磨

搅拌机中出来的加有各种添加物的香皂，需进一步通过研磨，以使混合均匀，同时也可借以改变香皂的品相，有利于β相的产生，而增加成皂的泡沫等。工艺基本上都采用串联3台3～4只辊筒的研磨机。辊筒中都通以冷却水，研磨后的肥皂温度在35～45℃。研磨机辊筒的间隙可以调节，控制研磨后皂片的厚度在0.2～0.4mm。研磨机各只辊筒的转速不一样，自加料到最后一只，转速逐只递增，香皂研磨就靠两只辊筒的转速不同，而黏附在转速较快的一只辊筒上。

意大利麦仲尼香皂生产工艺流程中是不用研磨机的，在此流程中加有各种添加物的香皂在上述的那种压条机式的连续搅拌机中进行初步的研压，然后输进真空压条机中再进行研压，并挤压成型。

4. 真空压条

经研磨后的香皂随即输进真空压条机，进行真空压条。真空压条机由上、下两台压条机构成。中间有一真空室。上压条机除有一定的研压作用外，主要是封住真空。真空压条机可以由两台压条机串联而成，也可以上、下两台压条机铸造在一起，成为一个整体。压出的皂条的中心温度一般为35～45℃。下压条机的螺杆顶端一般也放置多孔挡板，它的孔径为6～15mm，不同的孔径是用于调节出条速度的，当出条速度慢时，可以用孔径较大的多孔挡板，甚至可以不用挡板；当出条速度过快时，可以用孔径较小的（如孔径为6～8mm）多孔挡板。使用的多孔挡板的孔径小时，出条的阻力大，压条机的研压作用大，反之则研压作用小。

5. 打印、冷却和包装

压条以后进行打印、冷却和包装。压条机压出的热的长条皂直接进入打印机中打印成型。无需在打印前先用切块机把压条机压出的长条皂切成块。

打印以后的香皂由于它的温度高于室温，基本上是出条温度，因此还不能马上进行包装，否则会有冷凝水产生，使包装纸产生水渍。如果外包纸是用不耐碱的油墨印刷的，则还会引起褪色；还会使某些着色剂（如碱性玫瑰等）所着的颜色褪色，目前打印后的香皂都是先经过冷却，再进行包装的，有两种方法，一种是把打印后的香皂放在一个个木盘中，堆叠在室内，进行自然冷却16～24h，这样不仅所占的场地大，而且还要消耗一定量制作木盘用的木材；另一种是在冷却房中连续冷却，打印后的香皂排列成行，由推皂机构送至冷却房的篮子中，篮子两端固定在一对链条上，因此香皂在冷却房中上下多次，停留时间为40～60min，最后在冷却房的末端由皮带运输器输出，至连接在后面的包装机内。冷却房中装有多台鼓风机，以吹凉香皂。对打印后香皂冷却的要求，一般不高于室温0.5～2℃。

香皂一般用蜡纸及外包纸两层包装，稍为高级一些的用蜡纸、白板纸及外包纸三层包装。

三、透明皂生产工艺

透明皂按其制法不同，可分为两大类。一类是加酒精、糖及甘油等添加物的称“加入物法”透明皂；另一类是不加酒精、糖及甘油等添加物，全靠研磨、压条来达到透明的，称“研压法”透明皂。

“加入物法”制的透明皂与“研压法”制的透明皂相比，不但价格高，而且不耐用，更要消耗大量的酒精、糖及甘油，因此很少生产。

“研压法”所制的透明皂虽然透明度不及“加入物法”所制的透明皂，一般呈半透明，但它不需加用酒精、糖及甘油，价格比“加入物法”所制的低，且质量好，与一般香皂相似，因此有很多制皂厂生产这种透明皂，并且深受消费者的欢迎。

透明皂与普通不透明皂的主要区别在于前者具有极小的结晶颗粒，这种结晶颗粒小得能使普通光线通过。对透明皂肯定是一种晶体的概念，目前已为大家所公认。透明皂加热熔化后再冷却，可以使之变为不透明，这是由于形成了较大的结晶。

1. “加入物法”透明皂

这种透明皂都采用热法制造，因此需用纯净的油脂作为原料，以保证成皂的色泽及透明度。常用的油脂有牛羊油、脱色的棕榈油、椰子油、棕榈仁油、蓖麻油及松香等。在所用的原料中应无钙质，如在制造过程中能使用软水，则更为合适。

这种透明皂的配方举例于表 3-6 中。

表 3-6　透明皂的配方举例　　单位：g

原　料	配方 1	配方 2	配方 3	配方 4	配方 5
牛羊油	100	80	40	50	52
椰子油	100	100	40	60	65
蓖麻油	80	80	40	58	13
氢氧化钠液(相对密度 1.357)	161	133	60	84	60～65
酒精	50	30	40	30	52～55
甘油	25		20		
糖	80	90	55	35	39
溶解糖的水量	80	80	45	35	

牛羊油及椰子油热到 80℃左右，通过一过滤器加到带有搅拌器的皂锅中。蓖麻油，特别是含有一些黏状物的毛油，过热后会使色泽变深，因此宜与其他油脂分开放置，在准备加入碱液前加入。碱液与酒精混合在一起在搅拌下以很快的速度加到油脂中，皂化时有酒精存在，能大大地加速皂化反应。皂锅是蒸汽夹层的控制锅，锅中物料温度不能超过 75℃。当皂化完全（取出一些样品溶解在蒸馏水中应清晰）后，停止搅拌，皂锅加盖放置一会儿。在另一只锅中制糖水，把糖溶解在 80℃的热水中，糖液面上所浮现的泡沫应去除。然后在搅拌下先把甘油加到肥皂中，再加入热的糖液。此时肥皂中的游离氢氧化钠含量应控制在 0.15%以下，再加盖放置，待肥皂温度降到 60℃时，加入香精及着色剂液。搅拌均匀后即可把肥皂放出，进行冷凝。冷凝后的肥皂切成所需大小的皂块，放在盘架中凉置一定时间后，再行打印。打好印的肥皂，还需用吸有酒精的海绵或布来轻轻的揩擦，以便达到满意的透明度。最后进行包装。

这种透明皂，成皂的脂肪酸含量在 40%左右。

2. “研压法”透明皂

国内生产的透明洗衣皂，绝大多数都是用“研压法”加工制造的。不需加用酒精、糖及甘油等，采用香皂的加工工艺，但成皂的脂肪酸含量都在 72%左右。

油脂的配方与香皂的相同，基本上都是 80%牛羊油及 20%椰子油，也可根据油源情况，使用一部分猪油、茶油、生油或硬化油（为保证硬化油的色泽好，一般都用色泽好的猪油、生油或茶油去氢化）等。对油脂色泽的要求同一般的白色香皂，油脂的色泽越好，对成皂的透明度越有利。

这种透明皂与一般肥皂一样，由沸煮法制得皂基，再通过帘式烘房烘成皂片，皂片的水分控制不一，由 12%～20%，但拌料后肥皂的水分一般都控制在 22%～24%，根据研磨的次数和室温等条件不同而变动。一般需研磨 5～6 次（通过一台三辊筒式四辊筒的研磨机算一次），研磨时肥皂的温度宜控制在 40～42℃。因此在冬季研磨机中需通以热水，在夏季则不通水。当研磨后肥皂的透明度符合要求时，可以进行压条。压条采用真空压条机，以后的打印、冷却、包装等工序与一般香皂相同，但包装较为简单，都采用一张蜡纸包装。

透明洗衣皂中一般加 0.5%左右的香精、1%～2%的泡花碱（比例为 1∶2.4 或 1∶3.36）作抗氧剂以及适量的荧光增白剂和皂黄。成皂的游离氢氧化钠含量控制在 0.15%以下。

这种透明洗衣皂也有用真空干燥设备来生产的。皂基与所有的加入物均加在调缸中调和均匀后由泵输经列管式加热器而至真空干燥室中，为不使香精通过真空干燥而逃逸，香精可以不加在调缸中，另用一台香精定量泵加到真空干燥室下的压条机中，这样，肥皂也需用定量泵输送。在真空干燥室中刮下的肥皂落入连接在下面的双螺杆压条机中，压成直径为4mm的小圆条，随即切成短条。进真空干燥室前的肥皂控制在120～130℃，干燥后肥皂的脂肪酸含量在70%左右，压出的小圆条的温度在45℃左右。

这样压出的小圆条已较透明，为使它更透明，再通过一台双螺杆压条机，也压成直径为4mm的小圆条。然后可送入双联真空压条机中压条。其后的打印、冷却、包装等工序与一般香皂相同。在真空干燥的过程中有时由于流量小、真空度高等操作不当，会产生干硬白点，影响成皂外观，因此宜在第二次压出小圆条后，连接一台研磨机，通过研磨再进入双联真空压条机，这样对去除成皂中的白点比较有利。

四、药皂

在历史上肥皂很早就应用于医药方面，不仅作为一种洗涤剂，而且作为一种消毒杀菌剂。目前一般所指的药皂都是加有特殊杀菌剂的。

用于肥皂中的杀菌剂的种类很多，最常用的是酚类化合物，其中又以苯酚及甲酚（一般为间位、邻位及对位甲酚的混合物）的使用更为普遍，用量为2%左右。采用冷板车工艺生产，基本上是纯皂基的产品，成皂的脂肪酸凝固点不低于35.0℃，游离氢氧化钠含量在0.20%以下。混合甲酚的刺激性较苯酚为低，而且混合甲酚所制成的皂的药味也较苯酚者为好，因此苯酚目前较少使用。由于这种药皂对色泽要求不高，故可选用色泽较深的油脂来制造，一般药皂的油脂配方见表3-7。

表3-7　一般药皂的油脂配方　　单位：%（质量分数）

原料	硬化油	椰子油	猪油	糠油/棉子油	松香	牛羊油	骨油
配方1	15	15	30	10	10	20	
配方2	25	15	30	10	10	10	
配方3	13	15	15	12	10	35	
配方4		15	10	10	10	30	25
配方5	30	15	25	10	10	10	

随着“研压法”透明皂的发展，也有用这种工艺来生产透明药皂的，它的脂肪酸含量同透明洗衣皂一样，在72%左右，油脂配方与一般香皂相同。用苯酚或甲酚所制成的药皂都呈红色。

百里酚及香芹酚也可用作药皂的杀菌剂，它的用量为1%左右，采用香皂加工工艺生产，脂肪酸含量与香皂一样。

第四节　肥皂的质量问题分析

肥皂在我国是一种传统的洗涤用品，除了应该具有一定的硬度、耐用度和去污能力以外，外观质量也十分重要。比如冒白霜、有软白点、开裂、糊烂、酸败等均给消费者一种质量低劣的印象。以下对这几种质量问题进行讨论。

一、控制肥皂冒霜

肥皂冒霜是一个维持平衡的过程。皂体中的游离电解质以及溶在水中的低碳脂肪物，总是由高浓度向低浓度方向流动，如果皂面有水，浓度差增大，这种流动将会加速。同样皂体内的水分与外界的湿度失去平衡，随着水分向外流动，把溶在其中的电解质和低级脂肪物也带到皂面上，最终形成白霜，所以干燥季节易发生冒霜。另外冒霜和油脂配方也有一定关系，若配方中增加胶性油脂和保持一定量的松香，以提高皂基容纳电解质的能力，也可减轻无机霜的生成，但这往往受到资源和成本的限制。

1. 控制无机电解质含量

如果没有一定量的无机电解质，皂胶将变得非常稠厚而无法输送；同时，保留适量的无机电解质对去污、防止酸败都是有益处的。但若超过一定限度，肥皂本身无法容纳，则会随着水分和其他挥发物质从肥皂内向外移动而被带到表面，其游离的氢氧化钠与空气中的二氧化碳发生作用生成碳酸钠，表层水分蒸发后就形成了白色结晶。

如传统的“冷法工艺”使得皂中含有大量游离碱；用较先进的逆流洗涤沸煮法工艺，在肥皂体内也存在着游离氢氧化钠和氯化钠。

合理的电解质总量，以在皂基中占0.5%（NaOH≤0.3%，NaCl≤0.2%）为宜，这样，即使在干燥的季节也不会出现严重的冒白霜。

皂霜的成分除了Na_2CO_3以外，还有SiO_2。后者来自硅酸钠（泡花碱）。我国肥皂的皂基含量多是33%～55%。因此必须在皂基中添加填充剂，对脂肪酸进行调整。而最理想的填充剂是硅酸钠，它虽系电解质，但对皂胶的离析能力最差；同时它的加入可以弥补纯皂的某些质量缺陷，且能节约油脂。

为了避免SiO_2的外移，通常的措施一是选用碱性泡花碱，二是控制添加量。皂中SiO_2含量以在3%～3.5%为宜。

2. 控制低级脂肪酸的含量

低级脂肪酸的存在是造成有机霜的主要原因。对收集的白霜进行分析，成分如下（质量分数）：

Na_2CO_3	1.19%	SiO_2	1.62%
NaCl	0.29%	其余为水分及挥发物脂肪酸	89.61%

对提取出的脂肪酸进行分段冷凝，分步进行凝固点测试，结果是40%的混酸凝固点为20.5℃，60%的混酸凝固点为9.8℃。已知辛酸凝固点为16.3℃，不难看出从霜中分出的脂肪酸是低碳脂肪酸的混合物，有机霜是由于肥皂体内存在着大量低碳脂肪酸盐造成的。

低碳脂肪酸及其盐类，因易溶于水形成分子溶液，所以能随水移动到皂面成霜。不同碳链长度饱和脂肪酸在水中的溶解度见表3-8。

表3-8 不同碳链长度饱和脂肪酸在水中的溶解度

脂肪酸	100g水中溶解酸的质量/g			脂肪酸	100g水中溶解酸的质量/g		
	0℃	20℃	60℃		0℃	20℃	60℃
己酸	0.864	0.968	1.171	肉豆蔻酸	0.0013	0.0020	0.0034
辛酸	0.044	0.068	0.113	棕榈酸	0.00046	0.00072	0.0012
癸酸	0.0037	0.0055	0.0087	硬脂酸	0.00018	0.00029	0.00050

造成低级脂肪酸含量大的原因主要有以下几种。

(1) 油脂的酸败　天然油脂多是混酸的甘油三酸酯的混合物，其中的脂肪酸有饱和酸，也有不同双键数的不饱和酸。油脂在光、温度和催化剂的作用下发生氧化。这种氧化不仅发生在不饱和的双键处以及双键相邻的亚甲基上，同时饱和脂肪酸也会慢慢通过生成过氧化物而酸败。

生成的过氧化物发生断键迅速转化为低碳链的醛，进而氧化生成低碳酸。此过程也称醛式酸败，是油脂酸价升高，产生大量低碳脂肪酸的主要原因。另外，各类油中都会有一定量的低分子脂肪酸甘油酯，水解时可直接生成低碳的游离脂肪酸。

酸值升高是油脂氧化变质的主要特征，酸值越高，油脂的腐败程度越大，氧化程度越深，低碳脂肪酸也就越多，油脂越差，酸值高是造成肥皂中含有大量低碳脂肪物的主要原因，是形成大量有机霜的根源。因此，要想减少有机霜，油脂的酸价必须严格控制在适当范围内。

(2) 肥皂的酸败　肥皂在贮存过程中，受温度、湿度的影响，肥皂中的不饱和酸盐将会继续被氧化，在铜铁金属存在下氧化会加速，其结果同样会生成比原分子量小得多的低碳脂肪酸盐。

(3) 工艺与操作的原因　如果皂化不好或煮沸时间不足，一些高分子聚甘油酯在皂基中形成未皂化物，在贮存过程中也会慢慢分解成游离脂肪酸和甘油。工艺设计不合理或简化工艺以及工人技术水平低等因素，也可造成皂基中的低碳脂肪物不能最大限度地被分离出来，而残留在皂基中；或是皂基甘油含量高，也会随水被带到表面，形成多种氧化物或酸类。

二、控制肥皂上形成“软白点”

真空出条生产工艺与传统的冷板成型生产工艺有着本质的区别，肥皂皂基进入真空室后，经过闪蒸制冷，达到水分的挥发，一方面达到干燥的目的，另一方面由于水分挥发过程中热量的夹带，又达到了冷却的目的。尔后，经过螺旋压条机研磨挤压成型。由于这一过程以及设备的复杂性，因此存在许多使皂体产生“软白点”的因素。

1. 油脂配方的原因

松香与月桂酸类油脂的量不足是造成软白点的直接原因。真空出条皂的配方与冷板皂的配方最大的不同点在于松香的用量不能太大，冷板成型工艺的油脂配方中松香最多可用至30%，而真空出条油脂配方中松香最多只能用8%，其次配方中应加入4%～10%的胶性油脂，主要是椰子油和棕榈仁油。增加椰子油、棕榈仁油的配比，有利于真空出条，若椰子油用到10%，其成皂表面“软白点”数量显著减少，同时提高了肥皂在出条时的硬度，保证了肥皂的外观质量、出条容易和皂面光滑，这是由于其容纳电解质的量加大，可以增加泡花碱的用量。

椰子油、棕榈仁油中月桂酸分别占油脂脂肪酸组成总量的49.1%和47.6%。如果配方中不加椰子油和棕榈仁油，尽管可能所产生的肥皂外观也可接受，但会发现“软白点”。由于椰子油供应紧张，在洗衣皂配方中，不能再使用椰子油，以致造成成皂的电解质容纳量下降，SiO_2 含量由原来的3.5%下降至2.5%以下，影响肥皂的质量和产量。如果采用胶体磨生产洗衣皂可增加皂中 SiO_2 的含量，替代了配方中的椰子油。

其真理在于当有乳化液（肥皂液）存在条件下，由棉油酸和泡花碱起反应，所生成的钠皂和硅酸胶粒迅速通过高速剪切的胶体磨后，得到了颗粒小于 20μm 成乳胶状的皂基胶体，它的加入使成皂中 SiO_2 含量容易加大。表3-9所列为胶体磨皂化皂的配方。

2. 工艺原因

① 不合格的返工皂称为皂头，需要在调和过程中加入，同样皂基生产条件下，加入5%皂头量的成皂比加入10%皂头量的成皂“软白点”少得多，这是由于调和过程时间短，使

表 3-9 胶体磨皂化皂的配方 单位：%（质量分数）

原　　料	配方 1	配方 2	配方 3
皂用泡花碱(1：2.444°Bé)	61	62	63
棉油酸(皂化价 202)	29	30	32
水	10	8	5

得有些过于干燥的皂头不能很好地与正常皂基完全熔合均匀，正常皂基夹带未完全熔解的微小皂头进入真空室，通过螺旋压条，形成肥皂头的“软白点”。

② 在调和过程中，电解质加量太少肥皂出条成型太软，皂的色泽死板发暗。电解质加量太多，皂的组织发粗，容易产生冒霜，而且由于皂基太黏稠，加入太多的电解质在一定时间内搅拌不均匀，或者由于配方中可容纳电解质的月桂酸类油脂的加入量太少，同样会影响肥皂的出条成型，产生“白点”和表面粗糙现象。

③ 在同一锅皂基中，同一条件下，若加入泡花碱的浓度为 35°Bé 时[1]，出条时，肥皂皂体发软，组织粗糙，表面不光滑，“软白点”较多。而加入泡花碱浓度为 40°Bé 时，出条成型明显好转，肥皂硬度提高，组织较细，表面光滑，“软白点”减少。

④ 出条速度不同（即皂基流量不同），成皂表面“软白点”的数量也不同。出条速度过快，则皂基在真空室停留时间和压条机内研磨的时间缩短，皂基结晶时形成的“软白点”受到压力减少，使得皂基表面“软白点”数量增加。如果降低出条速度也即降低皂基流量，成皂表面“软白点”数量也就大量减少。

⑤ 钛白粉是一种肥皂行业常用的遮光剂，能够在一定程度上遮盖皂体的不愉快色感和透明度。在大规模生产中，随着钛白粉加入量的提高，遮盖“软白点”的效果也随之增加。

3. 设备方面的原因

① 真空室内喷头孔径太大时，通过它喷出的皂基雾粒也就太大，这种较大雾粒在真空室内干燥、冷却过程中失水不均匀，造成雾粒中心和表面干湿不一，使得皂基在研磨过程中通过干湿集合作用，形成不规则的“软白点”。有的厂家曾经将喷头孔径从 16mm 改为 12mm，肥皂“软白点”大为减少。

② 在同样的工艺条件下，压条机挡板孔径的大小，对成皂表面的“软白点”也有一定的影响。选用小孔径的挡板，可以相对延长肥皂在压条机内的研磨时间，增加螺旋对某些“软白点”的研磨压力，使“软白点”分散和互混，对减少成皂表面的“软白点”也有一定的效果。

③ 由于皂基的输送一般利用齿轮泵，齿轮输皂泵的输皂速度不够稳定，使得皂料在管路中的流量忽大忽小，皂料在真空室中的失水速度和失水量也就不一样，形成的结晶体含水量不同，含水少的晶体相对于含水多的晶体，也就形成了皂体的“软白点”。

④ 使用机械真空泵抽真空时，由于机械泵造成的真空是脉冲式真空，真空度不恒定，这样形成的结晶体含水量也会有所不同，进而使得皂体表面形成“软白点”。因此，必要时要利用恒位水箱稳定真空度。

⑤ 出条机的出条能力与输皂泵的输皂能力要基本吻合。若输皂泵能力过小，就会造成供料不足，致使出条机不能连续开车，皂料在真空系统内停留时间不一，造成“软白点”过多，甚至造成皂料部分过干。若输皂能力过大，容易造成出条机积料过多，容易棚料，致使

[1] $\rho=\frac{144.3}{144.3-°Bé}(g/cm^3)$。

皂泵时开时停，形成供料不稳的因素，皂泵不能连续供料，也是造成“软白点”过多的因素之一。

⑥ 真空室桶体不圆，锅壁不光滑，刮刀刮不净，刮刀架上黏附干皂太多，长时间不进行清理，在生产中，干燥粒有时脱落与湿皂粒混合，也会产生“软白点”和皂面粗糙。

三、控制肥皂开裂和粗糙

在配方中泡花碱浓度过高，皂基内电解质含量太多，或是松香、椰子油或液体油太少，粒状油多，容纳电解质能力较差，都易造成开裂。

按以下配方可有效减少开裂与粗糙：

总脂肪酸	62%～63%(质量分数)	皂化价	207～220
氯化钠	0.30%～0.35%(质量分数)	不皂化物	0.15%(质量分数)
脂肪酸凝固点	38～90℃	未皂化物	0.10%(质量分数)
碘价	40～50		

对于80%的牛油和20%椰子油的标准配方，脂肪酸凝固点为38℃，氯化钠含量为0.42%～0.52%，水分13%～14%，香料1%，可得到满意的塑性，但如果氯化钠含量超过0.55%，就容易造成开裂。

温度和水分对于肥皂的可塑性也有影响。例如上述配方中水分降至19%以下，肥皂的可塑性大大下降，工业上称之为“缺水”。可通过调研和搅拌时喷水调正。而水分高于16%时，肥皂在40℃时可塑性太大，失去刚性。加工时温度以控制在35～45℃为宜。温度太低，往往出现开裂。

对于香皂，加入少量羊毛脂、非离子表面活性剂、CMC、C_{16}醇、硬脂酸等，以及增加香精的用量，都有助于减少开裂。

在生产过程中，调和不匀、冷却水开得过早、打印时过分干燥，都可能造成开裂。

肥皂组织粗糙的原因来自于泡花碱过浓、皂内氯化钠含量过高，在调和搅拌时搅入空气等。

四、控制肥皂“冒汗”

“冒汗”是指肥皂冒水或冒油。

在黄梅季节或空气中相对湿度达到85%以上时，肥皂可能出现冒汗。肥皂中水分含量越小，越容易出现冒汗，这是由于空气中水分与肥皂中水分不平衡引起的。此时，空气中水分流向肥皂，由于肥皂表面膜的缘故，水不易渗入，时间稍久，产生冒汗现象。例如，将含水分32.8%的块重304g的肥皂置于空气相对湿度为87%的条件下，8h后，肥皂增重2.8g。空气相对湿度低于60%时，含水分34%的肥皂、不饱和脂肪酸及甘油的吸湿性也易引起肥皂冒汗。

肥皂的冒汗会引起肥皂水解，进而产生酸败。防止肥皂冒汗，宜采取下列方法：

① 将配方中脂肪酸的碘价控制在85以下；

② 将总游离电解质除碳酸钠与硅酸钠外，控制在0.5以下；

③ 皂箱木料水分含量控制在25%以下；

④ 皂箱内衬蜡纸，以防潮湿，保持皂箱于空气流通处。

五、控制肥皂“糊烂”

肥皂遇水发生糊烂，则不耐用。

配方中不饱和脂肪酸含量越多，则碘价越高，糊烂越严重。一般认为硬脂酸与棕榈酸之比以（1∶1）～（1∶1.3）为宜，椰子油用量增加，可以改善糊烂程度。皂块水分含量高也容易糊烂。

在加工操作中也有多种因素导致糊烂，如水分的渗透性、液晶相的膨胀性、可溶物质的分散性及相型转变等。通过一种肥皂的结构模型可以对糊烂等问题给予解释。

肥皂的糊烂部分是G-相，在富脂皂及非富脂皂中棕榈酸盐/硬脂酸盐呈大粒结晶（像带状）。水分通过皂液相渗透，从而导致液晶相的膨胀。如果液晶中月桂酸的含量较高，由于油酸盐-月桂酸盐的溶解度大，它们能很快分散，膨胀就较小。正常情况下，液晶内含有大量的月桂酸盐。

如果在糊烂之前皂条中的大量固相肥皂就已是G-相，这表明富脂皂的糊烂部分是在温度低于40℃下加工的。容易糊烂的肥皂容易酸败，产生斑点或白芯。

六、肥皂耐用度和耐磨度

肥皂的耐用度涉及肥皂的去污力，耐磨度是单位时间所消耗肥皂的数量。

如果肥皂的硬度低，必然组织松弛，导致耐磨度低和耐用度差。这种肥皂在使用时，不是以分子状态溶于水中，而是成块成块地消耗。

由长链饱和脂肪酸钠组成的肥皂，耐磨度高，由长链不饱和脂肪酸钠组成的肥皂，耐磨度低。含水分较多的肥皂，其耐磨度差，反之则好。C_{10}以下的脂肪酸钠硬度和溶解度都很大，因而其耐磨性很差。对于给定的脂肪酸原料来讲，皂硬度是由固体晶相及液体相（液晶相＋溶液相）的相对比例来决定的。液晶相比例越大，肥皂越软。液晶相的总体积测量可用肥皂的核磁共振响应来测定，即用随机质子的弛豫时间来测定。

典型的非富脂皂的液相含量约接近于实际水分含量的两倍，其总量可为25%～28%。典型的富脂皂的液相含量应接近于实际水分含量的3～4倍，其总量可为35%～40%。这是因为在液晶组分中有较多的可溶性肥皂。因此可以预料，因为含有较多的液体组分，富脂皂就比非富脂皂软。但是，富脂皂的层状液晶也比非富脂皂类型的六方液晶的黏性小得多。

在肥皂中加适量的无机盐，如硅酸钠，随着硅酸钠（以SiO_2计）数量的增加，肥皂的耐磨度随之增大，而且肥皂的泡沫不受影响。比如，SiO_2含量为5.93%时，耐磨度为0.78g/(cm^2·min)；含量为4.58%时，耐磨度为0.84g/(cm^2·min)；含量为1.56%时，耐磨度为1.67g/(cm^2·min)；不含硅酸钠时，耐磨度为2.12g/(cm^2·min)。

七、肥皂泡沫性能

在脂肪酸钠系列中，C_{14}脂肪酸钠盐泡沫最丰富，但肥皂的配料是脂肪酸钠盐的混合物。总体上说，C_{12}～C_{18}肥皂的泡沫多而大，去污力强；C_{10}以下低碳链的合成脂肪酸制成的肥皂，泡沫少，去污力差。椰籽油、棕榈油、木油（柏油和梓油的混合物）、猪油、牛羊油、棉籽油、樟子油等油脂制成的肥皂有丰富的泡沫，而菜油、花生油、硬化豆油和鱼油制成的肥皂不易起泡。松香、蓖麻油、磷脂、磺化油、硅酸钠和磷酸钠本身虽然不易起泡，但对其他油脂有助起泡作用。

在实际生产中，月桂酸钠是比油酸钠更好的发泡剂。由于最佳剪切力和温度条件，使得液晶相中月桂酸盐的含量较高，因此也就增强了其发泡性。当富脂皂存在时，不仅促使K-相中的月桂酸盐转变到液晶相，而且层状液晶结构能够促使水分渗透，从而使可溶的发泡物质进入洗涤液。因此适宜工艺制成的富脂皂不仅泡沫丰富，而且生成的泡沫也有光滑感觉。

适当增加松香和硅酸钠的用量对泡沫有调整作用。一般电解质含量高不利于起泡。因此电解质的同离子或离子强度作用导致肥皂的盐析，从液晶相析出的物质为固体的油酸盐或月桂酸盐。当洗涤时，这些固体的油酸盐或月桂酸盐在产生泡沫之前就已溶解，而液晶相则更快地产生泡沫。

八、控制肥皂冻裂、收缩、变形和酸败

1. 控制肥皂冻裂、收缩与变形

肥皂的水分含量如果很大，比如在45%以上，脂肪酸含量过少，比如在47%以下或是在-5℃或更冷的条件下贮存，就会发生冻裂现象。这种肥皂干燥后收缩严重，容易变形。

改进的办法是调整配方或是增加泡花碱浓度，或是加入固体填料，例如5%左右陶土或碳酸钙等来替代部分水分，可以改善肥皂耐冻的能力。但固体填料过多，会导致肥皂粗松。

2. 控制肥皂的酸败

发生酸败的肥皂去污能力下降。表观上出现黑色斑点，严重者冒油、冒汗，甚至产生令人不愉快的油腻味。

(1) 肥皂腐败的原因

① 油脂配方中含有大量高度不饱和酸的油脂。这些不饱和酸在其双键处容易被氧化，如1分子亚油酸经氧化会生成3分子低级脂肪酸，而亚麻酸会生成4种低级脂肪酸。而肥皂中游离碱的量不足以中和这些小分子酸。在不同氧化阶段生成的低级脂肪酸、过氧化物、低分子量醛、酮等，是酸败肥皂产生不愉快气味的原因。

② 皂化不完全。未皂化物会与在空气、阳光长期接触中生成游离脂肪酸和甘油，造成肥皂酸败。特别是菜油中含量最高的芥酸（二十二碳一烯酸）甘油酯和木焦油酸甘油酯就很难皂化。

皂化不完全在盐析法制皂（特别是逆流洗涤皂化）中一般在0.2%以下，所以不至于影响到肥皂的酸败。但在直接法和冷法制皂中则是不可忽略的因素。肥皂中过量游离松香酸的存在也容易产生酸败。

③ 铜、铁、镍等重金属以及残存于肥皂中的活性白土会促进酸败，这些重金属离子来自于纯度不足的原料或来自于金属设备等。

④ 肥皂中含有大量的甘油。如果肥皂中水分大量挥发后，肥皂中的甘油会“游”到肥皂表面，在长期接触空气和阳光的情况下，会形成多种氧化物或酸类。

⑤ 肥皂配料中碱性物质少，而酸性物质过多。比如有强酸性的香料会引起肥皂酸败，而泡花碱有防止酸败的作用。

(2) 防止肥皂酸败的措施

① 最有效的防止酸败的办法是添加适当的泡花碱。原因可能在于二氧化硅能使肥皂结晶紧密，抵抗氧气对肥皂内部的袭击。另一方面，硅酸钠属于强碱弱酸盐，肥皂在表面发生酸败时，其氧化钠部分会对酸败起抑制作用。当肥皂中的二氧化硅含量在3.98%时，45天后脂肪酸氧化率为0.10%～0.11%，90天后达到0.14%，色泽保持米色，150天后达到0.15%，颜色成黄色。SiO_2 含量在2.65%时，到150天时色泽变成黄褐色。SiO_2 含量在1.56%时，90天后成黄色，150天后成为黄褐色。如果无 SiO_2，脂肪酸氧化率由初期的0.10%，45天后达到0.24%（浅黄色），90天后达到0.31%黄褐色，150天后达到0.71%，棕褐色。

硅酸钠除了防止肥皂的酸败外，还能增加肥皂的硬度、耐磨度、耐用度，并有软化硬水

的作用。

② 加入适量碳酸钠中和游离脂肪酸。0.5%～1%的碳酸钠足以防止肥皂酸败。超过3%会导致肥皂粗糙，使肥皂发松，结晶崩溃。

③ 加入抗氧剂。

④ 加入螯合剂，螯合对于氧化有催化作用的重金属离子，这在液体皂中尤其重要。

⑤ 加入适量的松香。松香是带有两个双键的不饱和酸（$C_{19}H_{29}COOH$ 分子内含有菲环），一接触空气就被氧化，但它的氧化终止于氧化物或过氧化物，不会发生断链产生小分子酸。因此，松香实际在起着抗氧化作用，这种抗氧化作用在于使肥皂的结晶紧密，对肥皂起保护遮盖作用。肥皂中的松香可增加肥皂的溶解度，降低皂水表面张力，使肥皂对无机电解质容量增大，并增加去污力。

九、控制香皂的沙粒感

香皂沙粒感指的是香皂在擦洗时，皂体有粒状硬块与皮肤摩擦而造成使用者不快的感觉。减少沙粒感的措施有以下几种。

1. 选择皂基干燥系统

真空干燥优于烘房干燥和常压干燥。在烘房干燥中，皂片是在冷水辊筒上刮得的，厚薄不均；而且，由于皂片都相对较厚，因此干燥出来的皂片里、外水分含量分布极不均匀。另外，热风亦容易带来沾污物。这都很容易造成皂体的沙粒感。

常压干燥，是将皂基加热到过热状态，喷入分离器中进行常压闪急蒸发脱水，失去部分水分的皂基，掉在辊筒上冷却结块，再用刮刀刮下来成为皂片。皂片厚薄不均，使得水分含量不均匀，高温会导致过干现象。

2. 加强皂粒仓及后续设备的密闭性

皂粒仓的密闭性不好会导致上下层皂粒水分含量不同而造成沙粒感。皂粒仓后续设备，例如皂料斗、研磨机，尽管皂料在该处的停留时间不长，但如果是在风高物燥的秋天，皂料表面水分散失也是较快的。在这些设备上加盖可以在一定程度上改善沙粒感。

3. 控制皂基电解质含量

皂基的电解质过多或分布不均匀，导致皂基不细腻，即结晶体较粗大，使得干燥时，喷射皂基不平稳，造成皂粒含水量波动。造化工段进入整理工序时，控制好电解质含量，保证出锅皂基的游离碱含量不高于0.10%，氯根含量不高于0.36%，以保证皂基细腻，在干燥时，喷射皂基的速度可以比较平稳。

4. 皂粒水分控制

将皂粒水分含量控制在11.0%～12.5%，则生产出来的香皂较理想。要做到这一点，必须保证皂基温度、加热器蒸汽压、进料速度等工艺参数都要稳定。如皂粒含水量过低(8%～9%)，即使成型工段补充外加水充足，由于外加水渗入皂粒且到达水分分布均匀是需要较长时间的，一般要数小时才有较好的效果，而正常生产的渗水时间只有10～15min，所以，远远未能达到使皂粒吸水均匀的要求。

5. 控制返工皂量

保持不大于新皂量的5%，较干的返工皂要预先经过充分的渗水，渗水时间应不少于半小时。过干的返工皂不能搀入成型生产线，必须倒回造化锅返煮。

6. 控制研磨机辊筒的间隙

保持在0.2～0.3mm以保证压匀那些直径大于0.3mm的微粒，使加工出来的香皂皂体柔滑，沙粒感减小。

思 考 题

1. 肥皂与洗衣粉混用洗涤效果如何，为什么？
2. 简述肥皂去污原理。
3. 简述中性油皂化法与脂肪酸中和法制备皂基的主要区别。
4. 肥皂生产中加入泡花碱的作用是什么？
5. 简单叙述洗衣皂和香皂的生产工艺及配方。
6. 肥皂会出现哪些质量问题，该如何解决？

第四章　粉状合成洗涤剂

【学习目的与要求】

掌握洗衣粉的配方设计、粉状洗涤剂的成型技术；了解生产洗衣粉常用的原料、典型洗衣粉的生产实例。

由于肥皂对硬水比较敏感，生成的钙盐、镁盐会沉积在织物和洗衣机零件上。因此，从第二次世界大战以后，合成洗涤剂大量进入以往的肥皂市场，在国外几乎没有洗衣皂的生产，取而代之的是合成洗涤剂，如粉状洗涤剂、液体洗涤剂、浆状洗涤剂、纸状洗涤剂等。粉状合成洗涤剂占合成洗涤剂总产量的80%以上，而洗衣粉是粉状合成洗涤剂的典型代表，因此，本章重点讲述洗衣粉的生产方法。

第一节　生产洗衣粉的主要原料

表面活性剂是合成洗涤剂中不可缺少的最重要的组分，发挥主要的洗涤作用，故称为主剂。其他的原料如三聚磷酸钠、硫酸钠、对甲苯磺酸钠等，在洗涤剂中一般发挥辅助作用，故称为助剂。

一、生产洗衣粉常用的主剂

1. 表面活性剂

表面活性剂作为洗涤剂的主要原料，已有几十年的历史。为适应织物品种和洗涤工艺的变化，洗涤剂配方中所用的表面活性剂由单一的品种发展成多种表面活性剂复配，使其在性能上相互得到补偿，发挥良好的协同作用。目前，在洗涤剂中使用较多的是阴离子表面活性剂和非离子表面活性剂，阳离子表面活性剂和两性表面活性剂使用量较少。选择表面活性剂应考虑如下几个方面。

(1) 去污性　特别是复配后的去污性要好，还需具备一定的抗硬水性、污垢分散性、污垢抗沉积性、溶解性、泡沫性，以及良好的气味、色泽和贮存稳定性等。

(2) 工艺性　要求加工容易，易于操作处理。

(3) 经济性　要求价格便宜、成本低、利润大、效益高。

(4) 安全性　表面活性剂应易于降解，对人、动物毒性要低。

在以上因素中，去污力是最重要的。一般来说，两种不同类型的表面活性剂复配后在去污力方面是否具有协同效应，与表面活性剂的类型及其加入量有关。有关十二烷基苯磺酸钠与不同类型的表面活性剂复配后的去污力变化请参阅第二章。除了表面活性剂之间的复配外，还要考虑表面活性剂与助剂之间的复配，洗涤条件等因素的影响。所以调制合成洗涤剂之前需进行适当试验，搞清各种因素和条件的作用。

2. 常用表面活性剂的性能比较

直链烷基苯磺酸钠（LAS）自20世纪60年代取代支链烷基苯磺酸钠至今，由于其溶解性良好，有较好的去污和泡沫性能，工艺成熟，价格较低，仍是粉状和液体洗涤剂中使用最多的一种阴离子表面活性剂。它对硬水的敏感性可通过加入螯合剂或离子交换剂加以克服，它产生的丰富泡沫可用控泡剂进行调节。

其他阴离子表面活性剂如仲链烷基磺酸盐（SAS）、α-烯烃磺酸盐（AOS）、脂肪醇硫酸盐（AS）、α-磺基脂肪酸酯盐（MES）、脂肪醇聚氧乙烯醚硫酸钠（AES）可以代替 LAS 或与 LAS 以不同的比例配合使用。SAS 溶解度比 LAS 大，不会水解，性能稳定，去污性、泡沫性类似于 LAS，它主要用来配制液体洗涤剂；AOS 的抗硬水性好，泡沫稳定性好，去污力强，刺激性低，可用于某些特殊的领域，AOS 洗涤剂的泡沫不能用钙皂调节，只能用特殊的泡沫调节剂进行调节；AS 对硬水比较敏感，常与整合剂和离子交换剂配合使用，它在欧洲洗涤剂配方中用量较大，在美国和日本的重垢洗涤剂中常与 LAS 复配使用；MES 对硬水敏感性低，钙皂分散性好，将其用于肥皂含量高的液体洗涤剂中很有价值，如果在 MES 中加入合适的稳定剂，解决其水解问题，将会促进其在洗涤剂中的使用；AES 抗硬水性好，在硬水中去污力好，泡沫稳定，在低温液洗中有较高的稳定性和良好的皮肤相容性，广泛用于液体洗涤剂中，如洗发香波、餐具洗涤剂等。

非离子表面活性剂脂肪醇聚氧乙烯醚抗硬水性好，在相对低的浓度下就具有良好的去污力和污垢分散力，并具有独特的抗污垢再沉积作用，能适应低温洗涤和洗涤剂低磷化的要求，是粉状和液体洗涤剂中的主要成分。烷基酚聚氧乙烯醚（APEO）在洗涤剂中大量使用的是环氧乙烷加成数为 5～10 的辛基酚或壬基酚的衍生物。由于其生物降解性差，在洗涤剂中的用量明显下降。烷醇酰胺（6501）常用于高泡洗涤剂中，以增加使用时泡沫的丰富度和泡沫的稳定性，同时也能改进产品在低温下的去污力。氧化胺也是一种泡沫稳定剂，由于其热稳定性差，成本高，一般只用在一些特殊的低刺激性的洗涤剂中。

阳离子表面活性剂通常用作织物的后处理剂，由于阳离子表面活性剂易于吸附在织物上，可使其具有柔软的手感和抗静电性。常用的柔软剂有二硬脂基二甲基氯化铵及咪唑啉的衍生物。烷基二甲基苄基氯化物可用作杀菌剂，且由于它具有很好的抗静电性，可用作织物的后处理剂。

两性表面活性剂刺激性小，耐硬水性好，有优良的去污性能和调理性，但由于成本高，常用于个人卫生用品和特种洗涤剂中。

二、生产洗衣粉的助剂

洗涤剂中使用的助剂有无机助剂和有机助剂。根据其对洗涤作用的影响，又可分为助洗剂和添加剂两类。助洗剂主要是通过各种用途来提高表面活性剂的洗涤效果。如螯合剂能与水中的钙、镁等离子通过螯合作用形成可溶性的配合物，从而提高表面活性剂的洗涤效果。助洗剂要满足以下几方面的要求。

（1）一次洗涤性　去除颜料、油脂的能力强，对各种不同的纤维织物有独特的去污力，能改进表面活性剂的性质，可将污垢分散在洗涤剂溶液中，改进起泡性能。

（2）多次洗涤性　抗再沉积性好，防止在织物上产生结垢，防止在洗衣机上产生沉积物，具有抗腐蚀性。

（3）工艺性质　化学稳定性好，工艺上易于处理，不吸湿，具有适宜的气味和色泽，与洗涤剂中的其他组分相容性好，贮存稳定性好。

（4）安全性　对人、动物安全，无毒，对环境无污染，可由生物降解吸附或其他机理脱活，废水处理容易，没有不可控制的累积，无过肥化作用，不影响饮水质量。

(5) 经济性　原料易得，价格便宜。

在洗涤剂中用量较少，对洗涤效果影响不大的一些添加物称为添加剂，如荧光增白剂、腐蚀抑制剂、颜料、香精和杀菌剂等。它们能赋予产品某种性能来满足加工工艺或使用要求。

应该指出，助洗剂和添加剂没有明显界限，如蛋白酶，它在洗涤剂中用量很少，但能分解蛋白质污垢，提高洗涤效果。

1. 螯合剂、离子交换剂

(1) 聚磷酸盐　聚磷酸盐是洗涤剂中较早使用的螯合剂，常用的有三聚磷酸钠（$Na_5P_3O_{10}$）、焦磷酸钠（$Na_4P_2O_7$）和六偏磷酸钠［$(NaPO_3)_6$］。这几种聚磷酸盐的碱性次序为焦磷酸钠＞三聚磷酸钠≫六偏磷酸钠。它们都能螯合水中的钙、镁、铁等离子，使水软化。三聚磷酸钠对钙离子的螯合力比焦磷酸钠好，但不如六偏磷酸钠。对镁离子的螯合力，三聚磷酸钠比六偏磷酸钠高，但不如焦磷酸钠。

① 三聚磷酸钠。三聚磷酸钠是由 2mol Na_2HPO_4 与 1mol NaH_2PO_4 加热脱水缩合而成的：

$$2Na_2HPO_4 + NaH_2PO_4 = Na_5P_3P_{10} + 2H_2O$$

其结构式为

$$\begin{array}{ccccccccc} & & O & & O & & O & & \\ & & \| & & \| & & \| & & \\ NaO & - & P & - O - & P & - O - & P & - & ONa \\ & & | & & | & & | & & \\ & & ONa & & ONa & & ONa & & \end{array}$$

三聚磷酸钠俗称“五钠”，英文缩写为 STPP，外观为白色粉末状，能溶于水，水溶液呈碱性。它对金属离子有很好的络合能力，不仅能软化硬水，还能络合污垢中的金属成分，在洗涤过程中起到使污垢解体的作用，从而提高洗涤效果。

三聚磷酸钠在洗涤过程中还起到“表面活性”的效果。例如它对污垢中的蛋白质有溶胀和加溶作用，对脂肪类物质能起到促进乳化的作用，对固体微粒有分散作用，防止污垢的再沉积。此外，它还能使洗涤溶液保持一定的碱性。上述这些作用都起到了助洗效果。实验证明，将三聚磷酸钠加入到表面活性剂水溶液中能提高表面活性剂的亲水性和疏水性污垢的分散性。三聚磷酸钠在吸水后能形成稳定的六水合物 $Na_5P_3O_{10} \cdot 6H_2O$，该物质在室温下蒸气压很低，稳定性很高。洗衣粉中的三聚磷酸钠如能处于水合状态，则制取的洗衣粉含水量高，不易结块，流动性好，正常洗衣粉中三聚磷酸钠的使用量一般在 20%～50%。

② 焦磷酸钾。焦磷酸钾由两个分子的 K_2HPO_4 脱水缩合而成，其结构式为

$$\begin{array}{ccccccc} & & O & & O & & \\ & & \| & & \| & & \\ KO & - & P & - O - & P & - & OK \\ & & | & & | & & \\ & & OK & & OK & & \end{array}$$

由于焦磷酸的钠盐溶解度较小，一般都用焦磷酸钾，但焦磷酸钾很易吸温，只宜用在液体洗涤剂中。焦磷酸盐对钙、镁等金属离子有络合能力，也有一定的助洗效果，但对皮肤有刺激性，只宜用于配制重垢型液体洗涤剂、金属清洗剂、硬表面清洗剂等清洁用品。

③ 六偏磷酸钠。六偏磷酸钠由六分子的磷酸二氢钠脱水缩合而成，其结构式为

$$
\begin{array}{ccccccccc}
 & ONa & & O & & ONa & & O & \\
 & | & & \| & & / & & \| & \\
O= & P & -O- & P & & -O- & & P & -ONa \\
 & | & & & & & & | & \\
 & O & & & & & & O & \\
 & | & & & & & & | & \\
O= & P & -O- & P & & -O- & & P & -ONa \\
 & | & & \| & & \backslash & & \| & \\
 & ONa & & O & & ONa & & O &
\end{array}
$$

六偏磷酸钠水溶液的 pH 值接近 7，对皮肤刺激性小，浓度较高时还有防止腐蚀的效果，在中性和弱碱性溶液中对钙、镁离子有很好的络合能力。它的缺点是易吸湿和水解，一般仅用在工业清洗剂中。应该指出，由于聚磷酸盐在水溶液中能水解生成正磷酸盐。其中六偏磷酸钠的水解速度最快，焦磷酸盐在冷水中的水解很慢，三聚磷酸盐居于两者之间。因此配制重垢液体洗涤剂时通常使用焦磷酸盐。为提高溶解度，可使用焦磷酸钾。

(2) 有机螯合剂　洗衣粉中大量配用聚磷酸钠盐，是产生“过肥化”的一个原因。因此，在世界范围内广泛开展了对聚磷酸钠代用品的研究，其中有许多为低分子量的有机螯合剂以及具有显著络合碱土金属离子能力的高分子化合物。

① 次氨基三乙酸钠。次氨基三乙酸钠（NTA）于 1970 年用于代替三聚磷酸钠，以生产低磷或无磷洗涤剂，其结构式为

$$
\begin{array}{ll}
 & \quad CH_2COONa \\
 & / \\
NaOOCCH_2N & \\
 & \backslash \\
 & \quad CH_2COONa
\end{array}
$$

次氨基三乙酸钠螯合碱土金属离子的能力很强，且生成的螯合物很稳定，是聚磷酸钠的一种很好的代用品。但是它能阻止生成不溶性钙皂，因此不适用于以不溶性钙皂作泡沫调节剂的洗涤剂配方。另外，由于氨基三乙酸钠易潮解，用它配制的洗衣粉易吸潮结块，需加防结块物料（如氨基三乙酸二钠盐）。此外，次氨基三乙酸钠的洗衣粉料浆干燥困难，产量较低，且成品颗粒较细。

氨基三乙酸钠的助洗能力比柠檬酸钠好，而柠檬酸钠对生态环境的影响比氨基三乙酸钠要好得多，因此，有时将两者复配使用。氨基三乙酸钠结构中含有氮，也会对环境造成过肥化问题。它与汞、铜等生成的螯合物可通过胎盘障碍造成鼠类生育缺陷，因而在有些国家和地区限制其使用。

② 柠檬酸钠。柠檬酸钠的结构式为

$$
\begin{array}{l}
\qquad\quad CH_2COONa \\
\qquad\quad | \\
HO—C—CH_2COONa \\
\qquad\quad | \\
\qquad\quad CH_2COONa
\end{array}
$$

在洗衣粉中，柠檬酸钠可取代 STPP，也可作为无磷液体洗涤剂中的助洗剂。它在低温下螯合钙离子的能力较强，但温度升高，螯合力降低。它螯合镁离子的能力与溶液的 pH 值有关，在 pH=7～9，20～50℃，柠檬酸与镁离子的摩尔比为 1∶1 时，每克柠檬酸可螯合 116mg 镁离子，即可螯合 90%以上的镁离子。除碱土金属外，它还可螯合大多数二价和三价金属离子。有氨存在时，它的螯合能力更强，但大于 60℃时，螯合效果很差。

柠檬酸钠中不合氮、磷等元素，生物降解性好。另外，柠檬酸钠溶解性好，pH 值调节方便，低温时螯合性好，可作为液体洗涤剂的助洗剂。但目前由于其价格高，使用不普遍。

③ 离子交换剂。4A 沸石是洗衣粉中常用的离子交换剂，其作用与 STPP 不同。在它的分子筛结晶铝硅酸盐空穴中，有可相对自由移动的钠离子，能与钙离子、镁离子等进行交换，使水软化，从而提高洗涤剂的去污能力。4A 沸石又称为合成沸石或分子筛（4A 型），是一种白色固体颗粒，呈网络式结构如图 4-1 所示，比表面积约 $600m^2/g$；不溶于水和有机溶剂，能溶于强碱和强酸；吸附分子的能力很强，可吸附水、液体、气体和不饱和的有机物质；对钙，镁离子有交换能力，理论交换能力为 352mgCaO/g。

④ 高分子电解质。聚丙烯酸钠是主要用作助洗剂的高分子电解质，它对多价金属离子也有螯合作用，可以提高洗涤剂在硬水中的去污能力。聚丙烯酸钠还可以吸附于被洗物表面和污垢表面，增加被洗物与污垢之间的静电斥力，有利于污垢的去除，并能增加污垢的分散能力，防止污垢再沉积。聚丙烯酸钠与 STPP 复合使用有较好的助洗效果。

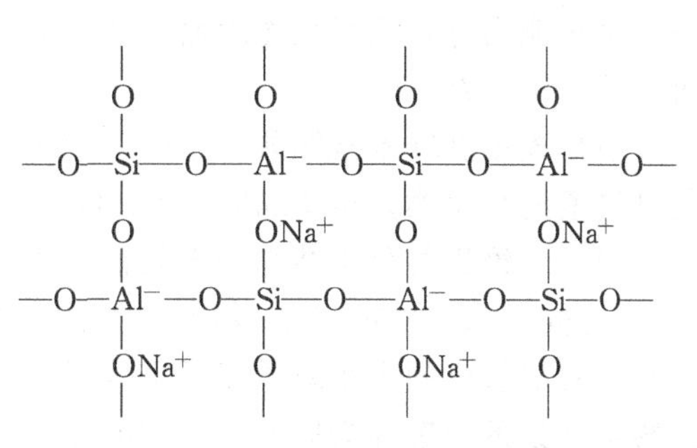

图 4-1　4A 沸石的网络式结构

2. 漂白剂

一般使用的洗涤剂不能洗去织物上的一些色素污垢，为达到合适的清洗效果，需使用漂白剂。漂白剂能破坏发色系统或者对助色基团产生改性作用，将其降解到较小单元，使之变成能溶于水或易从织物上去除的物质。常用的有两类：一类是含氧漂白剂；另一类是含氯漂白剂。

(1) 过碳酸钠　过碳酸钠用于洗涤剂中属于含氧漂白剂，它的分子式为 $2NaCO_3 \cdot 3H_2O_2$，是一种白色粉末或颗粒，溶于水。过碳酸钠在 50℃温度下就有漂白作用，不必加入活性剂，生产时的成本比用过硼酸钠低。过碳酸钠在水中分解为钠离子、碳酸根离子和双氧水，双氧水放出原子氧，具有漂白杀菌作用。但是，过碳酸盐不稳定，其分解温度较低，吸湿后更易分解。在相对湿度为 80%条件下，室温贮存 8 个月，分解量小于 5%，如将其加入到洗衣粉中，贮存期不宜过长。为了提高过碳酸钠的贮存稳定性，可采用以下两种方法。

① 加入内稳定剂。工业用的过碳酸钠中往往含有铁、锰、铜等金属离子，这些金属离子会促使过碳酸钠分解。因此，在过碳酸钠的制造过程中或反应完成后，常常添加沉淀或络合这些离子的化合物，如硅酸盐、乙二胺四乙酸盐、磷酸盐等，有些化合物对过氧化氢的分解有抑制作用，如氯化镁、硫酸镁等。

② 包敷法。即在过碳酸钠粒子表面包敷一层有机或无机膜。无机包敷物有碱土金属盐类、碳酸钠、碳酸氢钠、硼酸盐、磷酸盐等，有机包敷物主要是一些低熔点的蜡类。包敷的方法有两种：一是将包敷物溶液喷洒到过碳酸钠的颗粒上；二是将包敷物溶液加到过碳酸钠的悬浮液中，而后将过碳酸钠用过滤或离心的方法分离出来，然后水洗，干燥。

(2) 过硼酸钠　过硼酸钠（$NaBO_3 \cdot 4H_2O$）是最重要的含氧漂白剂，为白色单斜结晶颗粒或粉末；味咸，微溶于水，水溶液呈碱性，不稳定，极易放出活性氧原子，能溶于酸、碱、甘油等；熔点为 63℃，在 130～150℃时失去结晶水；在游离碱存在下容易分解；与稀酸作用生成过氧化氢；与浓硫酸作用放出氧和臭氧。过硼酸钠在水溶液中受热分解生成 H_2O_2 和 $NaBO_2$，H_2O_2 具有漂白作用。其中，过氧阴离子浓度随水溶液的碱性和温度的升高而升高，因此，温度越高，漂白活性越好，一般适宜温度大于 60℃。为了提高过硼酸钠在低温下的漂白效果，需加入漂白活化剂，一般为酰化物，如四乙酰基乙二胺（TAED）。

由于过硼酸钠使用方便，又不损伤染料，是世界上应用最广泛的漂白剂。在欧洲，洗衣粉中过硼酸钠的加入量为12%～24%，四乙酰基乙二胺的加入量为1%～3%。

3. 抗再沉积剂

洗涤是一个可逆过程，已从织物上除去的污垢可能再返回到织物上。能将除去的污垢合适地分散在洗涤液中，不再返回到织物表面的物质称为抗再沉积剂。在合成洗涤剂中常用十二烷基苯磺酸钠等阴离子表面活性剂作为洗涤活性物，这种表面活性剂对纤维上藏附的污垢虽有脱除能力，但与肥皂相比，存在着脱落下来的污垢会重新附着在纤维上的缺点，即抗污垢再沉积能力差，洗后织物表面泛灰、泛黄。为了克服这一缺点，必须在合成洗涤剂中加入抗污垢再沉积剂。

(1) 羧甲基纤维素钠盐（CMC） 羧甲基纤维素钠盐具有很好的抗污垢再沉积能力。它是纤维素的衍生物，英文缩写为CMC，将纤维素用烧碱和氯乙酸处理，即得到羧甲基纤维素钠盐。纤维素的分子结构为多聚葡萄糖，每个葡萄糖单元中有三个羟基，其中伯醇羟基中的H易被—CH_3COOH所取代，通常，CMC是由纤维素与碱和氯乙酸反应制得的一种聚合物，其溶解度的大小取决于纤维素羟基引入羧甲基的多少。每一个脱水葡萄糖单体上引入的羧甲基钠的个数称为取代度。CMC的取代度在0.4～0.8时，抗再沉积能力最好。

CMC抗污垢再沉积作用的机理主要是CMC吸附在纤维的表面，从而减弱了纤维对污垢的再吸附，由于CMC体积庞大，且带有负电荷，吸附后由于位阻效应和静电作用，阻止了污垢的再沉积，显著地提高了洗涤剂的去污力。但也不能忽视CMC将污垢粒子包围起来，使之稳定分散在洗涤液中的作用。CMC在棉纤维表面的吸附最显著，因此它对棉织物的抗污垢再沉积效果最好，而对毛织物及合成纤维织物的抗污垢再沉积能力则欠佳。洗涤剂中加入CMC的量一般为0.5%～1%。

(2) 聚乙烯吡咯烷酮 聚乙烯吡咯烷酮是一种合成高分子化合物，英文缩写为PVP，它由乙烯吡咯烷酮聚合而得：

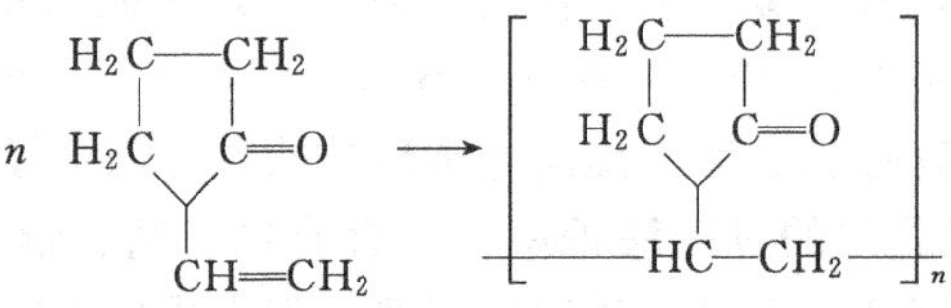

```
      H2C——CH2              ┌  H2C——CH2        ┐
      |     |               │  |     |         │
n  H2C     C=O    ——→       │  H2C     C=O     │
      \   /                 │    \   /         │
        N                   │      N           │
        |                   │      |           │
     CH=CH2                 └——HC——CH2————————┘n
```

用作抗污垢再沉积剂的PVP的平均相对分子质量为10000～40000，它对污垢有较好的分散能力，对棉织物及各种合成纤维织物均有良好的抗污垢再沉积效果，抗污垢再沉积能力比CMC好得多。PVP不仅抗污垢再沉积能力强，而且在水中溶解性能好，遇无机盐也不会凝聚析出，与表面活性剂配伍性能好。所以PVP是一种性能优良的抗污垢再沉积剂，其缺点是价格昂贵，通常将CMC和PVP混合使用。

4. 荧光增白剂

人们对织物洗后的白度很为关注。为了增加织物洗后的白度，以往在洗衣粉中加入少量蓝色染料，使织物上增加微量的蓝色，与原有的微黄色互为补色，从视觉上提高了表观白度，但织物反射的亮度却降低了。目前，主要采用荧光增白剂，它不仅增加了白度，还增加了亮度，使织物能反射出更多的光。

荧光增白剂是能将不可见的紫外光（波长290～400nm）转变成可见光的有机化合物。它发出的蓝色荧光与织物泛出的黄光互为补色，使白色织物显得更加洁白，有色织物更加鲜艳。国内洗涤剂中常用的荧光增白剂有荧光增白剂31#和33#，二者均为二苯乙烯三嗪型。国内洗衣粉中荧光增白剂的加入量常为0.1%，国外一般为0.3%，有时高达0.5%。荧光增白剂在洗涤液中的作用类似于织物染料。棉用的和耐氯的荧光增白剂主要靠氢键与纤维结合，其结合能力与其扩散能力有关。

5. 酶

酶是由菌种或生物活性物质培养而得到的生物制品，它本身是一种蛋白质，能对某些化学反应起催化作用。例如，蛋白酶能将蛋白质转化为易溶解于水的氨基酸。在洗涤剂中添加酶制剂能有效地促进污垢的洗脱。由于酶对生物体的活性作用，在生产和应用过程中要防止将酶的粉尘吸入人体呼吸道及肺部，为此常将酶与硫酸钠、非离子表面活性剂混合后喷雾造粒。还可用微胶囊将酶制剂包裹起来，这样不仅可以防止粉尘污染，还有利于保持酶的活性。酶的品种很多，以下几种酶可用于洗涤剂中。

(1) 蛋白酶　蛋白酶能促使不溶于水的蛋白质水解成可溶性的多肽或氨基酸。如织物上有奶渍、血渍、汗渍等斑迹，用一般表面活性剂难以洗去，而蛋白酶对这些污斑的去除有很好的效果。蛋白酶的品种也很多，在洗涤用品中宜选用耐碱性的碱性蛋白酶。碱性蛋白酶在洗衣粉中的加入量根据原料酶的活性确定，其加入量一般为1%～10%。

(2) 脂肪酶　脂肪酶能促使脂肪中的酯键水解。织物上的脂肪类污垢虽可借表面活性剂的乳化作用而去除，但效果不理想。如在洗涤用品中添加脂肪酶，可使油脂水解为亲水性较强的甘油单酯或甘油双酯而易于除去。脂肪酶作用较为缓慢，因此宜将织物在有酶的洗涤液中预浸渍后再行洗涤，则效果较好。残余的脂肪酶还可能积累性地被吸附在洗后的织物上，因此织物经多次用这类洗涤剂洗涤后，可取得显著的效果。

(3) 纤维素酶　纤维素酶近年来被研究开发用于洗涤剂工业。纤维素酶本身并不能与污垢发生作用，纤维素酶的活力主要是使纤维素发生水解，如果使织物表面的茸毛发生局部水解，则有利于污垢的释出。纤维素酶还能使洗涤后的织物有柔软蓬松的效果。在纺织印染工业中可用纤维素酶对牛仔织物进行加工处理，以代替传统的石磨工艺。随培养的菌种不同，纤维素酶也有不同的品种，有些仅能在纤维素大分子的非结晶区域作用，有些能浸入大分子的结晶区进行作用，可能导致纤维的损伤。在酶的品种筛选时必须注意这些性能。

(4) 淀粉酶　淀粉酶能将淀粉转化为水溶性较好的糊精，因此它能使织物黏附的淀粉容易洗去。

在洗涤剂中使用酶制剂时，应注意酶的选择性和活性。酶的活性作用受到温度、pH值及配伍的化学药品等因素的影响，酶适宜的工作温度一般在50～60℃左右，因此用含酶的洗涤剂洗涤织物时宜用温水，如水温过高，酶将失去活性，各种不同的酶又有它们各自适宜的pH值。例如pH值在5左右，纤维素酶能发挥其活性。洗涤溶液多数处于弱碱性，为了使酶适应洗涤的条件，有时需要对酶的品种进行筛选或改性处理。阳离子表面活性剂能迅速降低酶的活性，阴离子表面活性剂一般对酶的影响较小，脂肪醇聚氧乙烯醚类非离子表面活性剂不但不会影响酶的活性，反而对溶液中的酶有稳定作用。另外，甲酸盐、乙酸盐、甘氨酸、谷氨酰胺盐和乙酰胺化合物对酶也有稳定作用，起作用的含量为1%～5%。醇类如乙醇、乙二醇、丙二醇等在5%～20%的含量下对酶也有稳定作用，但含量过高，会使酶沉淀。另外，在加酶液体洗涤剂中，除了加入上述酶稳定剂外，还应注意pH值应为7～9.5，为避免洗涤过程中pH值下降而影响去污效果，常加入4%～8%的pH值缓冲剂。

6. 其他助剂

(1) 抗静电剂和柔软剂　合成纤维由于绝缘性好，且摩擦系数大，所制成的织物在摩擦时会产生静电，影响舒适性。为了防止静电，可在洗涤制品中加入抗静电剂。棉、麻纤维的织物洗涤干燥后往往有明显的粗糙手感，特别是棉织物的内衣、床单、毛巾等如产生这种粗糙感，人的皮肤就会感到不舒适。为克服此缺点，可在洗涤制品中加入柔软剂。对于有调理功能的洗发香波和护发素，也应具有柔软和抗静电功能、使头发具有良好的梳理性和飘逸感。抗静电剂和柔软剂一般为阳离子表面活性剂，参见第二章。

（2）硫酸钠　硫酸钠来源广泛，价格低廉。含10个结晶水的硫酸钠称为芒硝，无水硫酸钠又称为元明粉或精制芒硝，在洗衣粉中主要用作填料，同时还具有如下作用：①降低表面活性剂的临界胶束浓度；②提高表面活性剂在织物中的吸附量，有利于去除污垢；③提高料浆的比重，调节产品的表观密度；④改善其流动性，防止洗衣粉结块。硫酸钠在洗衣粉中的用量可高达20%～45%。

（3）碳酸钠　碳酸钠又称纯碱，可分为无水物、一水合物、七水合物和十水合物等几种。碳酸钠因制造条件不同，有轻质和重质两种物理状态，轻质堆积密度为600～700g/L。重质所占体积很小，是一种粗粒的无尘粉剂。无水碳酸钠有吸湿性，暴露于大气中将缓慢吸水而形成一水合物。从理论上讲，纯碱在贮存中约会增加18%的质量，但很少会发生这种情况。当外层变成水合物后，形成了半不渗透层，水分不易进一步渗入。尽管如此，在袋装的纯碱中，常发生质量增加的现象，这在加工时应予以考虑。

在洗涤剂中加入碳酸钠，可使洗涤剂的pH值不会因遇到酸性的污垢而降低，因而产品仍具有良好的洗涤效果。碳酸钠可与污垢中的酸性污垢（如脂肪酸）作用生成肥皂，提高去污能力。一般来说，在洗棉、麻织物时加入碳酸钠，去污力较好。但加入量过多，对皮肤刺激性增强。另外，碳酸钠能与钙离子、镁离子作用生成沉淀，沉积在织物上，影响织物强度。普通洗衣粉中碳酸钠用量为8%～12%；机用洗涤剂中纯碱用量较大；洗丝毛织物用的以及刺激性低的洗衣粉中不加纯碱。

（4）硅酸钠　硅酸钠俗称水玻璃或泡花碱，它是用石英砂与纯碱在高温下加热熔融制得的。商品硅酸钠为粒状固体或黏稠的水溶液。水玻璃添加在洗衣粉中有显著的助洗效果，首先是硅酸钠对溶液的pH值有缓冲效果，使溶液的pH值保持在弱碱性，有利于污垢的洗脱。其次是它水解产生的胶体溶液对固体污垢微粒有分散作用，对油污有乳化作用。此外水玻璃还能增加洗衣粉颗粒的机械强度、流动性和均匀性。水玻璃的缺点是水解生成的硅酸溶胶可被纤维吸附而不易洗去，织物干燥后会手感粗糙，故洗衣粉中水玻璃的添加量不宜过多。

（5）增溶剂　增溶剂可提高配方中组分的溶解度和液体洗涤剂的溶解性能，这对产品的配制和使用十分重要。在洗衣粉的料浆中加入增溶剂对甲苯磺酸钠或二甲苯磺酸钠，能降低料浆的黏度，亦即在料浆黏度相同的条件下，可将料浆中的固含量提高，这样就可以增加喷雾干燥塔的生产能力，从而节省了能量消耗。加入这些物质还可改善产品的流动性，减少洗衣粉结块的可能性。另外，洗衣粉中如含有非离子表面活性剂，产品的表观密度较大，加入甲苯磺酸钠，则可使产品的表观密度减小。

（6）腐蚀抑制剂　洗衣机的某些部件用铝制造，易腐蚀，因此市售的大部分洗涤剂中含有少量水玻璃即硅酸钠，它是一种优良的腐蚀抑制剂。液态的硅酸盐能以薄层沉积在铝的表面，使铝免受水溶液中—OH的攻击而得到保护。

（7）杀菌剂、抑菌剂和防腐剂　杀菌剂是在短时间内能杀灭微生物的物质。抑菌剂是在低浓度时能长时间阻止微生物增加的物质。防腐剂是使制剂免受微生物的污染而不致变质的物质。

用洗衣粉进行低温洗涤时，病菌或霉菌会残留在织物上，成为传播疾病的媒介物，并产生不良气味。因此，在其中常加入少量杀菌剂、抑菌剂，如三氯异氰尿酸（TCCA）和2-羟基-2,4,4-三氯二苯醚（DP300）。TCCA遇水能水解，生成次氯酸，因而有漂白杀菌作用，用量一般为1%～4%；DP300是极有效的抑菌剂和脱臭剂，在很低的浓度下就能抗革兰阴性菌和革兰阳性菌，也能抗霉。

（8）香精　加入香精会使产品具有令人愉快的气息，有时特定的香精还会使人联想到产品的质量。质量优良的洗涤剂普遍加入香精。香精的香型有多种，如茉莉型、玫瑰型、铃兰型、紫丁香型及果香型等。要求所用的香精在pH=9～11时稳定，与其他组分相容性好，对过硼酸钠、氯和空气的过敏性低，对环境无害。香精在洗涤剂中的用量很少，一般为0.1%～0.5%。

（9）色素　由于洗衣粉的原料几乎都是白色的，所以市售的洗衣料多为白色的，但对于特殊的成分，如酶或漂白活化剂常用染料染成鲜艳的有色颗粒，加入到白色洗衣粉中，一般为蓝色。液体洗涤剂与织物柔软剂一般染成绿色、桃红色或蓝色。洗涤剂用色素应满足贮存稳定、与其他组分相容性好、对光稳定、不会牢固地吸附在织物上等要求。

第二节　洗衣粉的配方设计

一、普通洗衣粉

普通洗衣粉适用于各种天然和合成的纤维织物。其1%的水溶液带弱碱性，pH值为8～10.3。如果用于丝、毛、铜氨纤维、醋酸酯纤维等细软织物，则pH值应偏低，约在6.5～8.5之间，磷酸盐的用量亦相应减少。适用于棉麻织物的碱量稍高，pH值在9.5～10.5左右。高泡型和低泡型洗衣料主要以非离子型脂肪醇聚氧乙烯醚为基础，也可用阴离子型，除了增加合成浮石和三聚磷酸钠用量之外，还加入少量肥皂及不同组分的聚醚作为抑泡剂。

一般洗涤织物用的合成洗涤剂，质量指标可以分为感观指标和内在质量指标。感观指标是从洗涤剂的外观来评定。常用的粒状洗衣粉的评定指标有如下几种。

（1）色泽　表示洗衣粉的白度。洗衣粉中如果混有黑粉、深黄粉或黑粒粉，色泽就差。添加色料的洗衣料，色调应均匀一致。

（2）气味　除洗涤剂固有的气味外无异味，可以带有香味。

（3）颗粒度　洗衣粉颗粒的大小与所含细粉的多少有关，也直接影响洗衣粉的表观密度、流动性及吸潮结块。颗粒度大小受料浆配制、干燥方式及干燥条件支配。颗粒太细，流动性差，易成粉尘，亦易结块；颗粒太大、会影响粒子的溶解度。一般成品都通过振动筛控制一定大小的颗粒度。空心粒状洗衣粉和浓缩洗衣粉颗粒的直径约在0.5～0.8mm左右，颗粒均匀，不发黏或结块。

（4）表观密度　洗衣粉的表观密度是指单位容积内洗衣粉的质量（g/mL）。这一指标与洗衣粉的颗粒度、水分含量密切相关，必须保持洗衣粉的表观密度恒定，否则将直接影响成品粉的包装质量，结消费者掌握用量带来困难。一般逆流喷雾干燥成型的空心粒状洗衣粉保持表观密度在0.28～0.36g/mL，顺流喷雾干燥的洗衣粉表观密度要小一些，而冷拌成型的洗衣粉表观密度要大一些。浓缩洗衣粉是紧密型的，表观密度常在0.7～0.9g/mL。

（5）流动性　洗衣粉的流动性表示洗衣粉颗粒在倾斜面上自由流动的程度，也是使用上的一项重要指标。流动性与粉粒大小、吸潮性都有密切的关系。通常用量筒法观察不同倾斜角流出洗衣粉的质量，以计算其流动性，以百分率表示。

（6）吸潮结块　洗衣粉吸潮与结块的原因是多方面的，且两者并不完全一致。如活性物的组成、料浆的成分、粉粒的粗细、干燥程度、成品湿度，以及包装贮存、受压条件等，都与粉的吸潮结块相关。吸潮性的测定是将成品放在恒温恒湿容器内，经过一定时间后观察吸收的水量，用百分率表示。再将此粉倒入圆筒中，用规定质量的砝码垂直加压成块，并在斜面上滚下，称重，算出结块率。

（7）稳定性　这一指标表示成品粉在贮存过程中在外界条件的影响（如受湿、受热）下有无泛红、变臭等变质情况。稳定性的测定是将成品放置在一特定的恒温恒湿箱内，经过一定时间后观察样品变色、变臭的程度。这一指标很大程度上反映了洗涤剂的组成与内在质量。

洗涤剂的内在质量指标是显示洗涤剂基本特性的一个重要方面，它将决定洗涤剂的效能与用途。实际中常用的质量指标有如下几项。

① 活性物含量。活性物是合成洗涤剂的主要成分，其含量测定目前通常应用乙醇溶解物法，即取测定水分后的样品测定其乙醇不溶物，再由总固体中减去无机盐（乙醇不溶物和氯化钠）而得到活性物含量，以百分率表示活性物的多少。也可采用盐酸对甲基苯胺法或阳离子活性物滴定法等。

② 总固体和无机盐含量　总固体含量与粉的表观密度、水分及无机盐含量有关。通常用红外线烘干法测定成品烘干前后的质量比，以百分率表示。总固体含量减去活性物含量即为无机盐含量。

③ 不皂化物含量。不皂化物含量亦即中性油含量，不皂化物含量的高低直接影响洗衣粉的洗涤效能。一般含量如按100%活性物计应不大于2%～3%。不皂化物含量的测定，可用乙醇、石油醚萃取样品，萃取物以样品活性物百分率表示，即得不皂化物含量。

④ 沉淀杂质含量。沉淀杂质指洗衣粉中不溶于水的杂质，通常含量不大于0.1%。具体含量经水洗、过滤、烘干、称重后进行测定。

⑤ pH 值。洗衣粉的 pH 值根据粉的类别、型号而有不同，一般洗涤精细织物（丝毛织品）的 pH 值以接近中性。洗涤棉麻织物的产品的 pH 值可达 9～10.5 左右。pH 值的测定，可以用 pH 计对 1%的样品溶液进行测定。

⑥ 磷酸盐含量。磷酸盐含量的测定，通常用钼酸钠柠檬酸溶液与喹啉溶液使磷酸沉淀，测定样品中五氧化二磷含量的百分数，以五氧化二磷的百分含量表示。也可用光电比色计进行快速比色测定。

⑦ 泡沫力。泡沫的多少虽然与洗涤剂的去污能力没有直接关系，但习惯上仍作为洗衣粉的一项性能指标。泡沫性能，除了用生成的泡沫体积表示发泡性外，还用 5min 后泡沫消失的程度来表示泡沫的稳定性，一般用特制的泡沫测定仪（罗氏法）测定。

⑧ 去污力。去污力的大小是衡量洗涤剂实际性能的一项重要指标。测定去污力的方法，是用炭黑、阿拉伯树胶、蓖麻油、液体石蜡与羊毛脂为主要成分，以磷脂为乳化剂配制人造污液，然后将规定的白布浸染于人造污液中制成人造污布，再用 150mg/kg 的硬水配制的 0.2%浓度的洗衣粉溶液放入瓶式去污试验机中进行洗涤。在 45℃下转动 1h。干燥后的试验污布用光电比色计读出布面的白度，与空白污布进行对比，去污值用百分率表示。

⑨ 生物降解率。生物降解率指洗涤剂活性物在一定条件下被微生物分解的程度，对环境保护有着重要意义。生物降解率越大越好。一般带直链烃结构的活性物容易被微生物分解，而带支链烃结构的就较难分解。通常采用摇瓶振荡法或连续曝气法，测定活性物在 7～8 天后被微生物（活性污泥）分解的百分率。要求活性物的分解率在 90%以上。

⑩ 抗再沉积性能。抗再沉积性能是洗涤剂防止污垢更新沉淀在织物上的一项特性，这与洗涤剂活性物的携污力及悬浮性有关。抗再沉积性较差的洗涤剂，白布洗涤后的白度就差。测定方法是，用标准白布经脱浆、干燥，投入规定浓度的洗涤剂液中，其中已掺入定量的炭黑污液。具体操作与测去污力一样，在瓶式去污试验机中洗涤，污布干燥后同样重复处理两次，再用光电比色计直接读出白布洗涤前、后的白度差（以空白白布白度为 100 计）。

差数越小，表示抗再沉积性能越好。

普通洗衣粉常有含磷的和无磷的两类。世界各国洗衣粉配方差距很大，有些国家限制配方中磷酸盐的用量，有些国家或地区禁止使用磷酸盐。另外，有些国家在配方中规定了漂白剂的含量。因此，在设计洗衣粉的配方时，除了充分考虑多种表面活性剂的复配使用、助洗剂和漂白剂的用量外，还应考虑洗涤习惯、产品成本及对环境的影响等。我国洗衣粉标准GB 13171—91 将洗衣粉分为 3 个型号，分别规定了洗衣粉的理化指标，如表 4-1 所列。

表 4-1　我国洗衣粉的理化指标

项　　目	Ⅰ　型	Ⅱ　型	Ⅲ　型
颗粒度	通过 1.25mm 筛的筛分率不低于 90%		
色泽	白(染色粉应色泽鲜艳均匀)		
水分及挥发物/%	≤15		
总活性物加聚磷酸盐	≥30	≥30	≥40
总活性物/%	≥14	≥10	≥10
非离子表面活性/%	—	—	≥8
聚磷酸盐/%	≥14	≥20	≥25
pH 值(25℃,0.1%溶液)	10.5		11.0
发泡力/mm	≤130		
相对标准粉[①]去污力比值	1.0		
加霉粉霉活力/(U/g)	≥650		

① 标准粉 LAS 15%，STPP 17%，硅酸钠 10%，碳酸钠 3%，硫酸钠 54%，CMC 1%。

标准 GB 13171—91 中Ⅰ型和Ⅱ型以阴离子表面活性剂为主。Ⅰ型中，LAS 在 10%～20%，有的加少量（3%左右）的非离子表面活性剂，如 AE09 和 TX-10。Ⅱ型为低泡洗衣粉，除含有 10%左右的 LAS 外，还加入抑泡剂肥皂和聚醚。Ⅲ型以非离子表面活性剂为主，碱性大些，更适合于机洗。

以下列出了通用型合成洗涤剂主要型号的配方，以供参考。

（1）弱碱性阴离子系粉状洗涤剂（质量分数%）

烷基苯磺酸钠	20.0	硅酸钠	5.0
芒硝	40.0	荧光增白剂	0.1
椰子油脂肪酸二乙醇酰胺	1.0	加蓝增白剂	适量
CMC	1.0	香料	0.3
三聚磷酸钠	20.0	水分	8.0
抑泡剂	2.0		

（2）中性阴离子系粉状洗涤剂（质量分数%）

烷基苯磺酸钠	20～35	三聚磷酸钠	适量
芒硝	40～50	高碳醇硫酸酯钠盐	0～15
椰子油脂肪酸二乙醇酰胺	0～5	壬基酚系表面活性剂	0～7
CMC	0～1	甲苯磺酸钠	0～2

（3）弱碱性非离子系粉状洗涤剂（质量分数%）

非离子表面活性剂	15～20	三聚磷酸钠和硅酸钠	20～25
芒硝	40～50	CMC	8～10
椰子油脂肪酸二乙醇酰胺	0～7		

此外，使用壬基酚聚氧乙烯醚等液体表面活性物制成粉状洗涤剂的成型方法是采用混拌法，使液体活性物均匀地吸附在固体粉状助剂表面上，成为颗粒状或粉状。

配方（质量分数%）

壬基酚聚氧乙烯醚	12	硅酸钠	30
芒硝	20	水	余量
倍半碳酸钠或碳酸钠	25	结块抑制剂	2
CMC	2	三聚磷酸钠或沸石	适量

二、浓缩高密度洗衣粉

浓缩高密度洗衣粉是20世纪70年代发展起来的产品，日本率先投入市场。20世纪80年代欧美诸国也相继生产。目前世界上许多国家高密度浓缩洗衣粉在洗涤用品市场的占有率已达到80%，发展中国家的产量亦呈上升趋势。

高密度浓缩洗衣粉的特点是：以沸石取代磷酸盐，表观密度大，一般为常用洗衣粉的2.5倍，配用低水分含量的表面活性剂；配用粉状的助剂。它的生产是利用附聚成型法（参见本章第三节）和喷雾干燥法与附聚成型法相结合的生产工艺。在经济上，浓缩洗衣粉由于表观密度的提高，可以节省包装材料，从而节省贮放场地和运输费用，又由于可以不用喷雾干燥，可节省大量能源，而且在配方中不用芒硝，物料成本大为下降。所以浓缩洗衣粉的优点是明显的。

高密度浓缩洗衣粉中表面活性剂的含量比传统的喷雾干燥法生产的洗衣粉高，非离子表面活性剂的含量通常在8%以上。有人按照洗衣粉中活性物总含量和其中非离子表面活性剂含量的多少将高密度浓缩洗衣粉分为以下三类。

（1）高密度粉　活性物含量在10%～20%，非离子表面活性剂在8%以下的表观密度高的洗衣粉。

（2）浓缩粉　活性物含量在15%～30%，非离子表面活性剂在10%～15%的表观密度高的洗衣粉。

（3）超浓缩粉　活性物含量在25%～50%，非离子表面活性剂在15%～25%的表观密度高的洗衣粉。

因此，在设计高密度浓缩洗衣粉时，要根据要求充分考虑表面活性剂的总含量和其中非离子表面活性剂含量，并注意表面活性剂之间的协同效应，使产品具有更好的洗涤性能。浓缩粉常用的阴离子表面活性剂有直链烷基苯磺酸钠盐、脂肪醇硫酸盐、脂肪醇聚氧乙烯醚硫酸盐、α-烯基磺酸盐、肥皂等。常用的非离子表面活性剂有脂肪醇聚氧乙烯醚、烷基酚聚氧乙烯醚等。在浓缩粉的配方中非离子表面活性剂的配入量要比喷雾干燥粉大，一般在8%以上。全部表面活性剂的配入量也比喷雾干燥粉大得多。日本将活性物含量超过40%的称为超浓缩粉。如果以喷雾干燥粉作为基粉来生产浓缩粉，则喷雾干燥粉可以阴离子表面活性剂为主，在料浆中可不加非离子表面活性剂，以防止在喷粉过程个部分易挥发的非离子表面活性剂随水蒸气挥发而逸去。非离子表面活性剂多半在附聚成型时加入。

用于制备浓缩粉的固体助剂要求有一定的颗粒大小，一定的表观密度，无机械杂质。这些要求对附聚成型来说，要比喷雾干燥法更为严格。因为，基料粉的均匀性与表观密度直接影响着产品的颗粒与表观密度。在附聚成型过程中如用磺酸与纯碱中和，要考虑到中和反应是在液-固表面进行的，这就要求所用的纯碱应是比表面积较大的轻质粉，以有利于在短时间内基本完成中和反应。再如对三聚磷酸钠要求具有适当的密度，并含有较多的Ⅰ型成分，以便于成粒时能较快地进行水合反应。又如使用合成沸石代替三聚磷酸钠时，沸石的颗粒要求平均粒径小于4μm，经过附聚成粒的成品能具有较好的颗粒结构，而合成沸石本身是浓缩粉的表面活性剂。作为填充剂的硫酸钠，应减至最少用量。为了使固体粉料均匀，常用的办法是：预先混合、筛选，除去大的颗粒，并准确称量用于附聚成粒的固体粉料。

另外，附聚成型中使用的胶黏剂有硅酸盐溶液、非离子表面活性剂、聚乙二醇、聚丙烯酸盐及羧甲酸纤维素等。选择合适的胶黏剂以及合适的固体粉料与液体料的比例，以改善产品的颗粒结构和流动性及其在水中的溶解度。

由于浓缩粉的实际使用量比惯用的喷雾干燥粉少很多（约为喷雾干燥粉用量的1/4），因此，在一般配方中的少量添加剂如酶、荧光增白剂、羧甲基纤维素、香精等就需要相应地增加，以保证在洗涤液中这些添加剂有足够的量，才能收到良好的洗涤效果。

目前，国外洗衣粉中所使用的酶大部分是复合酶，例如碱性蛋白酶与脂肪酶、蛋白酶与淀粉酶、蛋白酶与纤维素酶等的复合酶。在洗涤剂配方中添加适量的复合酶，可以使洗衣粉有较好的洗涤效果。具有较高分子量的水溶性聚合物，例如聚羧酸、羟基羧酸的聚合物或共聚物用于配方中，能防止污垢再沉积于被沉积物上。有些共聚物能与钙、镁离子螯合，特别是与合成沸石共同使用时，可使沸石的功能更为完善。

下面介绍几种有代表性的浓缩粉配方，供参考。

配方1～3（质量分数%）

	配方1	配方2	配方3
LAS	7	26	15
AOS	—	—	10
AES	3	2	—
AS	—	—	—
肥皂	—	2	4
非离子表面活性剂	8	6	7
聚乙二醇	—	—	2
$NaBO_3 \cdot H_2O$	16	5	—
TAED	4	—	—
Na_2SO_4	4	12	4
$NaSiO_3$	5	13	5
K_2CO_3	—	—	10
Na_2CO_3	14	5	10
沸石	28	20	20
添加剂	8	4	适量
水	余量	余量	余量

配方4～6（质量分数%）

	配方4	配方5	配方6
LAS	25	25	25
AOS	2	2	2
烷基苯磺酸钠	7	7	7
硬化牛脂脂肪酸钠	3	3	3
非离子表面活性剂	2	4	2
沸石	10	10	15
$NaSiO_3$	15	15	15
Na_2SO_3	1	1	3
Na_2CO_3	5	8	5
Na_2SO_4	2	2	2
聚乙二醇	2	2	2
酶和添加剂	3	3	3
水	余量	余量	余量

第三节 粉状洗涤剂的成型技术

粉状合成洗涤剂的产量占合成洗涤剂总产量的80%以上，制造粉状洗涤剂的方法主要有喷雾干燥法、附聚成型法及干式混合法等几种，以下分别介绍这几种生产方法。

一、喷雾干燥法

1. 喷雾干燥法的分类及其特点

喷雾干燥法是先将表面活性剂与助剂调制成一定强度的料浆，再用高压泵和喷射器喷成细小的雾状液滴，与200～300℃的热风接触后，在短时间内迅速成为干燥的颗粒，这种方法也叫气流式喷雾干燥法。按照料浆的雾状液滴与热风的接触方式，可分为顺流式喷雾干燥法和逆流式喷雾干燥法两种。

(1) 顺流式喷雾干燥法　顺流式喷雾干燥装置如图4-2所示，从热风炉出来的热风沿塔的上部旋转进入塔内，料浆同样也从塔顶喷出，喷下来的料浆通过转盘产生的离心力迅速成为雾状液滴而散落下来，与高速热风接触后，从塔顶顺流而下，被干燥成颗粒。由于旋风分离器直接连接在排风机上，因而造成塔内呈负压，使干燥粒子不会向上飞扬。从旋转圆盘甩出来的雾化料浆与热风接触时，骤然暴露在高温下，料浆中的水分和空气猛然脱离出去，形成干燥、皮壳很薄的空心颗粒。

顺流喷雾干燥的特点如下：

① 料浆与高温空气迅速接触，水分蒸发快，形成的颗粒皮壳很薄，易破碎、细粉多，产品的表观密度小；

② 由于料浆与高温空气迅速接触，水分蒸发快，防止了液滴温度的迅速上升，因此特别适合于处理热敏性物质，如脂肪醇硫酸盐；

③ 由于物料在塔内停留时间短，干燥塔塔身较低，产量较大；

④ 此法干燥条件适度，对处理有机物含量高的高泡洗衣粉有利。

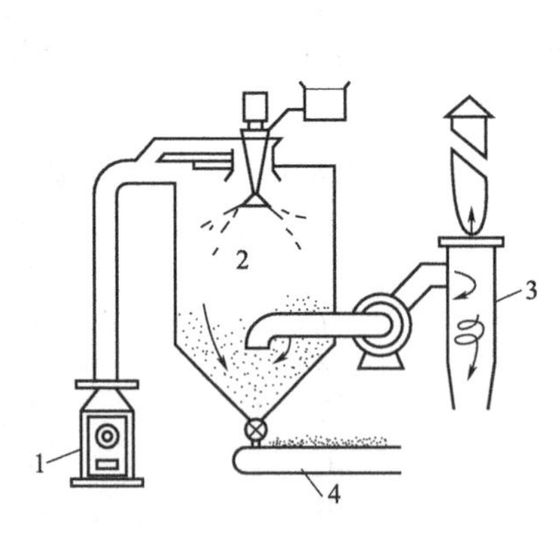

图4-2　顺流式喷雾干燥装置
1—热风炉；2—干燥塔；3—旋风分离器；4—输送带

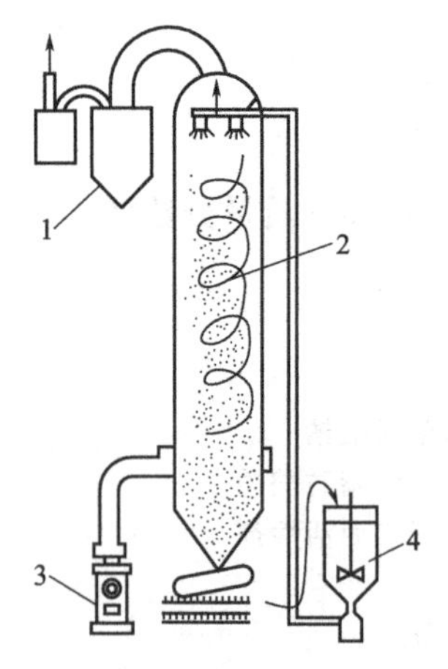

图4-3　逆流式喷雾干燥装置
1—旋风分离器；2—干燥塔；3—热风炉；4—料浆槽

(2) 逆流式喷雾干燥法　逆流式喷雾干燥装置如图4-3所示，用高压泵将料浆送至塔顶，经喷嘴向下喷出，热风则从塔底经过热风口的导向板进入塔内，沿塔壁以旋转状态由下向上经过塔顶，通过旋风分离器排出。因此，从喷嘴喷射出来的料浆液滴与来自塔底下方的热风接触，在塔内徐徐下降，并逐渐干燥。由于料浆液滴与热风的流动是相向而行的，故称为逆流式喷雾干燥法。这种方式的喷雾干燥塔的高度较高，一般在20m以上。塔内温度分布是塔底的温度最高，离塔顶越近，温度越低。这样在料浆液滴喷射出来时，周围空气的温度较低，随着液滴的下降，逐渐受到较高温度的作用。由于料浆液滴是边下降边干燥，先从表面开始干燥，逐渐形成颗粒，颗粒的表层随之加厚，颗粒内部所含的水分一经与热风入口处附近的高温相接触，迅速汽化膨胀，冲破颗粒的干燥表皮，使之成为团球状的空心颗粒。

逆流喷雾干燥的特点如下：

① 采用逆流喷雾干燥法生产的洗衣粉颗粒一般比较硬，表观密度较大；

② 易于通过改变热风送入量和在塔内旋转的程度，来改变料浆液滴在塔内的停留时间，以便获得干燥适度（指含有适量水分）的颗粒；

③ 由于逆流干燥中，干燥成品与高温热风相遇，故不宜处理受热易变质的物料，如用于酶、脂肪醇硫酸盐等料浆的干燥。

2. 喷雾干燥法的生产工艺

喷雾干燥法的生产过程主要分为料浆的制备、喷雾干燥和成品包装等工序，其工艺流程如图4-4所示。

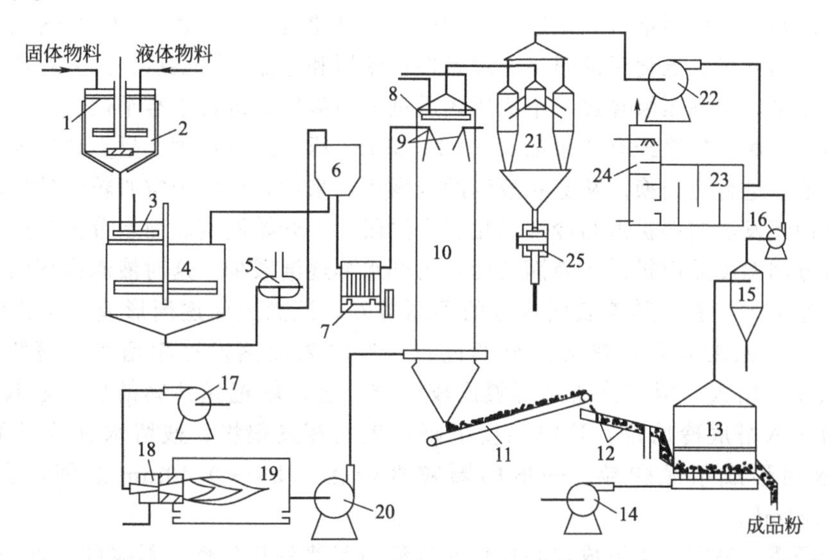

图4-4 喷雾干燥法的生产工艺流程

1—筛子；2—配料罐；3—过滤器；4,6—中间罐；5—离心机；7—高压泵；8—扫塔器；9—喷枪；10—喷粉塔；11—输送带；12—振动筛；13—冷却器；14,17,20—鼓风机；15,21—旋风分离器；16,22—引风机；18—煤气喷头；19—煤气炉；23—粉仓；24—淋洗塔；25—锁气器

(1) 料浆的配制　配料罐中装有搅拌设备，以保证配方中各种物料的充分混合，并防止物料积聚在器壁和器底，夹套加热。在配料时，表面活性剂可以ABS和肥皂的状态直接加入，也可以苯磺酸和脂肪酸的状态加入。采用后一种加入法时，在配料罐中用相应的酸与碱中和，生成表面活性剂，然后加入配方中的其他物料。操作中必须保证完全中和，否则会使产品变色或有异味。

料浆配置是否恰当对产品的质量和产量影响很大。配置料浆最重要的是料浆的流动性要好，总固体含量要高，使浆料均匀一致，适于喷粉。因此，要严格按照配方中规定的比例进行加料，并注意加料的次序，以及浆料的温度和黏度。

① 投料规律。一般的投料规律是先投难溶解料，后投易溶解料；先投轻料，后投重料；先投少料，后投多料。总的原则是每投一料，必须搅拌均匀后方可投入下一料，以达到料浆的均匀性。例如，可先加入表面活性剂，加热至一定温度，加入 CMC、荧光增白剂等，待其溶解后，再加入 Na_2SO_4、STPP 等。

② 料浆温度。料浆保持一定的温度有助于料浆中各组分的溶解和搅拌，并可控制结块。但是如果温度太高，某些组分的溶解度反而降低，析出结晶，或者是加快水合和水解。例如组分中的三聚磷酸钠、纯碱、硅酸盐及硫酸钠等都会吸水变成结晶体，特别是三聚磷酸钠能迅速水合，亦能水解；STPP 的变化会使料浆发松变稠，流动性变差。一般适宜温度是在 60～65℃，如果在配料时加入聚二乙醇型非离子表面活性剂，则配料温度可适当提高些，但以不超过 65～75℃为宜。

③ 料浆的稠度。料浆的稠度除了与助剂添加的数量与方式有关外，也与料浆中夹杂空气的多少有关，而空气泡的产生又与搅拌时有无旋涡和表面扰动以及投料方式等互相关联。料浆中的含水量对其调度影响也很大，这里的水既起溶解作用，又起融合作用，要尽可能使粉体成品中的水分大都以结晶水状态存在。在保证成品的流动性、不结块、表观密度及颗粒度的情况下，可适当提高粉体的水分。配制好的料浆总固体含量在 60%以上。

配制好的料浆由配料锅进入低速搅拌的贮罐（或老化器），使三聚磷酸钠充分水合，以利于提高产品的质量。老化后的料浆通过磁性过滤器和过滤网除杂后，进入均质器。再用升压泵送至高压泵，由高压泵经过一个稳压罐后进入喷雾塔，进行喷雾干燥。

(2) 喷雾干燥　料浆经高压泵以 5.9～11.8MPa 压力通过喷嘴，呈雾状喷入塔内，与高温热空气相遇，进行热交换。从雾状液滴的干燥历程来看，可以把空心粒状的形成从塔顶到塔底分为表面蒸发、内部扩散与冷却老化三个阶段。一开始液滴表面水分因受热而蒸发，液体内部的水分因温度差而扩散到液滴表面，内部水分逐渐减少。这时液滴内部的扩散速率要比表面蒸发速率大一些，随着表面水分的不断蒸发，液滴表面逐渐形成一层弹性薄膜。随后，液滴下降，温度升高，热交换继续进行，这时表面蒸发速率增大，薄膜逐渐加厚，内部的蒸汽压力增大，但蒸汽通过薄膜比较困难，这样就把弹性膜鼓成空心粒状。最后，干燥的颗粒进入塔底冷风部，这时温度下降，表面蒸发很慢，残留水分被三聚磷酸钠等无机盐吸收而形成结晶颗粒。一般的颗粒直径在 0.25～0.40mm 之间，表观密度为 0.25～0.50g/mL。

洗衣粉经塔式喷雾干燥形成空心颗粒的过程与料浆的均匀性、料浆的温度与物理性能、喷雾的压力、干燥的方式、干燥塔的高度以及气流状态等因素有关。

喷粉塔应有足够的高度，以保证液滴有足够的时间在下降过程中充分干燥，并成为空心粒状。我国目前的逆流喷雾干燥塔的高度（直筒部分）一般大于 20m，小于 20m 的塔形成的空心粒状颗粒不太理想，影响产品质量。如包括塔顶、塔底的高度在内，总高为 25～30m。塔径有 4m、5m 及 6m 三种，一般认为直径小于 5m 的塔不易操作，容易造成粘壁。大塔容易操作，成品质量较好，但是塔大而产量过小时，热量利用就不充分。一般直径 6m、高 20m 的喷粉塔，能获得年产量 15～18kt 的空心颗粒产品。

喷粉塔多为钢制的圆柱结构，顶部和底部呈锥形。塔底的锥角一般为 60°，以便洗衣粉能自动连续地排出塔体。塔顶锥体的倾斜角为 55°左右，这样可以避免由于排气加速而干扰塔内气体的流动状态，使塔内的气液保持原有的稳定流动状态，使尾气中的细粉夹带量减少，避免了细粉在排风管中的沉积。

在距塔身上缘2～3m处安装有喷枪，为避免灌料喷在塔壁上，喷枪大多倾斜安装，喷枪与塔壁夹角以27°～30°为宜。喷枪上带有按一定间距均匀安装的多个喷嘴。喷嘴与塔壁距离一般为1.2～2m。喷嘴直径2.4～3mm，压力3.0～4.0MPa，喷出的雾滴直径为400μm左右。喷嘴的安装位置应避开塔顶热风排出的加速段，这样有利于雾滴在塔中均匀分布，并可减少尾风中夹带的粉尘量。

在塔下部的外层倒锥体上有进风口，为保证热风能均匀地进入干燥塔，沿塔周的变径热风环管上设置了许多支管。一般直径为6m的塔中有16～24个进风口，进口可设导向板，使热风沿切向进入塔中呈螺旋形旋转向上。这样可避免塔壁进口处粘粉，以及温度升高引起的黏结粉烧焦现象的发生，同时有利于提高热风口的温度和热效率。

从喷粉塔出来的洗衣粉温度在70～100℃，经过皮带输送机和负压风送后温度迅速下降，三聚磷酸钠及无机盐就能与游离水结合，形成较稳定的结晶水，有利于提高颗粒的强度流动性。

(3) 尾气的净化与处理　喷粉塔的尾气中含有一定量的细粉和有机物，温度较高，湿度较大。通常经CLT/A型旋风分离器一级除尘，除尘效率可达99%以上。一级除尘后尾气中的粉尘浓度降至100mg/m^3，达到150mg/m^{3}的国家排放标准。如果旋风分离器的进口风速不在12～18m/s，旋风分离器密封不好或旋风分离器中的温度低于尾气露点的温度，则会影响分离效果。一般在一级除尘后再加上盐水洗涤、静电除尘或布袋除尘等二级除尘措施，尾气中的粉末浓度可降至10～30mg/m^3。如果用盐水洗涤，盐水含量为18%～22%，气体空塔速度为2～5m/s，洗涤塔内具有4层塔板，塔板上堆有塑料鲍尔环。每层塔板上装有一组喷淋管，共有6组喷淋管，上面的两组喷淋清水，下面的4组喷淋盐水。尾气通过它的温度均为50℃。从旋风分离器或袋滤器中分离的细粉可通过气流或机械方法返回到塔中，进塔位置可置于喷嘴上方。这样有利于附聚成型，使成品粉质量均匀。

(4) 产品的输送、保存以及热敏性物料的添加　从喷雾干燥塔出来的洗衣粉一般都要经过皮带输送机和负压风送装置进入容积式分离器，再经过筛分，得到成品粉进入料仓。料仓中的粉在后配料装置中与热敏性物料（如酶、过硼酸盐和香精等）以及非离子表面活性剂混合，过筛后的成品粉进入包装机进行包装。

风送是物料借空气的悬浮作用而得到移动的。洗衣粉风送时，考虑到进口物料分布不匀和气流的不均匀性，输送管中空气流速为10～18m/s，比洗衣粉在空气中的沉降速率（1～2m/s）大得多。对于粉状物料，一般为1kg空气输送0.3～0.35kg粉料，风送中掉下的疙瘩料可回到配料锅重新配料。

筛分设备是根据对洗衣粉颗粒度的要求而确定的。有的采用淌筛除去疙瘩粉，有的采用双层振动筛除去粗粉和细粉。疙瘩粉和细粉均可回到配料锅重新配料。细粉也可以直接回到喷粉塔中。

(5) 成品包装　经过喷雾干燥、冷却、老化的成品，在包装前应抽样检验粉体的外观、色泽、气味等感观指标，以及活性物、不皂化物、pH值、沉淀杂质和泡沫等理化指标。成品的粉体应是流动性好的颗粒状产品，应无焦粉、湿粉、块粉、黄灰粉及其他杂质。装袋时的粉温越低越好，以不超过室温为宜，否则容易反潮、变质、结块。

二、附聚成型法

1. 附聚成型法的特点

20 世纪 80 年代，出于环境保护方面的考虑，要求少用或不用对环境有害的包装材料，于是在洗衣粉生产中发展了附聚成型法。所谓附聚就是指固体物料和液体物料在特定条件下相互聚集，成为一定的颗粒（附聚体）。与喷雾法相比，附聚成型法又叫无塔成型法。它最大的优点是省去了物料的溶解和料浆的蒸发步骤，相应地也省去了若干设备，从而单位产量投资费用少，生产费用也低，三废污染最小，产品表观密度大（0.5～1.0g/mL），主要用来生产新型的浓缩洗衣粉。有资料表明，用附聚成型法生产洗衣粉可节省能源 90%，建厂投资节省 80%，操作费用降低 70%，减少非离子表面活性剂热分解损失 20%，减少三聚磷酸钠水解损耗 20%，同时节约生产占地面积。这种方法要求各组分理化性能稳定，料流控制准确。

附聚成型法生产洗衣粉是指液体胶黏剂（如硅酸盐溶液）通过配方中三聚磷酸钠和纯碱等水合组分的作用，失水干燥而将干态物料桥接、黏聚成近似球状的实心颗粒。该过程是一个物理化学过程，导致附聚的主要机理有机械连接、表面张力、塑性熔合、水分作用或静水作用等。在洗涤剂附聚成型时，除附聚作用外，同时还有水合物和半固体硅酸盐沉淀产生。游离水的含量和配方组分的物料状态在不断地变化，直到附聚过程的最后都不会达到平衡，因而附聚成型的动力学极为复杂。

附聚产品中大多数是以三聚磷酸钠的六水合物和碳酸钠的一水合物的形式存在的。这种结合紧密而稳定的水称为结合水；结合松弛而不稳定的水叫做游离水。产品的含水量是结合水和游离水的总和。为防止结块，一般游离水的含量小于 3%。结合水对产品是有益的，它可降低产品的成本，并能增加产品的溶解速率。

2. 附聚成型工艺

附聚成型的基本工序有预混合、附聚、调理（老化）、后配料、干燥、筛分和包装，其工艺流程如图 4-5 所示。

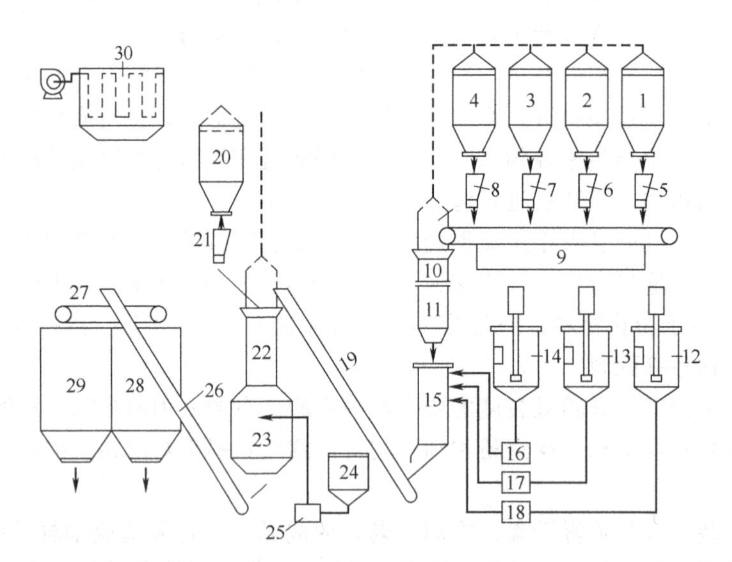

图 4-5　附聚成型工艺流程

1～4—原料粉仓；5—三聚磷酸钠流量计；6—纯碱流量计；7—芒硝流量计；8—粉料流量计；9，19，26，27—输送机；10—螺旋给料器；11—粉体混合器；12—非离子表面活性剂保温罐；13—硅酸钠或水保温罐；14—其他表面活性剂保温罐；15—造粒成型机；16～18—计量泵；20—酶仓；21—酶计量计；22—酶，洗衣粉混合器；23—加香料器；24—香料罐；25—香料计量泵；28，29—成品罐；30—除尘器

先将各种粉体组分（过筛后）分别送入上部粉仓，其中少量组分先混合好后再送入。经过计量后的粉体组分落在水平输送带上送入预混合器进行混合。混合后的粉体物料与经过预热定量的几种液体组分同时进入造粒机进行附聚成型，再经老化、加酶、加香料等进行后配制。最终产品送至成品贮罐。

3. 常用的附聚器

附聚器是附聚成型工艺中最重要的设备，现介绍几种常用的附聚器。

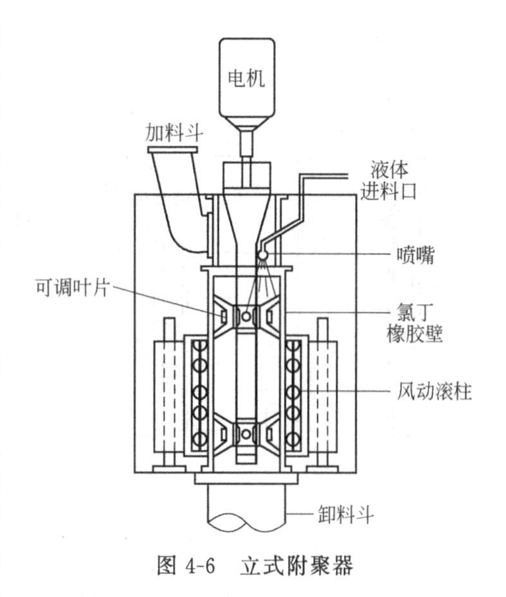

图 4-6　立式附聚器

（1）立式附聚器　这种附聚器是荷兰 SchugiB. V 公司研制的，直至 1974 年才被美国洗涤剂厂家使用。生产能力为 91t/h，其中 95% 为机用餐具洗涤剂，其余 5% 为洗衣洗涤剂的特制品。立式附聚器（见图 4-6）是一种连有高速旋转轴的圆筒，有几组突出的副板偏置安装在轴上，它们的冲角可单独变化，轴的转速可在 1000～2000r/min 之间调节。

这种附聚器是靠轴向重力流动连续操作的。粉料进入混合室向下沉动，被混合刮板剧烈地搅动。液体经喷嘴喷进粉料流中。粉-液混合料沿着混合器内壁按立式螺旋的路径向下移动至出口。物料在混合室的平均停留时间约为 1min。在这些条件下，附聚作用需要极准确的流量控制和组分混合。混合室器壁为颗粒接触凝聚提供表面面积起重要的作用，但在颗粒开始形成时，粉料易黏附到混合室内壁并堆积起来。使用一种软的氯丁橡胶壁即可解决这个问题，有一组由压缩空气驱动的滚轮不断地使软性器壁变形，结果就可以起到自润滑的作用。由于物料在这种附聚器中的停留时间很短，产品一般很湿也很黏，必须进一步调理、老化。

（2）“Z”形附聚器　这是一种洗涤剂工业中很常用的混合式混合/附聚器，生产能力为 61.2t/h，主要用于生产洗衣洗涤剂。这种附聚器（见图 4-7）由两部分组成。原料从第一区的鼓形部分加入；第二区是一“V”形混合器。液体通过一旋转分散杆加入，离心成雾状以控制进入干物料层粒子的大小。主要的附聚作用在转鼓中发生，在“V”形部分进一步附聚，并使颗粒均化。在每一半周时部分物料向前移动，其余的返回。在“Z”形附聚器中不论其尺寸大小，物料在其间的停留时间是不变的，约 90s。

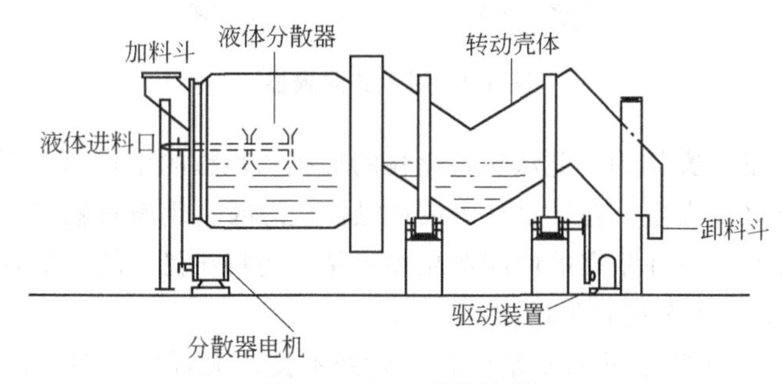

图 4-7　“Z”形附聚器

（3）转鼓式附聚器　这是美国使用普遍的一种附聚器，O'Brien 工业设备公司生产的装

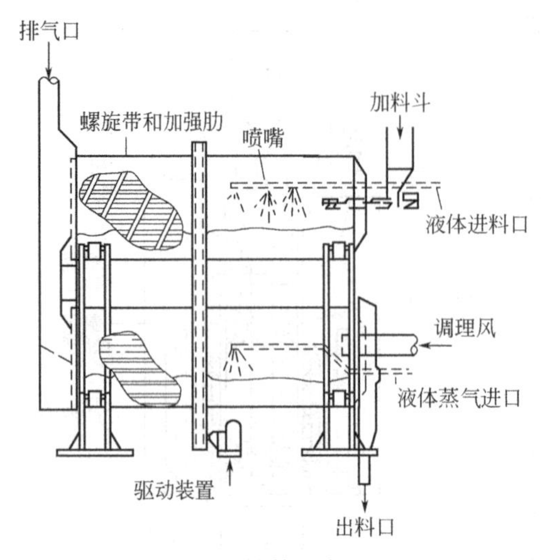

图 4-8 转鼓式附聚器

置为其典型产品。在民用洗涤剂工业中，转鼓式附聚器的装机容量为 100t/h，生产机用餐具洗涤剂和洗衣洗涤剂比例为 85∶15。图 4-8 所示为这种转鼓式附聚器的示意图。该装置是一个大圆筒，水平安装在滚珠上，由马达带动旋转，可以把它看作为“鼓中之鼓”。其内鼓是由一根杆和笼式结构组成的，在大装置中这种杆和笼式结构是自由浮动的。在进料端笼条之间空隙较窄，以便获取粉状原料，而出料端较宽，可处理附聚物料。在壳体与笼状结构之间装有连续螺旋带，用以横向返回循环细粉至进料端。

在转鼓旋转时，干物料由壳体带至如时钟上 1:00～2:00 的位置，重力作用又使它们从料层中落下，形成一降幕帘。硅酸盐及表面活性剂喷嘴与此幕帘成垂直安装。喷嘴安装位置极严格，应尽可能接近转鼓的直径处。喷成雾状的液滴润湿附近的颗粒，聚集成附聚体，料层的碾压作用进一步压实附聚体，并使其他的颗粒有机会与液体黏结剂接触。料层内部的剪切作用将大颗粒破碎，保持粒度均匀。产品出料时一般稍有潮湿，并可压缩。物料在这种附聚器内的停留时间平均为 20～30min。

(4) 斜盘附聚器　这种形式的附聚器主要用于采矿业中，洗涤剂工业中用得较少。生产能力约为 20.4t/h，餐具洗涤剂与洗衣产品的比例为 60∶40。斜盘式附聚器（见图 4-9）结构似乎很简单，它是一斜盘，马达传动，可调节的连续计量至盘的某一固定位置上。在盘旋转时物料层受离心力的辗轧。液体原料和硅酸盐黏结剂喷洒到不断更新的料层上，从而产生附聚作用。粒状产品从盘的较低边缘温流出料。

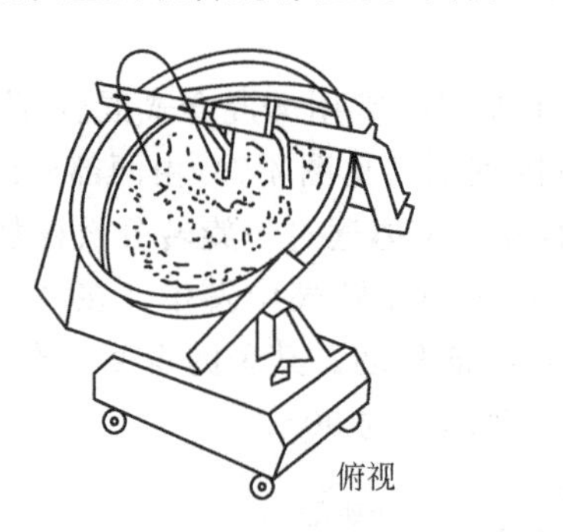

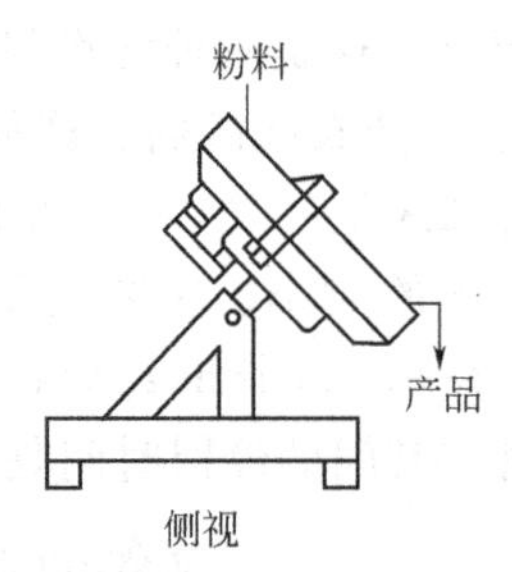

图 4-9 斜盘式附聚器

对这种附聚作用的研究认为，此法包括晶粒的形成和颗粒的生长两个不同的操作过程，它们分别在盘面的不同区域发生。在转盘处于最佳操作状态时，用肉眼就可见到存在 3 种不同的流型：自由流动的原料、正在附聚的中间产品和成品。物料在盘上的停留时间仅几分钟。

4. 附聚成型法生产洗衣粉常见的质量问题

附聚成型法生产洗衣粉常见的质量问题有附聚不良、大颗粒太多、产品溶解性差、结块或流动性差、表观密度过高、吸附表面活性剂量少、碎耗太多、对氯不稳定等。表 4-2 列出了常见的质量问题及其产生的原因。

表 4-2 附聚成型法生产洗衣粉常见的质量问题及其产生的原因

质量问题	产生的原因
附聚不良	水分不足、液体分散不充分、硅酸盐浓度太大、硅酸盐用量不足、纯碱用量过多、混合力过大或温度太高
大颗粒太多	硅酸盐浓度太大、原料含水量太大、分散不良、原料的颗粒太大、混合不充分或者设备超负荷运行
产品溶解性差	干燥过度、硅酸盐的模数太高、原料配方不当或水合反应不完全
结块或流动性差	水分太多、原料水合比不当、表面活性剂用量过多、粒度分布范围过窄、调理过程不充分或物料运动不当
表观密度过高	硅酸盐用量太大、原料配比不当、调理过程过长或附聚不均
吸附表面活性剂量少	水分太多、硅酸盐浓度太大、原料配方不当、表面活性剂类型不合适或者机械加工过度
碎耗太多	硅酸盐浓度太小、干燥不充分或细颗粒数量太多
对氯不稳定	水分太多、组分添加程序不当、漂白剂选用不当或硅酸盐的模数太高
产品得率低	附聚不良或大颗粒太多

三、干式混合法

干式混合法是制造洗衣粉最简单的一种方法，其成型工艺过程是：将浓缩的或未浓缩的合成洗涤剂活性物与需要添加的各种固体助剂混合搅拌，或依靠助剂的吸水作用将活性物均匀喷淋，并搅拌混合，黏附在细粒的助剂上。

主要关键技术是：根据助剂吸水程度不同，按先后顺序加料，同时边搅拌边喷淋活性物，以免在各种固体助剂上吸附的活性物不均匀。混合搅拌均匀后，经过筛选或磨碎，直至粒度均匀。

干混法的生产过程及设备比较简单、方便、无需高温干燥，可节约热能，降低成本。由于是在常温下生产，不会产生热分解现象。干混得到的洗衣粉不具备附聚成型的完整实心颗粒和喷雾干燥成型的空心颗粒，它们只是粉料间或与液体的简单混合，因此颗粒特性与原料基本相同。但是这种生产方法制得的成品颗粒大小不易均匀，如果混合不充分还容易夹杂硬块。因此干混法是生产对产品质量要求不高的颗粒产品的经济适用的方法，常用于生产颗粒状洗涤剂。有些洗衣粉也可以用干混法生产，同时也可供喷雾干燥洗衣粉或附聚成型浓缩洗衣粉作后配料混合。干混法制造洗衣粉的设备为搅拌混合制粒机，其结构如图 4-10 所示，由容器、搅拌器和切割刀组成。

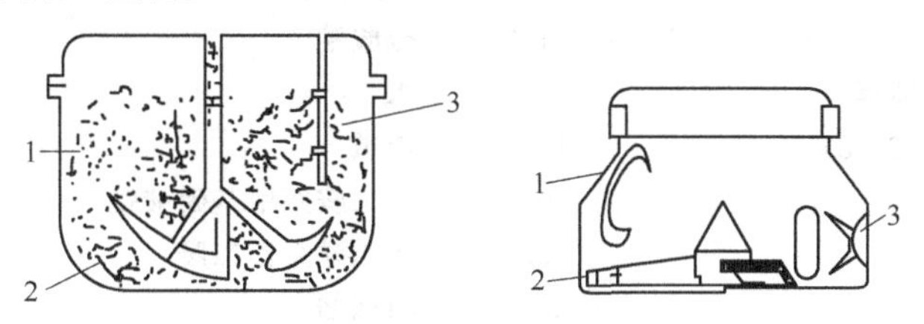

图 4-10 搅拌混合制粒机

1—容器；2—搅拌器；3—切割刀

第四节 典型洗衣粉的生产实例

一、漂白型洗衣粉

1. 漂白型洗衣粉的要求

漂白型洗衣粉又称彩漂洗衣粉。漂白型洗衣粉一般含有含氧漂白剂（如过碳酸盐、过硼酸盐等)，对白底花布来说，由于使白度增加而会将花布衬托得更鲜艳；对非白底花布来说，由于对纤维上附着的污垢去除率高，从而恢复色布原有色彩，显得光亮艳丽。漂白型洗衣粉要求对花布不褪色，不损伤纤维，去污力强，易于漂洗，漂白性强。

使用漂白型洗衣粉洗衣时应注意：

① 先将水温调到 50℃，加入彩漂洗衣粉，溶解，再把衣服浸入水中 20～30min，然后轻轻揉搓，污物就会被洗去；

② 不要把干粉直接撒在衣服上，防止局部氧化褪色。

2. 漂白型洗衣粉的配方及制法

(1) 普通漂白型洗衣粉的配方

	配方 1(质量分数%)	配方 2(质量分数%)
烷基苯磺酸钠	10.0	14.0
脂肪醇聚氧乙烯醚	3.0	—
脂肪醇聚氧乙烯醚磺酸钠	—	2.0
十二烷基硫酸钠	2.0	2.0
皂料	2.0	3.0
纯碱	6.0	—
硅酸钠（模数 2.4）	6.0	7.0
三聚磷酸钠	20.0	16.0
过碳酸钠	12.0	—
过硼酸钠	—	15.0
羧甲基纤维素钠	1.0	1.0
荧光增白剂	0.1	0.1
四乙酸乙二胺	—	3.0
硫酸钠	30.8	29.8
香料	0.1	0.1
水	余量	余量

制法：将除过氧化物、香料外的其他物料制浆，荧光增白剂先溶于水，然后加入料浆，喷雾干燥制得空心颗粒粉，加入过氧化物、香料（30℃以下加入)，混合均匀即制成。

(2) 含酶漂白型洗衣粉的配方（质量份）

牛油醇聚氧乙烯醚	1.9	4A 沸石	103.1
脂肪酸聚氧乙烯醚	1.7	硫酸钠	48.6
十二醇/十四醇/牛油醇聚氧乙烯醚(14：6：8)	17.1	水	40.2
		纯碱	12.7
十二烷基苯磺酸钠	30.0	乙二胺四甲基磷酸钠	0.85
蛋白酶(颗粒)	0.5	四乙酰基乙二胺	2.1
过硼酸钠	25.0	消泡剂	3.0
丙烯酸/马来酸共聚物钠盐	16.6	香料	0.2
苏打	12.7		

生产方法：先将 56.9 份 4A 沸石、1.9 份牛油醇聚氧乙烯醚、6 份丙烯酸/马来酸共聚物钠盐、2 份硫酸钠和 16.1 份水混合，喷雾干燥。在该干燥颗粒上喷雾 17.1 份十二醇/十四醇/牛油醇聚氧乙烯醚，另将 1.7 份脂肪醇聚氧乙烯醚、30 份十二烷基苯磺酸钠、46.2 份 4A 沸石、10.6 份丙烯酸/马来酸共聚物钠盐、12.7 份苏打、0.85 份乙二胺四甲基磷酸钠、46.6 份硫酸钠和 24.1 份水混合制浆，喷雾干燥。将该粉粒与先前制得的颗粒混合，再加入酶、过硼酸钠、香料、消泡剂、四乙酰基乙二胺等，混合均匀，制得不结块、去污力强的漂

白型加酶洗衣粉。

二、洗衣机用洗衣粉

洗衣机用洗衣粉一般加有消泡剂，泡沫低，易漂洗，去污力强，供洗衣机洗涤时不会溢出泡沫。

配方 1（质量分数%）

非离子型表面活性剂	10.0	硫酸钠	43.3
三聚磷酸钠	20.0	羧甲基纤维素钠	1.5
焦磷酸钠	10.0	荧光增白剂	0.2
硅酸钠	15.0		

该洗衣粉采用低泡沫的非离子表面活性剂，泡沫少且去污性能好，易于漂洗，适用于全自动洗衣机。

配方 2（质量分数%）

烷基苯磺酸钠	1.16	硅酸钠(40%)	8.0
牛油脂肪酸	6.4	过硼酸钠	11.1
三聚磷酸钠	10.0	硫酸钠	55.0
焦磷酸钠	5.0	荧光增白剂	0.17
次氯酸钠	2.0	羧甲基纤维素钠	1.17

生产方法：将烷基苯磺酸钠、牛油脂肪酸、三聚磷酸钠和焦磷酸钠混合。将硫酸钠和羧甲基纤维素钠混合均匀，于搅拌下加入前述混合物中，待分散均匀后，加入次氯酸钠，再加入硅酸钠，混合研磨后，加入过硼酸钠和荧光增白剂，得洗衣机用洗衣粉。

三、特种洗衣粉

特种洗衣粉主要用来洗涤特种织物，特别是对洗涤温度、搅拌有特殊要求的过程，如防止窗帘布的褶皱、羊毛的毡化和染料的扩散等。西欧的特种洗衣物主要有精细织物洗涤剂、羊毛清洗剂、窗帘布清洗剂和手工清洗剂。

表 4-3 特种洗衣粉的配方 单位：%（质量分数）

组 成	有色织物洗衣粉	羊毛洗涤剂	窗帘布洗涤剂	手工清洗剂
LAS,AES	5～15	0～15	0～10	12～25
AEO	1～5	2.0～25	2～7	1～4
肥皂	1～5	0～5	1～4	0～5
双烷基二甲基氯化铵	—	0～5	—	—
三聚磷酸钠	25～40	25～35	25～40	25～35
过硼酸钠	—	—	0～12	—
硅酸钠	2～7	2～7	3～7	3～9
抗再沉积剂	0.5～1.5	0.5～1.5	0.5～1.5	0.5～1.5
酶	0～0.4	—	—	0.2～0.5
荧光增白剂	0～0.2	—	0.1～0.2	0～0.1
香料	适量	适量	适量	适量
填充料	余量	余量	余量	余量

精细有色织物洗衣粉通常不含有漂白剂和荧光增白剂，用来洗涤如合成的精致编织物或含有对氧化物敏感的染料的织物，以及可由荧光增白剂使色泽转变成彩色的精致编织物等。

羊毛洗涤剂主要用于在 30～40℃、低速搅拌的洗衣机中洗涤，用它来洗涤特殊处理的无绒毛织物，可防止毛毡化。

窗帘布洗涤剂中含有特种抗再沉积剂，以防止窗帘布的灰黄化。手工清洗剂是高泡产品，用来洗涤特别脏的地方。表 4-3 所列为几种特种洗衣粉的配方。

思考题

1. 洗衣粉有哪些常用的表面活性剂？
2. 洗衣粉有哪些常用的助剂？
3. 三聚磷酸钠的替代品有哪些，各有哪些特点？
4. 用过硼酸钠作漂白剂时，为什么要加入漂白活性剂？其活性机理有哪些？
5. 喷雾干燥法生产洗衣粉时，按物料与气流接触的方式可分为哪两类，各有什么特点？
6. 附聚成型器有哪些类型？并说明它们的特点。
7. 简述附聚成型法生产洗衣粉的过程，并说明该法的特点。

第五章　液体洗涤剂

【学习目的与要求】

掌握液体合成洗涤剂的配方设计、液体合成洗涤剂制造技术；了解生产液体合成洗涤剂常用的原料、典型液体合成洗涤剂的生产实例。

在合成洗涤剂产品中，除粉状合成洗涤剂洗衣粉外，液体合成洗涤剂数量也较大。各国液体洗涤剂发展速度都很快，我国自1986年以来每年以20%以上的速度增长，远高于洗涤用品工业总增长率。美国和西欧等发达国家液体洗涤剂已经发展到相当规模，液体洗涤剂的比例达到35%～50%。相对来看，块状洗衣皂的数量逐年减少，洗衣粉和洗衣膏增长缓慢。液体合成洗涤剂具有以下优点：

① 制造工艺和制造设备简单；

② 液体洗涤剂属于节能型产品，不但制作过程节省能源，在使用过程中也适合低温洗涤；

③ 产品适用范围广，除洗涤作用外，还可以使产品具有多种功能；

④ 使用水作为溶剂或填料，生产成本低；

⑤ 使用时容易定量，易溶解，可以高浓度形式施用于领口和袖口等脏污处；

⑥ 无粉尘污染。

其缺点是在液体中各种组分间容易发生反应，如荧光增白剂，特别是漂白剂和漂白活化剂，很难配入到液体洗涤剂中。

液体合成洗涤剂的应用非常广泛，可用于清洗衣服、厨房、浴室、家具、人体、头发等，因此按用途进行分类，液体合成洗涤剂可分为衣用液体洗涤剂、餐具洗涤剂、炊具洗涤剂、地毯洗涤剂、玻璃门窗洗涤剂、洗手液、沐浴液、洗发香波等；从外观上来看，液体合成洗涤剂有透明液、乳状液、微乳液以及双层液体状态；从配方上看，液体合成洗涤剂有含磷酸盐助剂的混合物、不含磷酸盐助剂的混合物，还有以肥皂为主并混有少量非离子表面活性剂的浓缩混合物。

第一节　生产液体洗涤剂的主要原料

液体洗涤剂是在一定工艺条件下，由各种原料加工制成的一种复杂混合物。液体洗涤剂产品质量的优劣，除与配方工艺及设备条件有关外，主要取决于所用原料的质量。因此，原料的选择及其质量是非常重要的。

生产液体洗涤剂的原料有两类：一类是主要原料，即起洗涤作用的各种表面活性剂，它们用量大，品种多，是洗涤剂的主体；另一类是辅助原料，即各种助剂，它们在液体洗涤剂中发挥辅助作用，其用量可能不大，但作用非常重要。实际上，主要原料和辅助原料的划分没有严格的界限，如某些辅助原料的用量远超过主要原料，而某些表面活性剂在一种液体洗涤剂中是主要原料，而在另一种液体洗涤剂中只起辅助作用。关于起洗涤作用的表面活性剂，请参阅第二章的有关部分。以下重点介绍液体洗涤剂中常用的助剂。

1. 螯合剂

凡能与硬金属离子（如 Ca^{2+}、Mg^{2+}、Fe^{3+}）结合，生成不溶性配合物的物质，称为螯合剂。在洗涤剂中，首先表现为能使硬水软化，即螯合剂先于表面活性剂与水中的 Ca^{2+}、Mg^{2+}、Fe^{3+} 螯合，使水软化。这样，不但节省表面活性剂，还可以避免在织物上留下污垢沉淀物，使被洗物保持鲜艳色彩。

一般来说，在粉状合成洗涤剂中常用的也是性能最好的螯合剂是三聚磷酸钠。但由于三聚磷酸钠的溶解度较小（20℃时，其溶解度只有 15%），这样会使液体洗涤剂变得混浊以至于分层，影响透明度。因此在液体洗涤剂中很少用三聚磷酸钠作螯合剂。在液体洗涤剂中，主要用溶解度较大的焦磷酸钾（20℃时，其溶解度为 60%）来螯合 Ca^{2+}、Mg^{2+}，另外，还可以用柠檬酸和酒石酸来螯合 Fe^{3+}，用硅酸钠与碳酸钠配合螯合 Mg^{2+}，用乙二胺四乙酸钠（EDTA）和氨基三乙酸钠（NTA）螯合 Ca^{2+}、Mg^{2+}。

EDTA 是常用的也是最有效的螯合剂，它对 Ca^{2+} 的螯合能力最强，在溶液中能与金属离子形成一个牢固的五元环状结构，使金属离子被牢固地束缚。另外，EDTA 还有一系列特殊的性能，如它能提高溶液的透明度，并具有一定的杀菌能力，使液体洗涤剂的手感舒适等。

2. 增溶剂（助溶剂）

增溶剂可提高表面活性剂在水中的溶解性，还可提高各配伍组分的相容性，对产品配制和使用相当重要。例如在清洗重垢污斑的产品（如衣领净等）中，使用增溶剂可提高产品中表面活性剂的含量。

在重垢型液体洗涤剂中，除了表面活性剂外，还有部分无机助剂，这些无机物的存在常使表面活性剂溶解度下降，使产品不稳定，易分层，必须加入增溶剂。常用的增溶剂有对甲苯磺酸钠、二甲苯磺酸钠、尿素或低分子的醇等，共用量为 5%～10%。

在轻垢型液体洗涤剂中，如餐具洗涤剂中，表面活性剂含量若小于 10%，一般不需加增溶剂，但当表面活性剂含量大于 10%时，常加入乙醇、甲苯磺酸钠、尿素、吐温-60 和聚乙二醇等增溶剂，使餐具洗涤剂在 0～2℃时仍能保持透明状。

另外，三乙醇胺除了具有增溶作用外，还能帮助金属氧化物和钙、镁盐在液体中分散，有利于污垢的悬浮；降低产品的黏度和低温贮存时产品的雾点，改进低温贮存稳定性。

异丙醇和乙醇也可以降低以非离子表面活性剂为主要组分的液体洗涤剂的黏度，改进溶解性，使产品易于贮存。通常，为避免刺激皮肤，这些增溶剂的加入量一般应小于 7%。

3. 增泡剂

大部分液体洗涤剂对泡沫有一定要求，如洗发香波和皮肤清洗剂都要求有丰富而细腻的泡沫。泡沫还可以起携带污垢的作用，并对漂洗过程起指示作用。丰富而稳定的泡沫使洗涤过程中充满美感，成为一种享受。常用的增泡剂有烷醇酰胺、氧化胺以及脂肪醇等。

4. 增稠剂

大部分民用液体洗涤剂要求有一定的稠度或黏度，它能提高感观效果。对于一些光滑表面使用的液体洗涤剂，产品黏稠尤为重要。因此，在选择表面活性剂时，应优先考虑非离子表面活性剂，因为这类表面活性剂能赋予液体洗涤剂较大黏度。另外，为了提高黏度，添加一些水溶性高聚物，如聚乙二醇、羧甲基纤维素钠、聚乙烯醇、聚醋酸铵等，添加 1%～4%的无机电解质（如 NaCl、NH_4Cl），也可显著提高产品的黏度，但无机电解质在高温下效果不好。

5. 杀菌消毒剂

杀菌消毒用的化学药品称为杀菌消毒剂，杀菌消毒剂的种类很多，根据化学特征不同可分为酚类、醛类、醇类、酸类、氯制剂、氧化剂、碘制剂、重金属盐类和表面活性剂类等。

表面活性剂类杀菌消毒剂是近年来国内外发展较快的一类新型杀菌消毒剂。表面活性剂能吸附于细菌表面，改变菌体细胞膜的通透性，使菌体内的酶、辅酶和中间代谢产物逸出，使细菌的呼吸及糖酵过程受阻，菌体蛋白变性，因而呈现杀菌作用。在各种表面活性剂中抑菌、杀菌性能较优异的是阳离子季铵盐类杀菌消毒剂。

阳离子季铵盐类杀菌消毒剂包括单链铵盐和双链季铵盐两类，单链铵盐只能杀灭某些细菌繁殖体和清脂病毒，属低效消毒剂，例如洁尔灭、新洁尔灭；双链季铵盐则可杀灭多种微生物，包括细菌繁殖体、某些真菌和病毒，但由于价格等因素，以往未能大量使用。20世纪80年代中期，美国研究开发了所谓第四代季铵盐（阳离子）杀菌剂，它具有广谱、高效、低毒、抗硬水、抗有机物等特点，符合美国公共卫生局1987年颁布的A级消毒法规附录的全部规定，并于1989年取得美国环保局的注册号。该杀菌剂实际上是以双烷基季铵盐（阳离子）为主体的杀菌消毒剂，其特点是对皮肤黏膜无刺激、毒性小、稳定性好，对消毒物无损害等。

6. 缓冲剂

缓冲剂也叫pH值调节剂，主要用来调节溶液的酸碱度，使pH值处在所设计的范围内，满足产品的特定需要。pH值调节剂一般在产品配置的后期加入，常用的缓冲剂有柠檬酸、酒石酸、磷酸、硼酸钠、碳酸氢钠以及磷酸二氢钠等。

7. 调理剂

调理剂在液体洗涤剂中能使产品增加调理功能，如香波中的调理剂可改善头发的梳理性，使头发柔顺、光亮。在衣用洗涤剂中，调理剂可以使纤维柔顺蓬松、抗静电等。常用的调理剂主要是两性表面活性剂和阳离子表面活性剂，如氧化叔胺、阳离子聚合物、羊毛脂衍生物等。

8. 防腐剂

在液体洗涤剂中，为了延长产品的贮存期，有时需加入防腐剂。常用的防腐剂有以下几种。

(1) 甲醛　甲醛具有一定的防腐作用，但它能与香精作用，使产品变色，个别情况下还会引起皮肤过敏，一般用量为0.1%～1%。

(2) 尼泊金酯类（对羟基苯甲酸酯类）　在酸、微碱及中性溶液中具有抑菌作用，最低有效含量为0.01%～0.2%。尼泊金丙酯和尼泊金甲酯混合使用可提高防腐效果。

(3) 布罗波尔（2-溴-2-硝基-1，3-丙二醇）　白色结晶，易溶于水，用量为0.01%～0.05%；适宜的pH范围为4～6，在中性和碱性条件下分解为甲醛和溴化物；对皮肤无刺激，具有广谱抑菌性；可单独使用，亦可与尼泊金酯类配合使用，配合使用时效果更好。

(4) 凯松　有效物含量为1.5%～2%，最低抑菌含量为0.000125%，适宜的pH范围为5～8，在碱性或高温下分解失效，在洗发香波中加入量为0.02%～0.13%。

(5) 防腐剂PC（对氯间苯二酚）　白色或浅黄色针状结晶，也是一种广谱抑菌剂，对皮肤无刺激，毒性低，可代替尼泊金酯类，一般用量为0.05%～0.075%。

9. 酶

液体洗涤剂中，常用液体蛋白酶和淀粉酶．其用量为0.4%～0.8%，一般在配置后期加入，加入时pH值应在7～9.5，温度低于30～40℃。另外，液体洗涤剂中加入少量钙可使酶获得很好的贮存稳定性。因此应避免使用与钙结合的助剂，如STPP、NTA、EDTA

等。酶不能与次氯酸钠等含氯的杀菌剂配合使用，否则将丧失活性，过氧酸盐类氧化剂对酶的影响较小。

10. 溶剂

水是液体洗涤剂中用量最大，也是最廉价的溶剂和填料，水质的好坏直接影响产品的质量，未经处理的天然水中含有钙、镁盐、氯化钠及其他无机和有机杂质。一般来说，可用螯合剂软化硬水；以活性炭吸附去除有机杂质，采用离子交换树脂或电渗析法除去 Ca^{2+}、Mg^{2+}、Fe^{3+} 等阳离子以及 Cl^-、SO_4^{2-}、HCO_3^- 等阴离子，得到去离子水；还可以用蒸馏的方法得到纯净的蒸馏水。在一般的液体洗涤剂中，使用软化水和去离子水就可以了，一些特殊用途的液体洗涤剂才使用蒸馏水。

除上述洗涤助剂外，为了降低液体洗涤剂的冰点，提高其低温贮存的稳定性，可加入防冻剂，如乙醇、异丙醇等；为了改善产品的气味和外观，还可加入香精、色素；为延长贮存期，还可加入抗氧化剂等。

第二节　液体洗涤剂的配方及其生产工艺

一、液体洗涤剂的配方设计

对于液体洗涤剂的配方设计，主要根据洗涤对象和产品的外观形态确定配方中表面活性剂的用量以及助剂的种类和用量。在轻垢型液体洗涤剂中，主要活性物一般控制在10%～15%，稳泡剂一般为5%左右，碱性助剂一般为10%～15%，增溶剂一般为5%左右，防冻剂一般为10%左右，其他如色素、香精、增白剂等占1%左右，水可达到60%～70%。

重垢液体洗涤剂是液体洗涤剂的重要品种，一般分为非结构型和结构型两种。非结构型液体洗涤剂是透明的，其中的表面活性剂含量较高，达40%以上，且基本上是使用溶解性能较好的表面活性剂（如非离子表面活性剂、钾盐型阴离子表面活性剂）。助剂都是水溶性较高的如焦磷酸钾、柠檬酸钠等。当浓度较高时，还需加入助溶剂来降低黏度和提高稳定性。由于受到溶解度和稳定性的限制，一般很少加入助剂和漂白剂，但有些国家（如美国）的液体洗涤剂配方中助剂含量达15%～20%。结构型液体洗涤剂是一种不透明的黏稠悬浮液，其中含有大量不溶的固体颗粒。它与非结构型液体洗涤剂的区别明显。首先，体系中的表面活性剂主要以阴离子表面活性剂（如烷基苯磺酸钠）为主，且含量也较低；其次助剂的种类大大拓宽，加入量也比结构型液体洗涤剂提高很多。由于溶解度有限或不溶曾被认为不能用于重垢液体洗涤剂的助剂，如三聚磷酸钠、4A 沸石等，现在都可以使用。结构型液体洗涤剂中富含表面活性剂的层状液滴，有时阴离子表面活性剂的含量达30%～50%，以增强除脂能力。除此之外，还含有 STPP 或沸石、漂白剂和酶制剂等。其密度为1.2～1.3g/mL^3。与高密度浓缩洗衣粉一样，它具有节省包装、方便运输等优点。

另外，结构型液体洗涤剂由于其中的固体颗粒的密度往往大于连续相，其稳定性一般较差，常常分为两层，一层是透明的电解质溶液，另一层是黏稠、不透明的含大量表面活性剂和不溶助剂的悬浮液。为解决这一问题，一种方法是加入聚合物类抗絮凝剂（如聚丙烯酸衍生物），使体系形成一种网络状的三维结构，阻止固体颗粒下沉。这种方法制备的液体洗涤剂黏度较高，使用时难以倾倒。另一种方法则是利用电解质和聚合物的盐析和渗透等作用使体系中的表面活性剂形成球形层状液晶。这种结构可以悬浮大量的固体颗粒，从而使体系稳定。

结构型重垢液体洗涤剂于20世纪80年代由美国率先生产，其产量在逐年增加。我国的水硬度高，洗涤温度低，且衣服穿着周期长，故高助剂含量的结构型重垢液体洗涤剂较适合我国国情。但目前发展却很慢，市场上的产品很少，且总固体物含量较低，因此迫切需要开发结构型重垢液体洗涤剂。

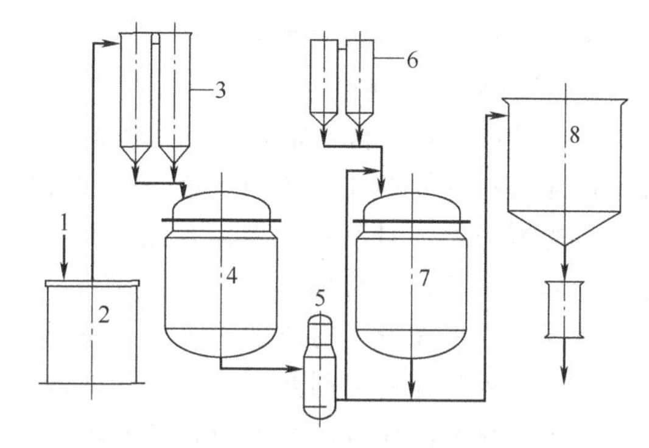

图 5-1 液体洗涤剂的生产工艺流程
1—进料；2—贮罐；3，6—计量罐；4—乳化罐；5—均质机；7—冷却罐；8—成品罐

二、液体洗涤剂的生产工艺

液体洗涤剂的生产工艺比较简单，不像生产洗衣粉那样需要复杂的设备，因而投资少、见效快。一般采用间歇式生产装置，这主要是因为生产工艺简单，产品品种繁多，没必要采用投资多、难控制的连续化生产线。液体洗涤剂的生产主要包括配料、过滤、排气、包装等几个过程。图 5-1 所示为液体洗涤剂的生产工艺流程。

1. 物料的预处理和输送

选择适当的原料，并做好原料的预处理。如有些原料应预先在烘房中熔化，有些原料应用溶剂预溶，然后才能选用合适的设备输送。

少量的固体物料通过手工输送，在设备手孔中加料。液体物料主要靠泵和重力输送。对于低黏度的液体物料，可用离心泵来输送，对于高黏度的液体物料，主要使用旋转泵、齿轮泵等来输送。有时也采用真空吸入法来输送低黏度液体，即将进料设备抽成一定的真空度，低黏度物料即被吸入设备内，但应注意易挥发物料不适宜用真空吸料法。造成真空的设备有水喷射泵和机械真空泵。

2. 配料

输送过来的各种物料在带有搅拌器的配料锅内进行混合，配料锅一般用不锈钢制成，带有夹套，夹套内通蒸汽或水以达到加热或冷却的目的。大部分的液体洗涤剂是制成均相透明的溶液或乳状液，无论哪一种液体都离不开搅拌，因此，搅拌器的选择极其重要，必须根据不同的液体选择合适的搅拌器。

3. 加香加色

液体洗涤剂所用的香精主要是化妆品用香精，香精的用量差别较大，少至 0.25%以下，多至 2.5%不等。香精一般在工艺最后加入，有时需稀释后加入。产品的色泽在外观上能给人以赏心悦目的感觉。一般常用色素来赋予产品一定的色泽。

常用的色素包括颜料、染料及珠光剂等。透明液体洗涤剂一般选用染料使产品着色，这些染料大多不溶于水，部分染料能溶于指定溶剂（如乙醇、四氯化碳），用量很少，一般为千分之几。对于能溶于水的染料，加色工艺简单。如果染料易溶于乙醇，即可在配方设计时加乙醇，将染料溶解后再加入水中。有些色素在脂肪酸存在下有较好的溶解性，则应将色素、脂肪酸同时溶解后配料。

对于乳状液体洗涤剂（如乳状香波），有时加入珠光剂。最早使用的珠光颜料有天然鱼鳞片、氯氧化铋、二氧化钛。目前在高级液体洗涤剂中常用硬脂酸乙二醇酯，该珠光剂在产品中分散性好，并且稳定性好。硬脂酸乙二醇酯为浅黄色片状物，使用时可预先溶解在乙醇中，在制备后期加入，并控制一定温度，加入量为 1%～10%。有时也将表面活性剂的水溶液加热到珠光剂的熔点以上，然后加入珠光剂。但必须注意，只有通过慢慢搅拌和慢慢冷却，才可获得良好的珠光效果。

4. 产品黏度的调整

对于透明型液体洗涤剂，常加入胶质、水溶性高分子或无机盐类来提高其强度。一般来说，用无机盐（如 NaCl、NH_4Cl）来增稠很方便，加入量为1%～4%，配成一定浓度的水溶液，边搅边加，但不能过多。若用水溶性高分子增稠，传统的工艺是长期浸泡或加热浸泡。但如果在高分子粉料中加入适量甘油，就能使粉料快速溶解。操作方法是：在有甘油存在的情况下，将高分子物质加入水相。室温搅拌 15min，即可彻底溶解。如果加热则溶解更快，当然加入其他助溶剂亦可收到相同的效果。

对于乳化型液体洗涤剂来说，其增稠比透明型产品更容易一些。最常用的增稠剂就是合成的水溶性高分子化合物，如 PEG、PVP 等。如果不希望产品的黏度太高，以防止流动性太差而造成使用不便，这时只需加入乳液混浊剂，如高碳醇类（如十六醇、鲸蜡醇）、高级酸（如硬脂酸、棕榈酸）的丙二醇（或甘油）酯等。食盐和硫酸钠的加入量只要合适（加入浓度刚好使皂和洗涤剂盐析，但不形成凝胶而分离），也能起到乳浊作用；硬脂酸镁和硅酸镁也被用作乳浊剂。

5. pH 值调节剂

液体洗涤剂的 pH 值都有一个范围要求。重垢型液体洗涤剂及脂肪酸钠为主的产品，pH 值为 9～10 时有效，其他以表面活性剂复配的液体洗涤剂，pH 值在 6～9 为宜，洗发和沐浴产品 pH 最好为中性或偏酸性，以 pH 值为 5.5～7 为好。特殊要求的产品应单独设计。根据不同的要求，可选择硼酸钠、柠檬酸、酒石酸、磷酸和磷酸氢二钠等作为缓冲剂。一般将这些缓冲剂配成溶液后再调产品的 pH 值。当然产品配制后立即测 pH 值并不完全真实，长期贮存后产品的 pH 值将发生明显变化，这些在控制生产时应考虑到。

6. 过滤

在混合或乳化时，难免带入或残留一些机械杂质，或产生一些絮状物。这些都会影响产品的外观，因此要进行过滤。液体洗涤剂的滤渣相对来说较少，因此过滤比较简单，只要在釜底放料阀后加一个管道过滤器，定期清理就可以了。

7. 排气

在搅拌作用下，各种物料可以充分混合，但不可避免地将大量气体带入产品中，造成溶液稳定性差，包装计量不准。一般可采用抽真空排气工艺，快速将液体中的气泡排除。

8. 包装

日用液体洗涤剂大都采用塑料瓶小包装。因此，在生产过程的最后一道工序中，包装质量的控制是非常重要的。正规大生产通常采用灌装机进行灌装，一般有多头灌装机连续化生产线和单头灌装机间歇操作两类。小批量生产可用高位手工灌装。灌装时，严格控制灌装质量，做好封盖、贴标签、装箱等工作。

第三节 液体洗涤剂的典型品种

一、衣用液体洗涤剂

1. 衣用液体洗涤剂配方设计原则

衣用液体洗涤剂主要是用来代替洗衣粉和肥皂来洗涤衣物、被褥等纺织物，其作用主要是洗涤去污，因此，对产品的主要要求应与洗衣粉和肥皂相同。由于其竞争对象仍然是洗衣粉和肥皂，这就决定了衣用液体洗涤剂的配方特点和设计原则，具体表现在以下三个方面。

（1）经济性　这是与洗衣粉和肥皂进行竞争的主要因素。决定产品经济性的因素很多，如配方组成、生产工艺、设备投资，以及包装和贮运的费用等，在用户方面主要体现在洗涤温度、用量、漂洗次数等。通过配方设计，可以使其成本降到更低，尤其是在节省原材料和能源方面充分体现了这类产品的优点。

（2）适用性　通过优化配方，提高产品的适用性。我国习惯于低温或常温洗涤，纺织品中化纤比重较大，水质硬度较大，这些就要求根据使用环境和洗涤对象进行配方的精心设计。另外还要考虑产品的档次，满足不同消费者的需求，为产品更新换代提供途径。

（3）助洗剂的选择　在配方设计时，合理选择多种助洗剂，以有效增加产品的去污力，降低表面活性剂的用量。同时要注意酶的活性，在此基础上，选择对环境友好的助剂。例如，助洗剂 STPP 在水中会逐渐水解，故不宜用于液体洗涤剂。常用焦磷酸盐作螯合剂。

2. 衣用液体洗涤剂配方及制法

（1）普通衣用液体洗涤剂　普通衣用液体洗涤剂用于洗涤一般纤维制品，如腈纶、涤纶、棉、麻等织物。

配方 1（质量分数%）

十二烷基磺酸盐	12.5	柠檬酸	19.5
二甲苯磺酸钠	6.0	香精、色素	适量
脂肪酸单乙醇胺	1.0	水	余量
脂肪酸二乙醇胺	1.0		

制法：将上述原料依次加入水中，搅拌均匀，即得成品。

特性及应用：本产品用于洗涤纺织品，效果良好，特别在洗涤棉纺织品时其均匀性、去污力和稳定性等都十分优良。本产品不含磷，符合环境保护的有关规定和要求。

配方 2（质量分数%）

十二烷基苯磺酸钠	28.5	乙二醇	20.0
对甲苯磺酸钠	15.0	柠檬酸	19.0
椰子油脂肪酸二乙醇胺	2.0	蛋白酶或淀粉酶	0.5
三乙醇胺	15.0	水	余量
香精、色素	适量		

制法：将上述原料混合搅拌均匀，最后加入柠檬酸及蛋白酶或淀粉酶，继续搅拌至完全溶解均匀即可。

特性及应用：本产品因含酶制剂，洗涤效果比一般洗涤剂高 30%，特别对血、脓、牛奶、可可和排泄物等污垢，洗涤效果尤其显著。本品在 pH 值为 4.3 左右时应用，在软、硬水中都具有优良的去污能力。

（2）重垢型衣用液体洗涤剂　重垢型衣用液体洗涤剂主要用于洗涤粗糙织物、内衣等污垢严重的衣物。配方中以阴离子表面活性剂为主体，一般为高碱性。

透明重垢型衣用液体洗涤剂突出的特点是表面活性剂的含量很高，可高达 40%。其中表面活性剂和助剂均呈溶解状态，是各向同性溶液。由于受到溶解性和稳定性的限制，其中助剂和漂白剂的含量很少。各种助剂加入后应保持透明或具有稳定的外观。其有效性集中表现在对油污的去除，尤其是可以在低温下使用。

重垢型液体洗涤剂一般需加入抗再沉积利，洗衣粉中常用的 CMC 在液体洗涤剂中遇到阴离子表面活性剂后会析出沉到底部，因此液体洗涤剂中不宜用 CMC 作为抗再沉积剂。即使加入 CMC 也是选用分子量很低的品种。如果需要配置透明度很高的洗涤剂，最好使用聚乙烯吡咯酮（PVP）作为抗再沉积剂。

配方（质量分数%）

2-十二烯基琥珀酸盐	10.4	柠檬酸	3.7
污垢松散多聚物	0.5	二亚乙基三胺	0.8
氯化钙	0.01	甲酸钠	0.9
三乙醇胺	6.0	氢氧化钠	5.6
乙醇	6.0	十二烷基磺酸盐	8.0
椰子油烷基磺酸盐	2.5	脂肪醇聚氧乙烯醚	17.0
油酸	3.7	酶	0.15
水	余量		

制法：按照配方中各成分的顺序依次加入混合器中，搅拌均匀。

配方中污垢松散多聚物的制备：以1,4-苯二酸（氯化物）同1,2-丙二醇进行酯化并用环氧乙烷进行乙氧基化，所得的多聚物混合物在冷乙醇中进行分离，得到冷乙醇溶解部分。平均乙氧基化物质的量多为12～43mol。

(3) 特种液体洗涤剂 特种液体洗涤剂是指用于洗涤毛、丝以及需护理和带色的纤维，如窗帘、罩布等织物的液体洗涤剂。

目前，特种液体洗涤剂在世界范围的市场占有率越来越大。其中大部分不含过硼酸钠，羊毛洗涤剂不含有荧光增白剂；为丝、毛等织物设计的配方既不含有过硼酸钠也不含有荧光增白剂，对于一些由于染料易氧化或造成染料转移的纤维，特种洗涤剂更是大有用途。

特种液体洗涤剂不同于重垢液体洗涤剂。例如，液体毛用洗涤剂常常不含阴离子表面活性剂，而是含有阳离子表面活性剂和非离子表面活性剂的混合物，其中，非离子表面活性剂起洗涤作用，阳离子表面活性剂起柔软和蓬松的作用。

配方（质量分数%）

脂肪醇醚硫酸盐	3.0	茶皂素	10.0
脂肪醇聚氧乙烯醚	3.0	防腐剂	1.0
壬基酚聚氧乙烯醚	3.0	香精	适量
色素	适量	水	余量

制法：先将水加热至50℃，边搅拌边缓慢加入脂肪醇醚硫酸盐，同样依次加入脂肪醇聚氧乙烯醚、壬基酚聚氧乙烯醚，搅拌混合均匀冷却后，再加入茶皂素、防腐剂、香精和色素等搅拌均匀，即成产品。

特性及应用：本品采用天然表面活性剂茶皂素和多种人工合成表面活性剂复配制成，微酸性，pH值接近羊毛等的等电点。本品去油污力强，但性能柔和，不损伤羊毛织物，用于洗涤天然蛋白质的毛、丝、发、羽绒等制品。

二、餐具洗涤剂

1. 餐具洗涤剂的配方设计

餐具洗涤剂又称为洗洁精，外观透明，有水果香气，去污力强，乳化去油性能好，泡沫适中，洗后不挂水滴，安全无毒。设计餐具洗涤剂的配方时应注意以下几点。

① 设计配方时应考虑表面活性剂的配伍效应以及各种助剂的协同效应。如AEO与AES复配后，可提高产品的泡沫性和去污性，普通型餐具洗涤剂中表面活性剂含量为20%左右，而浓缩型的餐具洗涤剂中表面活性剂含量达40%以上；配方中加入乙二醇单丁醚，有助于去除油垢，加入月桂酸乙二醇胺可以增加泡沫稳定性，减少对皮肤的刺激，还可提高产品的黏度；加入羊毛脂及其衍生物可防止餐具洗涤剂对皮肤的刺激，滋润皮肤。

② 餐具洗涤剂一般都是高碱性的，目的是为了提高产品的去污力和节省活性物的用量，并降低成本，但 pH 值不能大于 10.5。

③ 餐具洗涤剂大多数为透明状液体，并且具有一定的黏度，调整产品的黏度主要利用无机盐。

④ 高档的餐具洗涤剂加入釉面保护剂，如醋酸铝、甲酸铝、磷酸铝盐、硼酸酐及其混合物等。

⑤ 配方中加入很少量的香精和防腐剂。

2. 餐具洗涤剂的配方及制法

普通型餐具洗涤剂中表面活性剂的含量较低，约为 20%左右，配制简单。但应注意若配方中含有 AES 时，应先将 AES 溶解后，再加入其他的表面活性剂。以下结合具体配方来说明普通型餐具洗涤剂的制备方法。

配方 1（质量分数%）

AES	5.0	乙醇(95%)	0.2
椰子油酰二乙醇胺	4.0	甲醛(36%)	0.2
ABS(42%～48%活性物)	15.0	EDTA	0.1
脂肪醇聚氧乙烯醚	6.0	食盐	适量
香精	0.3	柠檬酸	适量
精制水	余量		

制法：在不锈钢配料罐中加入精制水，夹层蒸汽加热至 40℃，慢慢加入 AES，不断搅拌，在 40～50℃下，依次加入 ABS、脂肪醇聚氧乙烯醚、椰子油酰二乙醇胺，混合均匀后，降温至 40℃以下，加入香精、甲醛、乙醇、EDTA，搅匀，用柠檬酸调 pH 值至 7.0～8.5，加入食盐调整黏度。

配方 2（质量分数%）

壬基酚聚氧乙烯醚(HLB=14.8)	2.0	二甲苯磺酸钠(40%)	3.0
十二烷基硫酸钠(28%)	15.0	EDTA(40%)	0.5
椰子酰二乙醇胺	2.0	氯化钠	适量
十二烷基苯磺酸	13.0	防腐剂	适量
氢氧化钠(50%)	3.3	水	余量

制法：将水投入配料罐中，加入含量为 50%的氢氧化钠，再加入十二烷基苯磺酸，搅匀，物料 pH 值应大于 5，否则补加 50%氢氧化钠。然后在 60℃下加入其余表面活性剂，搅拌混合，冷至 43℃，加入其余物料。用氯化钠调节产品的黏度至 150～300mPa·s，用柠檬酸调 pH 值为 6.5～7.5。最后加入防腐剂，得产品。若要得到不透明产品，可加入 0.15%的珠光剂。

三、洗发香波

“香波”是英文“shampoo”的译音，原意为洗发。由于这一译名形象地反映了这类商品的一定特征，即洗后留有芳香，久而久之，“香波”就成了洗发用品的称呼。洗发用品的种类很多，按产品形态分类，可以分为块状、粉状、膏状和液体等。其中液体洗发香波是最为常用的品种。液体洗发香波按外观分为透明型、乳化型和胶状型 3 种，按功能可分为普通香波、调理香波、药物香波等。

国外洗发香波的生产始于 20 世纪 30 年代，我国于 20 世纪 60 年代开始生产，近年来，产品的品种、数量都日益增多。从发展趋势看，洗发香波注重以下三方面的要求。

① 安全性，要求对眼睛、皮肤无刺激；

② 天然性，选用天然油脂加工而成的表面活性剂，以及选用有疗效的中草药或水果、

植物的萃取液为添加剂；

③ 调理性，同时具有洗发、护发功效的调理香波已成为市场的流行产品。

洗发香波的主要活性物质是具有洗净功能的表面活性剂。洗发时表面活性剂的亲油基渗入污垢和头发角质纤维的界面，减弱了头发和圬垢之间的吸引力，再借助搓洗，使污垢进入到含有洗涤剂的溶液中。

1. 普通香波

普通香波指只具有去污和清洁功能的洗发用品，一般表面活性剂含量为15%～20%，有透明型、珠光型、冻状型、膏状型等。

(1) 透明型香波　透明型香波一般以阴离子表面活性剂为主要活性物质。

配方（质量分数%）

AES(70%)	20	色素	适量
6501	4	防腐剂	适量
NaCl	1	去离子水	余量
香精	适量		

(2) 珠光型香波　珠光型香波是在透明型香波中加入珠光剂，常用乙二醇的硬脂酸单酯或双酯，双酯比单酯效果好。

配方（质量分数%）

AES(70%)	20	水溶性羊毛脂	1.5
6501	4	香精	适量
NaCl	1	色素	适量
珠光片	2	防腐剂	适量
丙二醇	1	去离子水	余量

(3) 冻状型香波　冻状型香波是在透明型香波中加入水溶性纤维素，如羧甲基纤维素、羟乙基甲基纤维素、羟丙基甲基纤维素等。

配方（质量分数%）

月桂基硫酸三乙醇胺(40%)	25	香精	适量
咪唑啉表面活性剂	15	色素	适量
6501	10	防腐剂	适量
羟丙基甲基纤维素	1	去离子水	余量

(4) 膏体香波　膏体香波属于皂基香波，即配方中含有硬脂酸皂作为洗涤剂。

配方（质量分数%）

K_{12}	20	香精	适量
6501	1.0	色素	适量
单硬脂酸甘油酯	2.0	防腐剂	适量
硬脂酸	5.0	去离子水	余量
KOH(19%～20%)	5.0		

2. 祛头屑香波

医学研究证实，当真菌异常繁殖时，就会刺激皮肤细胞分泌过量皮脂，从而产生大量的头皮屑，同时引起头皮发痒。因此，通过抑制或杀灭致病真菌，清洁头皮，消除产生头屑和瘙痒的根源，就可以达到祛屑止痒的目的。

祛头屑香波为液体或膏状，可抑制头皮角化细胞的分裂，并具有抗微生物和杀菌的作用，从而起到祛屑止痒的功效。从配方分析，祛头屑香波中除了含有起洗涤作用的表面活性剂外，还有加脂剂、香精和祛屑止痒剂。其中，祛屑止痒剂是特效组分。

（1）常用的祛屑止痒剂　祛屑止痒剂具有杀菌、抗霉、抗氧化、抑制皮质分泌，使头皮恢复正常代谢的功能。常用的祛屑止痒剂有：水杨酸、硫黄、十一烯酸单乙醇酰胺、吡啶硫酸锌、活性甘宝素以及 Octapirox 等。

① 水杨酸、硫酸、二硫化硒、硫化镉。这些物质是早期使用的祛屑止痒剂，具有杀菌性，但刺激性大，效果较差，不适合儿童，加入量一般在2%～5%。水杨酸、硫酸具有杀菌作用，祛屑效果很不理想，只能维持一天左右，而且刺激性大，且水杨酸易被皮肤吸收。二硫化硒会使头皮变得过干，若冲洗不彻底，会使头发脱色，甚至造成脱发。因此，高档的洗发香波很少使用这类止痒剂。

② 十一烯酸及其衍生物。十一烯酸及其衍生物对人体皮肤和头发的刺激性小，具有良好的配伍性、水溶性、稳定性和抗脂溢性，与头发角蛋白有牢固的亲和性，使用后还会减少脂溢性皮炎的产生，是一种比较有效的祛屑止痒剂，加入量一般在1%～2%，对细菌、真菌具有较强的杀菌抑菌效果，具有良好的祛头屑功能。这类祛屑止痒剂的典型品种是十一烯酸单乙醇酰胺磺化琥珀酸酯二钠盐（SL-900）。

SL-900 是由十一烯酸单乙酰胺与琥珀酸发生酯化，再由 Na_2SO_3 磺化而制得的，其分子结构为

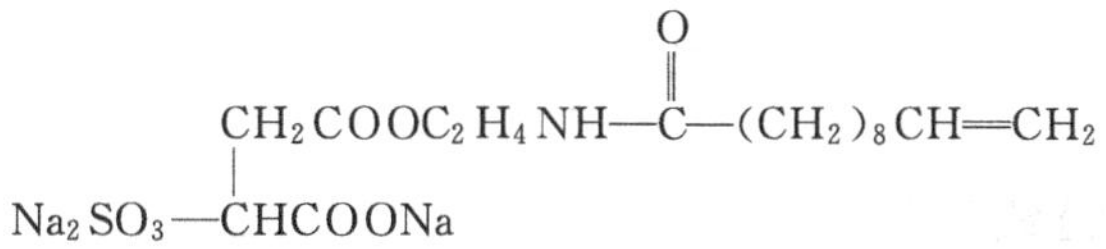

$$\begin{array}{l} \qquad\qquad\quad CH_2COOC_2H_4NH{-}\overset{\displaystyle O}{\overset{\|}{C}}{-}(CH_2)_8CH{=}CH_2 \\ \qquad\qquad\quad | \\ Na_2SO_3{-}CHCOONa \end{array}$$

SL-900 是一种无毒、极温和的、具有广谱抗菌性能的阴离子表面活性剂，水溶性好，一般制成含量为50%的淡黄色透明水溶液供应市场。SL-900 治疗头皮屑的机理在于抑制表皮细胞的分离，延长细胞变化率，达到减少老化细胞的产生和积存的目的，使用后还会减少脂溢性皮肤病的产生，目前是一种比较有效的祛屑止痒剂。其优点是：适用范围较广，配伍性能良好，既可配成透明香波，又可制成乳状香波，还可制成其他形式的制品；祛屑止痒效果良好；无毒、很温和，还具有一定的去污性能；价格较低，可普遍应用；配制简便。但它也有一定的缺点：如热稳定性不太好，应在50℃以下加入；应在体系调成中性或微酸性后才能加入；不能与阳离子共存于体系中，调理剂尽量选用两性表面活性剂；因其分子结构上含有双键，故在贮存和使用过程中，应尽量避免与氧化剂接触。SL-900 在发用化妆品中的有效添加量为2%～5%（以50%水溶液计），一般在配制后期加入。它除了制成洗发用品外，还可用于粉刺霜中。

③ 吡啶硫酮锌。吡啶硫酮锌（简称 Z. P. T）的结构式为

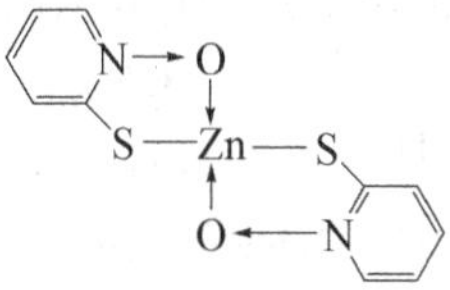

Z. P. T 的合成路线一般以2-卤代吡啶为原料，经氧化、巯基化和螯合成盐等几步合成得到吡啶硫酮锌。其合成路线如下

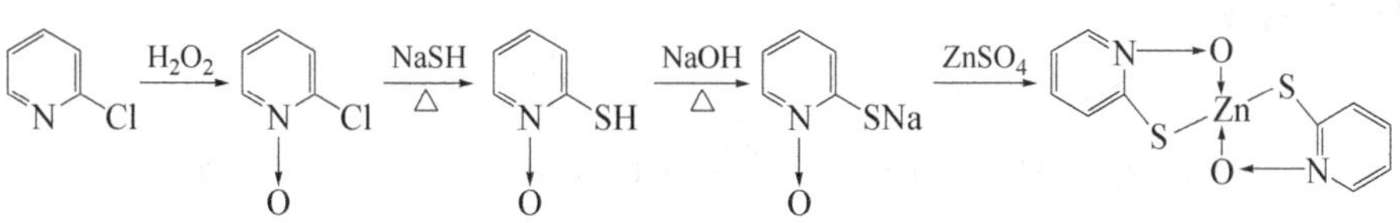

H_2O_2 → NaSH, △ → NaOH, △ → $ZnSO_4$

Z. P. T 的优点：耐细菌、真菌病毒，有强力的杀灭和抑制其繁殖的效果，能抑制皮脂溢出，常规量对人体无害，长期使用无副作用；稳定性好；在较宽 pH 值范围（4.0～9.5）内稳定；配伍性良好；产品为浅色，无味，不影响成品。

但是，使用 Z. P. T 时应注意以下几点：由于 Z. P. T 极难溶于有机溶剂和水中，因此不宜配成透明香波，而且易沉淀，必须加入一定量的悬浮剂或稳定剂；Z. P. T 在 pH 值为 4.0～9.5 之间能稳定存在，而 pH 值小于 4.0 或大于 9.5 时会分解或水解；Z. P. T 光稳定性不好，遇氯化剂或还原剂会发生结构变化，应避光密封保存；体系中若形成比 Z. P. T 更稳定的螯合物，将会发生螯合转移观象，如与铁生成蓝紫色，与铜生成灰绿色，也不宜与 EDTA 共用；在配制过程中，需将其进行非常精细地分散并使之稠化，方能稳定地存在于制品中，避免产生沉淀。Z. P. T 在日化制品中的添加量为 1%～1.5%（粉刺霜），可通过与某些阳离子复合而增效。

④ 活性甘宝素。活性甘宝素（Climbazole）是由德国 Bayer 公司于 1997 年研制出来的，其结构式为

$$H_3C-C(CH_3)_2-CO-CH(C_3H_3N_2)-O-C_6H_5$$

（CH 上连接咪唑-1-基）

活性甘宝素的合成路线如下

$$H_3C-C(CH_3)_2-CO-CH_2F \xrightarrow[Br_2 \cdot 室温]{溴化} H_3C-C(CH_3)_2-CO-CHBrF \xrightarrow[K_2CO_3]{Cl-C_6H_4-OH} H_3C-C(CH_3)_2-CO-CHF-O-C_6H_4-Cl$$

$$\xrightarrow[\text{咪唑 }(C_3H_4N_2)]{-HF} H_3C-C(CH_3)_2-CO-CH(C_3H_3N_2)-O-C_6H_5$$

活性甘宝素与 Z. P. T 有协同作用，对眼睛的刺激性小，在 pH 为 3～8 的范围内稳定，可用于制透明型祛头屑香波，一般加入量为 0.5%～1.5%，就具有很好的祛头屑效果，对能引起头皮屑的卵状芽孢菌、卵状糠痊菌、白色念珠菌和发藓菌有抑制作用。其祛屑机理是通过杀菌和抑菌来消除产生头屑的外部因素，以达到祛屑止痒的效果。它不同于单纯通过脱脂等方式暂时地消除头屑，因此被广泛地应用于各种香波与护发素等产品中。

⑤ Octopirox。Octopirox 是 20 世纪 80 年代由德国赫司特公司研制的，其结构式为

$$H_3C-C(CH_3)_2-CH_2-CH(CH_3)-CH_2-[\text{4-甲基-2-吡啶酮-6-基}]\quad N-O^-\ H_3^+N-CH_2CH_2-OH$$

Octopirox 是以异丙酮为原料，经氯化、酯化、酰化、环化、羟氨化及成盐六个步骤合成的，其合成路线如下

$$H_3C-C(CH_3)-CH-C(=O)-CH_3 \xrightarrow{NaOCl} H_3C-C(CH_3)=CH-C(=O)-OH + HCCl_3$$

$$H_3C-\underset{}{\overset{CH_3}{\overset{|}{C}}}=CH-\overset{O}{\overset{\|}{C}}-OH+CH_3OH\xrightarrow{98\%\ H_2SO_4}H_3C-\overset{CH_3}{\overset{|}{C}}=CH-\overset{O}{\overset{\|}{C}}-OCH_3$$

$$H_3C-\underset{CH_3}{\underset{|}{\overset{CH_3}{\overset{|}{C}}}}-CH_2-\overset{CH_3}{\overset{|}{C}H}-CH_2COCl+H_3C-\overset{CH_3}{\overset{|}{C}}=CH-\overset{O}{\overset{\|}{C}}-OCH_3\xrightarrow{AlCl_3}$$

$$H_3C-\underset{CH_3}{\underset{|}{\overset{CH_3}{\overset{|}{C}}}}-CH_2-\overset{CH_3}{\overset{|}{C}H}-CH_2-\overset{O}{\overset{\|}{C}}-H_2C-\overset{CH_3}{\overset{|}{C}}=CH-\overset{O}{\overset{\|}{C}}-OCH_3$$

$$H_3C-\underset{CH_3}{\underset{|}{\overset{CH_3}{\overset{|}{C}}}}-CH_2-\overset{CH_3}{\overset{|}{C}H}-CH_2-\overset{O}{\overset{\|}{C}}-CH_2-\overset{CH_3}{\overset{|}{C}}=CH-\overset{O}{\overset{\|}{C}}-OCH_3\xrightarrow{加热}$$

$$H_3C-\underset{CH_3}{\underset{|}{\overset{CH_3}{\overset{|}{C}}}}-CH_2-\overset{CH_3}{\overset{|}{C}H}-CH_2-(\text{4-甲基-2-吡喃酮-6-基})$$

$$H_3C-\underset{CH_3}{\underset{|}{\overset{CH_3}{\overset{|}{C}}}}-CH_2-\overset{CH_3}{\overset{|}{C}H}-CH_2-(\text{4-甲基-2-吡喃酮-6-基})+H_2NOH\ HCl\xrightarrow{吡啶类}H_3C-\underset{CH_3}{\underset{|}{\overset{CH_3}{\overset{|}{C}}}}-CH_2-\overset{CH_3}{\overset{|}{C}H}-CH_2-(\text{4-甲基-1-羟基-2-吡啶酮-6-基})$$

$$H_3C-\underset{CH_3}{\underset{|}{\overset{CH_3}{\overset{|}{C}}}}-CH_2-\overset{CH_3}{\overset{|}{C}H}-CH_2-(\text{4-甲基-1-羟基-2-吡啶酮-6-基})+NH_2CH_2CH_2OH\longrightarrow$$

$$H_3C-\underset{CH_3}{\underset{|}{\overset{CH_3}{\overset{|}{C}}}}-CH_2-\overset{CH_3}{\overset{|}{C}H}-CH_2-(\text{4-甲基-2-吡啶酮-6-基})-N-O^-\cdot H_3\overset{+}{N}-CH_2CH_2-OH$$

Octopirox是一种白色或淡黄色的粉末，在pH为3～9的范围内可稳定存在，具有优良的溶解性和配伍性。可制成透明香波，使用安全，是世界上唯一可用于免洗护发用品中、可保留在头皮和头发上的祛屑止痒剂。其独特的祛屑止痒机理是通过杀菌、抗氧化作用和分解过氧化物等方法，从根本上阻断头屑产生的外部渠道，从而根治头屑、止头痒。Octopirox具有广谱抗菌性，一些厂家将其用于祛体臭的香皂和膏霜类产品中。Octopirox在洗发香波中的加入量为0.1%～0.5%。养发液和护发素中的加入量为0.05%～0.1%。另外，Octopirox还可代替防腐剂，制成无防腐剂的各种日化用品。

⑥ 天然祛屑止痒剂。天然祛屑止痒剂是从植物中提取出来的。常用的有茶皂素、植酸盐、儿茶酚、甘草酸及其盐。其中，茶皂素是一种从茶枯饼中用水或酒精浸提出来后，经过分离精制而得的三萜类皂苷混合物。它本身是一种具有乳化、分散、润湿、发泡性能的水溶性天然非离子表面活性剂，具有良好的杀菌消炎功效。同时，茶枯中残留的茶

油对头发还有滋润和养护作用。经分离精制的茶皂素有浅黄色或棕色无定形粉末（含量为80%±5%）和棕色黏稠状液体（含量>30%）两种规格。粉状产品在洗发香波中的添加量为5%时，即有明显的祛屑止痒功效。其优点是：能与各类表面活性剂配伍，且有协同效应；本身具有表面活性；无毒，不刺激；价格较低。其缺点是：配入香波后对稠度有影响，通过调整配方可消除其不利影响。天然祛屑止痒剂可单独使用，也可合用，均有一定的祛屑、止痒功效。

（2）祛屑香波配方及制法

配方1（质量分数%）

原料	用量	原料	用量
月桂醇酸三乙醇胺盐	25	黄原胶	0.2
月桂酰肌氨酸钠	10	着色剂	0.5
吡啶硫酮锌(48%分散液)	3	去离子水	余量
香精	0.2		

原料	配方2(质量分数%)	配方3(质量分数%)
AES(28%)	80	120
酰氨基聚氧乙烯硫酸镁	16	—
Octopirox	1.0	1.0
尼泊金酯	0.6	0.6
NaCl	8.2	—
珠光剂	—	6.0
椰油酰胺丙基甜菜碱	—	6.0
色素	适量	适量
香精	适量	适量
防腐剂	适量	适量
精制水	余量	余量

四、卫生间清洗剂

卫生间清洗剂是专用于清洗浴盆、浴室瓷砖、便池等的具有杀菌、除臭和去污等多种功能的洗涤剂。一般要求产品泡沫丰富，去污力强，使用安全，并具有一定的消毒功能，不伤金属镀层、瓷性釉面和塑料表面。

从外观上来看，卫生间清洗剂有块状、粉状、液状和气体喷射型等几种，其中液状产品使用较多，有酸性、碱性和中性等清洗剂。目前，碱性产品较少，酸性产品较多，中性产品由于对处理对象的损伤较小，所以是重点开发的产品类型。

从作用机理来分，可分为以下几类。

（1）摩擦型　含有固体颗粒，加有少量表面活性剂、助溶剂、香料和溶剂等，主要靠摩擦力除去污垢。

（2）溶解型　主要靠酸的作用，可迅速溶解无机盐、金属氧化物及碱性有机物等污垢，但对于许多油脂状污垢（如高碳醇、多糖、蛋白质等）效率较低，而且对铁等金属有腐蚀。

（3）物理化学作用型　以表面活性剂为主，借助乳化、增溶等作用去污。特点是对油脂污垢的去除率高，作用温和，不损伤处理对象表面，但对铁锈、脲的去除作用弱。

1. 卫生间清洗剂的特效组分

卫生间清洗剂除了表面活性剂外，还有缓蚀剂、杀菌消毒剂、除臭剂、研磨剂等。以下对这些特效组分加以说明。

（1）除臭剂　卫生间便池内的主要污垢有尿酸，钙、镁的磷酸盐和碳酸盐，以及铁锈、灰尘、有机酸盐和含氟有机物等，污垢呈黄色或黄褐色。卫生间的异臭味主要是排泄物中挥发性的醇、有机酸，以及胺类物质在细菌作用下分解产生的气体，如氨气和硫化氢等。清洁是除臭的主要方法之一，但对易挥发性气体的少量残留物还需采用除臭剂。

根据用途和产品的档次，选择不同的除臭方法及相应的除臭剂。最简单的方法就是赋香掩盖除臭法，即在液体洗涤剂中加入香精，用后依靠留香掩盖臭味。使用最多也是最有效的方法是化学除臭法，即利用中和反应、氧化反应和络合反应等方法。如洁厕净中加入铁盐可以络合便油中的硫化物。而氨臭味可利用乙酸、柠檬酸、酒石酸等中和除臭，一些碱性或酸性制剂、氧化剂、还原剂等与臭气反应，即可达到除臭的目的。利用马来酸酯与臭氧缩合也可除臭。有时也采用物理除臭法，如加入吸附剂来进行除臭。还有一些消毒杀菌剂也可以除臭。

（2）缓蚀剂　酸性卫生间清洗剂对金属表面有腐蚀，可加入缓蚀剂，抑制酸对金属的腐蚀，常用的缓蚀剂有：脲类化合物，硫脲、二苯基硫脲、丁基硫脲、丁基二硫脲和乙基硫脲；硫醇硫醚类，C_2～C_6 硫醇、甲基硫酚、2-萘硫酚和乙基硫醚等；醛类，甲醛、巴豆醛；酸及其他物质，草酸、羟基酸、磷酸、脱水松香酸、氨基吡啉、苯并三氮唑以及植物碱等；阳离子表面活性剂，如1227，这类表面活性剂除了对金属具有缓蚀作用外，对皮肤的刺激性小。在酸性卫生间清洗剂中，常用的是磷酸系、草酸系、铬酸系缓蚀剂。EDTA对金属的腐蚀有抑制作用，但对陶瓷有损伤。

（3）杀菌剂　常用的杀菌剂有以下几类：酚类化合物，苯酚、异丙基甲酚、二丁基甲酚、壬基或苯亚甲基甲酚及其盐；含卤化合物，次氯酸钠、氯酸盐、氯化磷酸三钠、三氯异氰酸脲、六氯蜜胺、三氯苯碘伏；过氧化物，过氧化氢、过氧乙酸、过碳酸钠、过硫酸钾等；醛类化合物，乙二醛、戊二醛等；阳离子表面活性剂及其他化合物，对氨基苯甲酸、三溴水杨酸三替苯胺、异噻唑啉酮、洗必泰等。

（4）研磨剂　常用研磨剂有二氧化硅、氧化铝、氧化镁，铝硅酸盐、碳化硅、氧化铁和硅石粉碎物等。

2. 卫生间清洗剂的典型配方及制法

（1）中性卫生间清洗剂配方（质量分数%）

组分	含量	组分	含量
ABS(60%)	4.0	焦磷酸钾	12.0
二甲苯磺酸钠(40%)	12.0	乙二醇丁醚	8.0
AEO	4.0	水	54.0
偏硅酸钠(五水合物)	6.0		

该产品适用于浴室瓷砖的清洗。

（2）酸性卫生间清洗剂配方（质量分数%）

组分	含量	组分	含量
烷基酚聚氧乙烯醚(TX-10)	24.0	缓蚀剂	2.0
硫脲	4.0	水	50.0
盐酸(31%)	20.0		

该配方为重垢型浴盆清洗剂。

（3）碱性卫生间清洗剂配方（质量分数%）

组分	含量	组分	含量
ABS	0.2	次氯酸钠	1.0
壬基酚聚氧乙烯醚(OP-5)	10.0	香精	0.8
NaOH	8.0	水	余量

制法：将表面活性剂、NaOH、次氯酸钠、Na_2SO_4 依次加入水中，搅匀即可。碱性卫生间清洗剂可用于便池和抽水马桶的洗涤除垢。

（4）酸性清毒清洗剂配方

	配方1(质量分数%)	配方2(质量分数%)
十二烷基聚氧乙烯醚(EO_9)	3.0	3.0
十二烷基二甲基氯化铵	5.0	5.0
盐酸(36%)	20	50
椰子油脂肪甜菜碱(30%)	3.0	3.0
色料	适量	适量
水	余量	余量

配方1：23℃时，黏度为70mPa·s，pH=1.0。

配方2：23℃时，黏度为110mPa·s，pH=1.0。

(5) 磷酸缓蚀型卫生间清洗剂配方（质量分数%）

十二烷基聚氧乙烯醚(EO_{12})	10.0	H_3PO_4	13.0
煤油	17.0	水	余量

(6) 粉状杀菌型洁厕净配方（质量分数%）

ABS	8.0	$NaHSO_4$	47.0
PEG(400)	3.0	二氯异氰脲酸钠	4.0
邻苄基对氯苯酚	3.0	颜料	0.15
SiO_2	0.5	香料	1.35
$NaHCO_3$	33.0		

制法：将ABS、$NaHCO_3$、$NaHSO_4$混合约5min，将二氯异氰脲酸钠与邻苄基对氯苯酚混合热溶，并喷射于上述混合物中，混合10mim，再加入聚乙二醇，混合10mim，最后依次加入色素、香料和SiO_2，每加一种料，混合5mim后再加另一种料，制得含阴离子表面活性剂的粉状抽水马桶用清洗剂。

五、汽车用清洗剂

汽车用清洗剂涉及涂料、瓷、铝合金和玻璃等不同性质的表面。这些表面在高碱性溶液条件下易被腐蚀或划破。铝对化学腐蚀最为敏感，呈微蓝色划痕。因此，在设计配方时，既要具有满意的去污能力，又要不损伤表面。一般来说，在中等和高碱性条件下，硅酸盐对铝、涂料和玻璃表面可提供保护。同时增加溶液的碱性，增加了污垢的分散力。

1. 汽车外壳清洗剂

汽车外壳的污染主要是尘埃、泥土和排出废气的沉积物，这类污垢适宜用喷射型的清洗剂进行冲洗，并且应采用低泡型清洗剂。

配方1（质量分数%）

无水偏硅酸钠	1.0	磷酸酯(低泡水助剂)	2.0
50%氢氧化钠	0.7	非离子/咪唑型两性表面活性剂	3.0
40%乙二胺四乙酸钠盐	19.3	水	74.0

配方2（质量分数%）

氧化微精钠	4.2	辛基酚聚氧乙烯醚	5.0
油酸	0.7	脂肪醇聚氧乙烯醚	1.2
液体石蜡	2.52	甲醇	0.2
CMC	0.41	水	余量
聚二甲基硅氧烷	2.38		

该配方中由于添加了氧化微精钠和液体石蜡，因此获得的清洗剂除具有清洗作用外，还具有上光作用。

2. 汽车窗玻璃清洗剂

汽车挡风玻璃清洗剂除具有清洗功能外，应该在使用后能防止雾滴、雨滴附着在玻璃表面，并且能防止尘埃、油烟和油脂附着。该产品使用时，一般用水稀释后，涂布或喷于玻璃表面。

配方 1（质量分数%）

十二烷基硫酸钠	2	偏硅酸钠	3.5～5.1
三乙醇胺	5	水	余量
水玻璃	1		

配方 2（质量分数%）

十二烷基苯磺酸钠	4	乙二醇	2
二乙醇胺	10	偏硅酸钠	3.5～5.1
十二烷基苯聚氧乙烯硫酸三乙醇胺	1	水	余量

配方 3（质量分数%）

十二烷基硫酸钠	5	丙二醇	20
异丙醇	10	月桂醇	1
烷基磺基琥珀硫酸钠	2	蒸馏水	62

第四节　液体洗涤剂常见的质量问题

液体洗涤剂在生产、贮存和使用过程中，也和其他产品一样，由于原料、生产操作、环境、温度、湿度等的变化而出现一些质量问题，这里就较常见的质量问题及其对策进行讨论。

1. 黏度变化

黏度是液体洗涤剂的一项主要质量指标，生产中应控制每批产品的黏度基本一致。但在生产过程中，同一个配方的制品，有时黏度偏高，有时黏度偏低。造成黏度波动的原因有很多。

首先，多数液体洗涤剂都是单纯的物理混合物，因此某种原料规格的变动，如表面活性剂含量、无机盐含量的波动等，都可能造成制品黏度的变化。所以，原料的质量控制对保证成品质量至关重要。因此原料进厂后，必须经过取样化验合格后方能投入生产。其次，对制品及时进行分析。如黏度不足时，应补充表面活性剂、无机盐或增加有机增稠剂的用量；如黏度偏高，可加入增溶剂（如丙二醇、丁二醇等）或减少增稠剂用量。

有时液体洗涤剂刚配出来时黏度正常，但放置一段时间后黏度会发生波动，其主要原因如下。

① 制品 pH 值过高或过低，导致某些原料（如琥珀酸酯磺酸盐类）水解。影响制品黏度，应加入 pH 缓冲剂，调整至适宜 pH 值。

② 单用无机盐作增稠剂或用皂类作增稠剂时，体系黏度随温度变化而变化，可加入适量水溶性高分子化合物增稠剂，以避免这种现象的发生。

2. 混浊、分层

透明液体洗涤剂刚生产出来时各项指标均良好，但放置一段时间后，出现混浊甚至分层现象，有如下几方面原因：

① 体系黏度过低，其不溶性成分分散不好；

② 体系中高熔点原料含量过高，低温下放置结晶析出；

③ 体系中原料之间发生化学反应，破坏了表面活性剂胶体结构；

④ 微生物污染；

⑤ 制品 pH 值过低，某些原料水解；

⑥ 无机盐含量过高，低温出现混浊。

因此，只要选择水溶性的原料，控制无机盐的用量，及时调整产品的 pH 值，注意贮存温度等，就可以避免产品混浊分层。

3. 变色、变味

导致变色和变味的原因比较复杂，主要有以下几方面：

① 所用原料中含有氧化剂或还原剂，使有色制品变色；

② 某些色素在日光照射下发生褪色反应；

③ 防腐剂用量少，防腐效果不好，使制品霉变；

④ 香精与配方中其他原料发生化学反应，使制品变味；

⑤ 所加原料本身气味过浓，香精无法遮盖。

因此应分析变色、变味的原因，采取具体的措施。上述现象可能同时发生，因此必须按操作规程严格控制，以确保产品质量稳定。

思 考 题

1. 液体洗涤剂中常用的助剂有哪些，各起什么作用？

2. 常用的珠光剂有哪些？珠光香波生产中应如何控制操作过程才能获得良好的珠光效果？

3. 洁厕净的特效组分有哪些，各起什么作用？

4. 调节液体洗涤剂的黏度有哪些方法？

5. 常用的祛屑止痒剂有哪些，各有什么特点？

6. 简述液体洗涤剂生产的一般过程。

7. 液体洗涤剂常见的质量问题有哪些，如何解决？

第六章　香料与香精

【学习目的与要求】 通过本章学习，使学生对香料与香精的概念、分类有初步的认识；对香精的性能有初步的认识；能了解各类香精的典型配方；掌握香料与香精的生产工艺，并懂得香精在日用化学品中的作用。

各种日用化学品虽有不同的使用目的、范围和对象，但一般都具有一定优雅舒适的香气。日用化学品的香气是通过在配制时加入一定量的香精所赋予的，而香精则是由各种香料经调配混合而成的。有一些日用化学品的优劣，是否受消费者喜欢，往往与该产品所加入的香精质量有很大的关系，而香精的质量又取决于香料的质量与调香技术，同时还应考虑香精与加香介质之间的配伍性、相容性等。

第一节　概　　述

一、基本概念

1. 香料（perfume）

香料又称为香原料，是能被嗅感嗅出气味或味感品出香味的有机物，是调制香精的原料，一般是单体或混合物。

到目前为止，人们已经发现的香料大约有 40 万种。“香”包括香气和香味，香气是由嗅觉产生的；香味则是由味觉、嗅觉共同产生的，具有快感的气味称为香味。香料不仅包括香味物质，有时为了调香的需要往往也采用臭味的物质，因此某些臭味的物质也属于香料的范畴。

2. 香精（perfume compound）

天然香料和合成香料，由于它们的香气比较单调，多数都不能直接使用。一般要将各种香料调配成香精后才能使用。

香精是由人工调配出来的或由发酵、酶解、热反应等方法制造的含有多种香成分的混合物。香精具有一定香型，例如玫瑰香精、茉莉香精、薄荷香精、檀香香精、菠萝香精、咖啡香精等。

3. 天然香料（natural perfume）

天然香料包括动物性天然香料、植物性天然香料、单离香料以及用生物工程技术制备的香料。它们来源于自然界中的动物、植物及微生物。

动物性天然香料常用的目前只有麝香、灵猫香、海狸香、龙涎香和麝鼠香五种；植物性天然香料是以植物的花、叶、枝、皮、根、茎、草、果、籽、树脂等为原料，经水蒸气蒸馏法、压榨法、浸提法或吸收法制取的产品；单离香料是用物理或化学方法，从天然香料中分离出来的单体香料化合物；用生物工程技术制备的香料是指以动物及植物为原料采用发酵等方法制备的香料。

4. 合成香料（synthetic perfume）

合成香料是采用化学合成的方法制取的香料化合物。目前世界上的合成香料已有 5000 多种，常用的产品有 1000 多种。

天然级香料是用来源于天然动植物的原料合成的，分子中所有碳、氢原子都来源于天然动植物，其不稳定同位素比例与天然动植物相同的单体香料；天然等同香料是用化学方法合成的、与天然食品香味成分结构相同的单体香料；非天然等同香料是用化学方法合成的在天然食品香味成分中不存在的单体香料。

5. 辛香料（spice）

辛香料是指专门作调味用的香料植物及其香料制品。例如花椒、花椒油、花椒油树脂，胡椒、胡椒油、胡椒油树脂等。

6. 香型（type）

香型是用来描述某种香精或加香制品的整体香气类型或格调的，如花香型、果香型、木香型、东方香型、古龙型等。

7. 头香（top note）

头香是对香精或加香制品嗅辨中最初片刻时的香气印象，也就是人们首先能嗅感到的香气特征。在香精中起头香作用的香料称为头香剂。

8. 体香（body note）

体香是香精的主体香气。体香是在头香之后，立即被嗅觉感到的香气，而且能在相当长的时间内保持稳定和一致。体香是香精最主要的香气特征。在香精中起体香作用的香料称为主香剂。

9. 基香（basic note）

基香是香精的头香与体香挥发后，留下的最后香气，也称尾香或底香。在香精中起基香作用的香料称为定香剂。

二、香的原理

香料是一种挥发性的芳香物质，它具有令人愉快舒适的香气。芳香物质的相对分子质量一般在 26～300 之间，可溶于水、乙醇或其他有机溶剂。其分子中必须含有—OH、—CO—、—COO—、—NH—、$—NH_2$、—SH、—NC 等原子团，称为发香团或发香基。这些发香团使嗅觉产生不同的刺激，赋予人们不同的香感觉。

1957 年，Beets 提出了分子结构外形-官能团假说，简称 PFG 假说（Profile-fuctional group）。他认为嗅觉受客体与香分子相互作用的过程中，分子的结构外形和分子官能团的位置起重要作用，从而决定其香型和香的强度。1959 年，日本的小幡弥太郎认为有香物质必须具备下列条件。

① 具有挥发性。鼻黏膜是人的嗅觉器官，有香物质只有具有挥发性，才能到达鼻黏膜，产生香感觉。无机盐类、碱、大多数酸是不挥发的，所以是无味的。

② 在类脂类、水等物质中具有一定的溶解度。有些低分子有机物虽溶于水，但不溶于类脂类介质中，因此几乎是无味的。

③ 是相对分子质量在 26～300 之间的有机物。

④ 分子中具有某些原子（称为发香原子）或原子团（称为发香基团），发香原子在周期表中处于ⅣA～ⅦA 族中，其中 P、As、Sb、S、Te 属于恶臭原子。

⑤ 折射率大多数在 1.5 左右。

⑥ Raman 光谱测定吸收波长，大多数在 $1400 \sim 3500\text{cm}^{-1}$范围内。

香化学理论比较复杂。近年来，虽有许多学者对香化学理论进行了研究，提出了各种理论，但都存在一定的局限性，都从不同的角度阐明了香与化学结构的关系。卤原子及其化合物分子中的不饱和键（烯键、炔键、共轭键等）对香也有强烈的影响。由于发香团在分子中位置的变化、基团和基团之间的距离之差，以及由于环状化和异构化、分子的立体结构等，也使香味产生明显的差别。如能找出某些化合物的香气与分子结构之间的关系，就有可能通过分子结构的设计，制成欲得的新香气香韵的化合物；在香料合成中，可帮助人们鉴别各步反应是否完全，最终产品是否合格等。

经研究发现，烃类化合物中，脂肪族化合物一般具有石油气息，其中 C_8 和 C_9 的香强度最大。随着分子量的增加香气变弱。C_{16} 以上的脂肪族烃类属于无香气物质。链状烃比环状烃的香气要强，随着不饱和性的增加，其香气相应变强。如乙烷是无气味的，乙烯具有醚的气味，而乙炔则具有清香香气。

醇类化合物中，羟基属于强发香基团，但当分子间以及分子内形成氢键时，香气减弱。C_8 醇香气最强，碳原子数再增加时，出现花香香气。C_{16} 醇几乎无气味。而—OH 数量增加时，香气变弱。如果引入双键或三键时，香气增强。

醛类化合物中，脂肪族低级醛具有强烈的刺鼻气味，C_{10} 醛香气最强，C_{16} 则无气味。在芳香醛类及萜烯醛类中，大多具有香草、花香等香气。

酮类化合物中，C_{11} 脂肪族酮香气最强，并且有蕺菜的香气。

脂肪族羧酸化合物中，C_4 和 C_5 羧酸具有酸败的黄油香气、C_8 和 C_{10} 羧酸有不快的汗臭气味。酯类化合物的香气介于醇和酸之间，但均比原来的醇、酸的香气要好。一般由脂肪醇和脂肪酸所生成的酯，具有花、果、草香。C_8 的羧酸乙酯香气最强，C_{17} 的羧酸酯无气味。

三、香料分类

香料按其来源可分为天然香料和合成香料两大类。天然香料又分为植物香料和动物香料。广义的合成香料称为单体香料，又分为单离香料和合成香料。单离香料由天然香料分离得到。狭义的合成香料是指用一些廉价原料，通过各种化学反应合成的香料。用天然香料和合成香料按一定的配方比例调和成预定香气的产品，称为调和香料或香精。

香料是调配香精的原料，个别的也可直接用于加香产品。香料的分类如下：

- 香料
  - 天然香料
    - 动物性香料
    - 植物性香料
  - 单体香料
    - 单离香料
    - 合成香料
- → 调和香料（香精）
  - 日用香精
  - 食用香精
  - 工业用香精

天然香料是指从天然含香动植物的某些生理器官、组织或分泌物中经加工处理而提取出来的含有发香成分的复杂天然混合物。从动物（如麝鹿、灵猫、海狸、抹香鲸等）的某些生理器官或分泌物中提取出来的香料称为动物性天然香料。自然界中的动物香料只有少数的几种，但在香料中却占有重要的地位，是天然香料中最好的定香剂，许多名贵的香精配方中都含有动物香料。从香料植物（如植物的花、果、叶、枝、根、皮、树胶、树脂等）的组织或分泌物中提取出来的香料称为植物性天然香料。此类香料植物有 3000 多种，其中工业化的有 300 余种，植物香料在我国香料工业中占有重要的地位，我国有丰富的天然植物资源，发展植物香料可以充分利用我国的资源优势。

单体香料即具有某种化学结构的单一香料化合物，包括单离香料和合成香料两类。单离香料是指采用物理或化学的方法从天然香料中分离出来的单体香料化合物；合成香料是指采用各种化工原料（包括从天然香料中分离出来的单离香料），通过化学合成的方法，而制备的化学结构明确的单体香料。合成香料按化学结构与天然成分相比可归纳为两大类：一类是与天然含香成分构造相同的香料；另一类是通过化学合成而制得的自然界中并不存在的化合物，但其香味与天然物质相类似的香料，或者是化学合成而制得的构造、香味均与自然界中的天然香料不同，但确具有令人愉快舒适香气的香料。

调和香料在商业中称为香精，是将数种乃至数十种天然香料和单体香料按照一定的配比调和而成的具有某种香气或香型和一定用途的香料混合物。香料很少单独使用，一般都是调配成香精以后，再用到各种加香产品中。

四、香精配方的组成

由于一种香料很难满足人们对加香产品香气或香味的需要，所以调香师往往根据加香产品的性质和用途，将多种不同的香料按一定的配方配制成香精后再加入到各种加香产品中去。配制香精用的各种香料，按照它们在香精中的用途不同，可分为以下几种。

1. 主香剂

主香剂是香精的主体，亦称为香精主剂或打底原料。主香剂是形成香精主体香韵的基础，是构成香精香型的基本原料。

调香师要调配某种香精，首先要确定其香型，然后找出能体现该香型的主香剂。在香精中有的只用一种香料作主香剂，如调和橙花香精往往只用橙叶油作主香剂；但多数情况下，都是用多种香料作主香剂。如调和玫瑰香精，常用苯乙醇、香茅醇、香叶醇、玫瑰醇、玫瑰醚、甲酸香叶酯、玫瑰油、香叶油等作主香剂。

2. 辅助剂

辅助剂亦称配香原料或辅助原料。主要作用是弥补主香剂的不足。添加辅助剂后，可使香精香气更趋完美，以满足不同类型的消费者对香精香气的需求。辅助剂可以分为协调剂和变调剂两种。

(1) 协调剂　又可称为和合剂或调和剂。协调剂的香气与主香剂属于同一类型，其作用是协调各种成分的香气，使主香剂香气更加明显突出。例如，在调配玫瑰香精时，常用芳樟醇、羟基香茅醛、柠檬醛、丁香酚玫瑰木油等作协调剂。

(2) 变调剂　又可称为矫香剂或修饰剂。用作变调剂香料的香型与主香剂不属同一类型，它是一种使用少量即可奏效的暗香成分，其作用是使香精变化格调，使其别具风格。例如，在调配玫瑰香精时，常用苯乙醛、苯乙二甲缩醛、乙酸苄酯、丙酸苯乙酯、檀香油、柠檬油等作变调剂。

3. 头香剂

头香剂又可称为顶香剂。用作头香剂的香料挥发性强，香气扩散力强。其作用是使香精的香气更加明快、透发，增加人们的最初喜爱感。例如，在调配玫瑰香精时，常用壬醛、癸醛等高级脂肪醛作头香剂。

4. 定香剂

定香剂又可称为保香剂。它的作用是使香精中各种香料成分挥发均匀，防止其快速蒸发，使香料香气稳定持久，留香时间长，保持某一香型的气息自始至终不变。适于作定香剂的香料非常多，一般来说，动物性香料、树脂、结晶合成香料等的抑制效果较佳，是常用的定香剂。定香剂大体上可以分类如下。

(1) 动物性天然香料定香剂　麝香、灵猫香、海狸香、龙涎香、麝鼠香等动物性天然香料，都是最好的定香剂。它们不但能使香精香气留香持久，还能使香精的香气变得更加柔和圆熟，特别是将它们用于高级香水中，可使香水香气具有某种“生气”，更加温暖感而富有情感，深受人们的喜爱。

(2) 植物性天然香料定香剂　凡是沸点比较高、挥发性较低的天然香料都可以作定香剂。常用的精油、浸膏类定香剂有岩兰草油、广藿香油、檀香油、鸢尾油、岩蔷薇浸膏、橡苔浸膏。常用的树脂、天然香膏类定香剂有安息香香树脂、乳香香树脂、吐鲁香膏、秘鲁香膏等。

(3) 合成香料定香剂　此类定香剂品种很多，包括合成麝香，某些结晶高沸点香料化合物和多元酸、酯类等。

① 合成麝香类定香剂。二甲苯麝香、酮麝香、葵子麝香、环十五酮、十五内酯、佳乐麝香、吐纳麝香、萨利麝香、万山麝香等合成麝香，均是优良的定香剂，它们不但能使香精香气留香持久，而且使化妆品、香水等加香产品香气更加圆熟生动。

② 晶体类合成香料定香剂。香豆素、香兰素、乙基香兰素、洋茉莉醛、二苯甲酮、吲哚及其衍生物等，它们除起定香剂作用外，还可作主香剂或辅助剂。

③ 高沸点液体合成香料定香剂。乙酸玫瑰酯、乙酸岩兰草酯、苯甲酸桂酯、苯甲酸苯乙酯、苯乙酸檀香酯、苯乙酸玫瑰酯、水杨酸芳樟酯、椰子醛、羟基香茅醛、兔耳草醛、戊基桂醛、甲基萘基甲酮、苯乙酸、异丁香酚等，它们除作为定香剂外，在香气上也有所贡献。

④ 某些多元酸酯类定香剂。邻苯二甲酸二甲酯、邻苯二甲酸二乙酯、邻苯二甲酸二丁酯、丙二酸二乙酯、丁二酸二乙酯等，它们香势很弱，对香精香气几乎没有贡献，但可以起定香剂、香精溶剂或稀释剂的作用。

五、香料的评价和安全性

评价一种香料的优劣，目前主要是通过人的嗅觉和味觉等感官来进行香的检验。对香料的评价按对象不同可分为对香料、香精和加香制品的评价。作为调香工作者，要不断训练自己的嗅觉器官，以便能灵敏地辨别各种香料的香韵、香型、香气强度、扩散程度、留香能力以及真伪、优劣、有无掺杂等。对于香精和加香制品则要能够嗅辨和比较其香韵，头香、体香和基香之间的协调程度，留香能力，与标样的相像程度，香气的稳定性等，并通过适当的调整达到要求。作为食用和日用品的香料的质量和安全是很重要的，一般要进行安全性检验，确保其对人们健康的绝对安全。

(一) 香料的评价

1. 单体香料的评价

单体香料包括合成香料和单离香料，对香的评价主要有三个方面：香气质量、香气强度和留香时间。

(1) 香气质量评价　采用香料纯品或稀乙醇溶液的单体香料，直接闻试或者通过评香纸进行闻试之后判断质量如何；或者采用将单体香料稀释到一定浓度（溶剂主要是水），放入口中，香气从口中通过鼻腔进行香气质量评价。多数由于香气质量随浓度不同而变化，有时要从浓度与香之间的关系评价香气质量。

(2) 香气强度评价　香气强度常用阈值或最少可嗅值表示。通过嗅觉能感觉到的有香物质的界限浓度，称为有香物质的嗅阈值。能辨别出其香的种类的界限浓度称为阈值。阈值不仅与有香物质的浓度有关，而且与该物质在嗅觉上的刺激能力和嗅觉的灵敏度有关。阈值虽然可以用一个数值表示，但由于嗅辨者的主观因素的影响，也很难达到非常客观的定量表示；另外单体香料中微量杂质的存在，对其阈值的影响也是不容忽视的。对于同一种香料，有时会出现两个或更多的阈值。

阈值的测定，可以采用空气稀释法、水稀释法测定。阈值愈小，表示香气强度愈强；阈值愈大，表示香气强度愈弱。

（3）留香时间评价　单体香料中，有些品种的香气很快消失，但也有些香料的香气能保持较长时间，香料的留香时间就是对该特征的评价。一般是将香料沾到评香纸上，再测定香料在评香纸上的香气保留时间，也即从沾到评香纸上到闻不到香气的时间。保留时间越长，留香性能越好。

2. 天然香料的评价

天然香料的评价方法和单体香料一样，也是从香质量、香气强度、留香时间三方面进行评价的。但是天然香料一般是多成分的混合物，所以香的评价又不同于单体香料。在同一评香纸上要检验出不同阶段香的变化，即头香、体香和基香三者之间的合理平衡，是天然香料香评价的重点。

3. 香精的评价

香精就其香质量和香气强度来看，评价方法和单体香料、天然香料大致相同。由于香精一般也是多成分的混合物，所以在同一评香纸上要检验出头香、体香和基香三者之间的香气平衡，对香精香评价非常重要。如果头香不冲，香气的扩散性就较差；如果体香不和，香气就不够文雅；如果基香不浓，则留香不佳，留香时间不长。另外还要考虑基香与标样的相像程度，有无独创性、新颖性等。

4. 加香制品香的评价

当香精加入到加香制品中后，同一种香料或香精在不同的加香介质中，其香气、味道等会有所差别，如果强度不足或香气平衡被破坏等，并随着放置时间的延长，会导致香气劣化。所以当制品中加入香料并对香气和香味进行仔细观察评价之后，还必须考虑到加香制品的性质、冷热考验等，观察其香气、香韵、介质的稳定性、色泽的稳定性等，以便作出最终评价。

（二）香料的安全性

香料根据其用途可以分为食用香料和日用香料两大类，但大多数香料既是食用香料又是日用香料，只有少数香料只有一种用途。除个别场合外，香料不能直接用于消费品，只有配成香精后才能用于食品、化妆品等。香精是由多种香料和附加物（如溶剂、载体、抗氧剂、乳化剂等）构成的混合物。根据其用途一般也分为食用香精和日用香精。

由于食用香精和日用香精都是混合物，应用场合不同，流行趋势不同，香精的配方千变万化。香精的安全性取决于所用原料的安全性。只有构成香精的各种原料符合法规要求，它的安全性才是有保证的。一般不要求也不可能对每种香精的安全性一一进行评价。香精是科学和艺术结合的产物，每种香精的创新要花费大量的人力物力，故香精配方属知识范畴，具有保密性。各国的法规都不要求在产品标签上标示香精的各种组分。

① 日用香料和食用香料确有一定安全性问题。日用香精和食用香精的安全性完全取决于原料，只要原料的安全把好关，香精的安全就有保证，因为这是一种物理混合过程。不必也不可能对无计数的香精进行安全试验或评价。

② 对食用香料的安全考虑优先于日用香料。目前对食用香料的立法和管理主要依靠行业组织，绝大多数国家政府并未插手这一工作。

③ 行业自律是对日用香料和食用香料管理的基础，只有当市场经济完善成熟以后，企业才能真正承担安全责任时，管理才能到位。将政府的管理职能转移到行业协会是发展方向。

④ 在我国目前的条件下，对食用香料的立法工作仍应重视，但不必事事从头做起。我们完全可以借鉴国外的经验，大胆引入允许使用名单，而不必从事重复的毒理学验证试验，但其先决条件是验证产品质量的合格，因为任何毒理资料都是建立在一定的产品质量基础之上的。当然对于国内外公认的新的食用香料品种，则必须严格按程序试验和审批。

⑤ 加强我国的标准化工作，多制定一些食用香料和日用香料的标准，让企业有所依据，也为检测工作创造条件。

⑥ 香料香精行业是个小行业，但已是一个全球化的行业。增强与国际组织的沟通，及时了解国外立法和管理信息是搞好我国香料香精工业立法和管理的必要条件。尽管目前有这样那样的困难，但要努力创造条件，保障香料的安全性，以保护人们的生命安全。

第二节　香料与香精的生产

香料工业是由合成香料、天然香料和香精生产三部分组成的。香料与人们的生活水平息息相关，其重要性体现在它是社会物质文化生活富裕的标志，伴随着社会富裕程度的不断提高，对香精的需求也不断增加，对香精质量的要求也日益提高。现代文明人高质量的生活离不开香精，没有香精、化妆品就失去了魅力，巧克力就失去了吸引力，香烟就失去了诱惑力，香水就失去了魔力。香精是各种加香产品活的灵魂，“生活中不能没有香精，就像不能没有太阳”。

一、天然香料的生产

大自然的香味总是短暂的，为了获得持久的芳香，人们最早是从植物和动物中提取香料。从薄荷、丁香、玫瑰里提取薄荷油、丁香油和玫瑰油；从雄麝的腺里取得麝香酮；从抹香鲸身上取得龙涎香等。14 世纪，药剂师便开始用蒸馏芳香植物得到的芳香油来治病，最初主要有迷迭香、香紫苏、苦杏仁、芸香和肉桂等。古代贵妇人所用的化妆品，都是加有芳香物的碎粉，涂抹起来很不方便，有了芳香油就好多了。后来，芳香油又被用作香皂和食品的香料添加剂，用途不断扩大，单靠野生资源已不能满足需要，于是人们栽培了大量芳香作物，建立了许多芳香油的加工作坊。在法国南部的库拉斯镇充满了浓郁的花香，人们用最古老的方法制造香料，如在玻璃板上涂上牛油，再在上面铺上花瓣，花香串到了牛油上（花香的成分被牛油萃取），这就是最早的发蜡。再用酒精冲洗这种发蜡，香味又传到酒精中，这就是古代欧洲的香水。

芳香油有挥发性，还具有能随水蒸气蒸发的特性，可利用蒸馏法提取芳香油。法国香水业作为一种工业生产，最初就是通过蒸馏香花获得芳香油的。后来人们又用压榨法、萃取法提取芳香油。蒸馏法要用金属制的蒸馏锅和冷凝器等设备，把芳香植物的花、茎、叶、枝、树皮、果实等放进锅内，再加入适量水，加热蒸馏几小时，蒸气经过冷凝器冷却为油状液体。玫瑰油、薄荷油、肉桂油、熏衣草油、檀香油等主要由蒸馏法获得。压榨法是利用机械压力榨出芳香油。橘子油、柠檬油、甜橙油等都是用压榨法制得的。萃取法是用低沸点的有机溶剂如乙醚、苯、石油醚等，把新鲜的香花浸泡在溶剂里，几小时后，取出花渣，蒸去溶剂，留下含蜡的膏状物。茉莉浸膏、桂花浸膏、白兰花浸膏、玳瑁花浸膏等都是用萃取法制成的。

天然香料分为动物性香料和植物性香料。动物性天然香料主要有五种：麝香、灵猫香、海狸香、龙涎香和麝鼠香，品种少但在香料中却占有重要地位。动物性天然香料较名贵，多用于高档加香产品中。它们能增香、提调，留香持久且有定香能力。因此在调香中常用作定香剂，不但能使香精或加香制品的香气持久，而且能使整体香气柔和、圆熟和生动。目前世界上已知的植物性天然香料约有3000多种，以植物性香料为主，商业性生产的香料有300多种，年产量在2万吨以上。植物性天然香料不仅能使调香制品保留着来自天然原料的优美浓郁的香气和口味，而且长期使用安全可靠，所以在调香中，主要用作增加天然感的香料。

（一）动物性天然香料

1. 麝香

麝香是雄麝鹿的生殖腺分泌物。传统的方法是杀麝取香，现代科学的方法是活麝刮香。主要产于印度及我国的云南、西藏、青海、新疆、东北三省等。目前世界上麝香的年产量约为400kg。

麝香经干燥后呈红棕色至暗棕色的粒状物质，几乎无香气放出，用水润湿后有令人愉快的香气。当它与硫酸奎宁、樟脑、硫黄、高锰酸钾、小茴香等相混时，香气消失；但用氨水润湿时，香气则恢复；如用碳酸钠盐类处理可增强香气。一般制成酊剂使用。

麝香的主要香成分是麝香酮，其分子式为$C_{16}H_{30}O$，结构式为

$$\begin{array}{l} CH_3-CH-\!\!-\!\!-CH_2 \\ \quad\quad\;\; | \quad\quad\quad\;\; | \\ \quad (CH_2)_{12}-C=O \end{array}$$

麝香本身属于高沸点难挥发性物质，在调香中常用作定香剂，使各种香成分挥发均匀，提高香精的稳定性，同时也赋予了诱人的动物性香韵。由于其香气强烈，扩散力强且持久，因此为高级化妆品的重要加香香料之一。在医药中作为通窍剂、强心剂、中枢神经兴奋剂，内治中风、昏迷、抽风等症，外治跌打损伤等症。

2. 灵猫香

灵猫香是灵猫的囊状分泌腺所分泌出来的褐色半流动体。传统的方法是杀死灵猫刮取香囊，现代方法是饲养灵猫，采取活灵猫定期刮香的方法。主要产于非洲埃塞俄比亚，亚洲的印度、缅甸、马来西亚，以及我国云南、广西等地。目前世界上麝香的年产量约为380kg。

新鲜的灵猫香为淡黄色黏稠液体，与空气接触易被氧化成棕褐色膏状。浓时具有不愉快的恶臭，稀释后有强烈而令人愉快的麝香香气。常制成酊剂使用。

灵猫香的主要香成分是灵猫酮，其分子式为$C_{17}H_{30}O$，结构式为

$$\begin{array}{l} CH-\!\!-\!\!-\!\!-\!\!-(CH_2)_7 \\ \| \quad\quad\quad\quad\quad\;\; | \\ CH-(CH_2)_7-C=O \end{array}$$

灵猫香的香气比麝香更为优雅，常用作高级香水、香精的定香剂。在医药中它具有清脑的功效。

3. 海狸香

海狸香是从海狸生殖器附近的梨状腺囊中取得的分泌物。主要产于亚洲、美洲以及欧洲北部，主要产地是加拿大和西伯利亚等地。

新鲜的海狸香为奶油状，经日晒或干燥后呈红棕色的树脂状物质。海狸香不经处理有腥臭味，稀释后则有令人愉快的香气。海狸香的香气比较浓烈而且持久，主要用于东方型香精的定香剂。由于受产量、质量等的影响，其应用不如其他几种动物性香料广泛。

海狸香的成分比较复杂，研究结果表明，随海狸的年龄、生长环境及采集时间不同，其

成分也不相同。海狸香的主要香成分是生物碱和吡嗪等含氮化合物，其中几种主要香成分如图 6-1 所示。

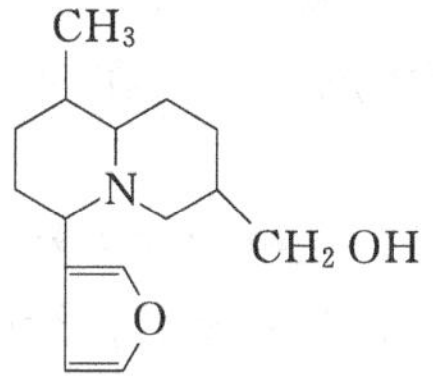

海狸胺 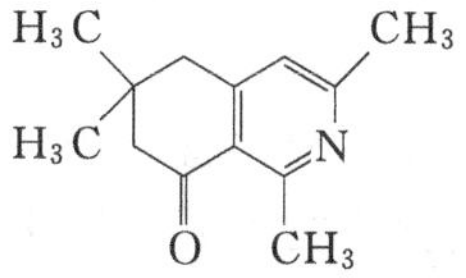　　喹啉化合物 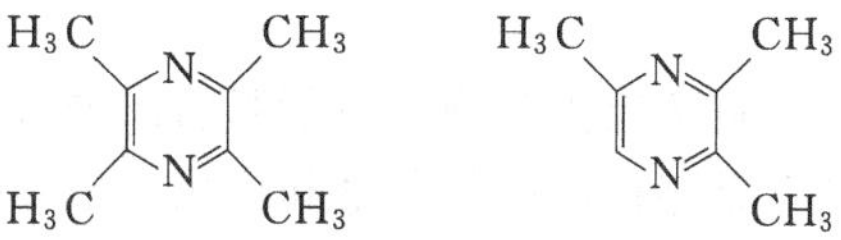　　吡嗪化合物

图 6-1　海狸香中的含氮化合物

4. 龙涎香

龙涎香是在抹香鲸胃、肠内形成的结石状病态产物，目前主要来自捕鲸业。龙涎香从海面上漂浮而来，因而常无一定产区，在抹香鲸生存的海域常有发现，多产于南非、印度、巴西、日本等，我国南部海岸也时有发现，但产量极少。

龙涎香是灰白色或棕黄或深褐色的黏稠蜡样块状物质，其香气不像其他几种动物香料那样明显，但如配在香精中，经过 1～3 年时间的成熟，则会使香气格外诱人，其留香性和持久性是任何香料都无法比拟的。龙涎香的留香能力比麝香强 20～30 倍，可达数月之久。

龙涎香的主要成分是龙涎香醇和甾醇。龙涎香具有清灵而温雅的特殊动物香韵，在动物性香料中是腥臭气最少的香料，其品质最高，香气最优美，价格最昂贵。在高档的香精中，大多含有龙涎香。

（二）植物性天然香料

植物性天然香料是从芳香植物的花、叶、枝、干、根、茎、皮、果实中提取出来的有挥发性、成分复杂的芳香有机物的混合物。大多数呈油状或膏状，少数呈树脂状或半固态。由于植物性天然香料的主要成分都是具有挥发性和芳香气味的油状物，它们是植物芳香的精华，因此也把植物性天然香料统称为精油。它们的含量不但与物种有关，同时也随着土壤成分、气候条件、生长季节、生成年龄、收割时间、贮运情况不同而异。

我国是生产天然香料历史较早的国家之一，现已能生产 150 种以上，其中小花茉莉、白兰、树兰等是我国的独特产品。

1. 植物性天然香料的化学成分

从香料植物不同含香部分分离提取的芳香成分，常代表该香料植物部分的香气。无论是用何种方法提取的精油、浸膏以及树脂等，都是由多种成分构成的混合物。玫瑰油系由 275 种芳香成分构成；草莓果提取物有 160 余种成分。精油的芳香成分为数极多，从天然香料植物分离出来的有机化合物有 3000 多种，根据它们的分子结构特点，大体上可分为如下四大类：萜类化合物、芳香族化合物、脂肪族化合物和含氮含硫化合物。

（1）萜类化合物　萜类化合物广泛存在于天然植物中，它们大多是构成各种精油的主体香成分。在一些精油中，某些萜类的含量非常高，如松节油中蒎烯的含量达 80%左右，甜橙油中柠檬烯的含量大于 90%，芳樟油中芳樟醇的含量为 70%～80%，山苍子油中柠檬醛的含量为 60%～80%，薰衣草油中含乙酸芳樟酯 35%～60%等。根据碳原子骨架中碳的个数分单萜（C_{10}）、倍半萜（C_{15}）、二萜（C_{20}）、三萜（C_{30}）、四萜（C_{40}）。根据化学结构分开链萜、单环萜、双环萜、三环萜、四环萜。按官能团分萜烃类、萜醇类、萜醛类、萜酮类等。

（2）芳香族化合物　在天然植物性香料中，芳香族化合物的存在仅次于萜类。例如，玫瑰油中的苯乙醇含量约为10%，香荚兰豆中的香兰素含量约为2%，苦杏仁油中的苯甲醛含量为85%～95%，肉桂油中肉桂醛的含量约为90%，八角茴香油中大茴香脑的含量在80%以上等。

（3）脂肪族化合物　包括脂肪族的醇、醛、酮、酸、醚、酯、内酯等，在植物性天然香料中也广泛存在，但其含量和作用一般不如萜类化合物和芳香族化合物。在茶叶及其他绿叶植物中含有少量的顺-3-己烯醇（叶醇），它具有青草的香气，在香精中起清香香韵变调剂的作用。2-己烯醛（叶醛）是构成黄瓜青香的天然醛类，紫罗兰叶中含2,6-壬二烯醛（紫罗兰叶醛），在茉莉油中含有20%左右的乙酸苄酯，以及玫瑰油中的玫瑰醚、苦橙叶油中的香叶醚等。

（4）含氮和含硫化合物　含氮和含硫类化合物在天然植物性香料中存在的含量很少，但在肉类、葱蒜、谷物、豆类、咖啡等食品中常有发现。如大花茉莉中含有2.5%左右的吲哚，花生中含有2-甲基吡嗪和2，3-二甲基吡嗪，姜油中含有二甲基硫醚，大蒜油中含有二硫化二烯丙基等。虽然它们含量很少，但由于气味极强，所以不可忽视。

2. 植物性天然香料的生产方法

在原料选择方面，凡具有异香的植物都可以提取芳香油。植物性天然香料的生产常用的方法有：蒸馏法、压榨法、浸取法、吸收法和超临界萃取法五种。

（1）蒸馏法　含于树皮、树干或茎叶中的香料，受热不变的花香，皆可用此法提取。但水溶性香料则不宜采用此法。提取时，首先开蒸汽加热，待蒸馏器内的水沸腾时再通开口管蒸汽。蒸汽通过多孔隔板进入金属网篮内的植物料层，带出挥发性油分，一道进入冷凝器被冷凝成液体，流入油水分离器，芳香油浮在上层再流入接受器，蒸馏过程一直进行到冷凝液中不再有油滴为止。如果有些芳香油在100℃时不易随水蒸气带出，则可把蒸馏器内的水改用饱和食盐水，以提高沸腾温度，使其带出芳香油。根据需要，由水蒸气蒸馏法所提取的芳香油还可作进一步的加工处理，如精密分馏、溶剂萃取、分步结晶等。

在植物性天然香料的生产方法中，水蒸气蒸馏法是最常用的一种。该法的特点是设备简单，容易操作，成本低，产量大。

（2）压榨法　压榨法为一般的制油法，即以强大压力压榨植物的皮或果实使油流出的方法。如直接取生种实加以压榨（冷压法），所得香料质佳但少；如将果实加热（蒸或炒）后压榨（热压法），所得的油品质低而量多。小规模制作以采用螺旋压榨机为宜。该法适用于含油丰富的原料，主要用于红橘、甜橙、柠檬、柚子等柑橘类精油的生产。

（3）浸取法　水蒸气蒸馏法虽然比较简单，但不适于受热易分解或变质的香料。芳香油能溶于多数有机溶剂中，如酒精、乙醚、石油醚等。若将含香油的花浸于这类溶剂中，香油就会移入溶剂中。若溶剂为酒精，即已成香水；若为其他溶剂，可于低温度下加热使溶剂蒸发，而余存香油。此法所制香油常含有植物碱和脂肪等，如欲精制可用水蒸气蒸馏法蒸馏。

（4）吸收法　吸收法系采用精制后的无味的牛油、猪油或两者的混合物等，将花撒在油脂上进行吸收，所得的半固体物质称为香脂。若加温至60～70℃为热吸法；常温吸收则为冷吸法。此法所加工的原料，大多是芳香成分容易释放，香势强的茉莉花、兰花、晚香玉、水仙等名贵花朵。冷吸法加工过程温度低，芳香成分不易破坏，产品香气质量最佳；但由于手工操作多，生产周期长，生产效率低，一般不常使用。

（5）超临界萃取法　超临界流体萃取是一种较新的萃取工艺，目前应用得不多。它是利用超临界流体在临界温度和临界压力附近具有的特殊性能而进行萃取的一种分离方法。

超临界流体萃取分离的原理是在超临界状态下，将超临界流体与待分离的物质接触，使其选择性地萃取其中一组分，然后借助减压、升温的方法，使超临界流体变成普通气体，被萃取物质则完全或基本析出，从而达到分离提纯的目的。所以超临界流体萃取过程是由萃取和分离组合而成的一种方法。在香料的提取过程中，超临界二氧化碳是最常用的萃取剂，如啤酒花的萃取。

3. 生产实例

（1）橘子油　主要原料为橘子皮。橘子油为白色透明油状物，呈橘香味，主要用于食品、医药等方面。

生产方法：先将橘子皮洗干净，捣成碎粒，放入足量水，进行蒸馏。馏出物遇冷凝锅底部即成液滴，沿锅底流出，滴入异液槽，流至双液桶，再经油水分离器，将水分离除去，即为产品。鲜橘子皮出油率为1%～1.5%，干橘子皮出油率为4%～6%。

（2）山苍子油　主要生产原料为鲜山苍子。山苍子油为浅黄色黏性物质，有强烈的柠檬香气，含柠檬醛60%～80%，是提炼月桂酸、硬脂酸、油酸、月桂烯酸、甘油等的主要原料。

生产方法：将新鲜的山苍子（如已晒干须将籽略压碎）放入蒸锅内隔水蒸馏。馏出物冷却后经油水分离，即得浅黄色的山苍子油。鲜籽出油率为3%～5%，干籽出油率为4%～8%，山苍子经蒸馏后，其籽尚可压榨脂肪油，剩下的残渣还可作肥料。

（3）桂皮油　主要生产原料为肉桂树枝、叶。桂皮油为黄色或黄棕色透明液体，有桂皮的特殊香气，辛而甜，含桂皮醛75%～95%。

生产方法：肉桂树的枝叶应随采随蒸，否则其香料成分容易损失。提取前，先将肉桂树枝叶略加斩切，然后按与加工橘子油相同的方法蒸馏。鲜枝叶出油率为0.3%～0.4%。

（4）八角茴香油　八角茴香油为无色或淡黄色透明液体，有茴香气味，茴香脑含量为80%～90%。主要生产原料为八角茴香树的枝叶或其八角果实。

采八角茴香的幼枝及叶进行蒸馏，原料也应新鲜。如用八角果实，则需轧碎后加工，加工方法与加工橘子油方法相同。鲜叶出油率为0.3%～0.5%，干果出油率为8%～10%。

（5）樟脑油　主要生产原料为樟树的枝叶、树干、树根。樟脑油为无色或黄红色油状液体，有强烈的樟脑气味。主要成分为樟脑、黄樟脑、桉树脑、樟脑烯、丁香酚和桂醛等。

将枝叶或树干、树根刨成木片，用蒸汽蒸馏即可得樟脑油；树干、树根出油率均为2%～3%。

二、合成香料

由于提取天然香料往往受自然条件的限制及加工等因素的影响，造成产量和质量不稳定，不能满足加香制品的需求。利用单离香料或有机化工原料通过有机合成的方法而制备的香料，生产不受自然条件的限制，具有化学结构明确，产量大、品种多、价廉等特点，而且有不少产品是自然界不存在而具独特香气的，因而既弥补了天然香料的不足，又增大了香物质的来源，所以取得了长足发展。

目前合成香料据文献记载有4000～5000种，其中具有商业价值的约有700种，适用于食品的约有百余种。美国在1992～2002年约十年间，精油市场的平均年增长率为8.7%，2001年的销售额达2.95亿美元，年消费量在1.824～1.915万吨。在各种精油中，我国生产的蓝桉油（尤加利油）、薄荷油、桂皮油、天竺葵油、香茅油等在世界市场上占有重要地位，是国际市场上的主要供应品种。

合成香料的分类方法主要有两种：一种是按分子中碳原子骨架分类，如萜烯类，芳香类，脂肪族类，含氮、硫、杂环和稠环类，合成麝香类等；另一种是按官能团分类，一般分为烃类、卤代烃类、醇类、醚类、酚类、醛类、酮类、缩羰基类、酸类、酯类、内酯类、杂原子化合物、腈类、杂环类、麝香类等。

国内目前能生产的合成香料约有 400 余种，其中经常生产的约有 200 余种。有代表性的合成香料列于表 6-1 中。

表 6-1　有代表性的合成香料

官能团分类		香料名	化学结构式	香气
烃类		柠檬烯	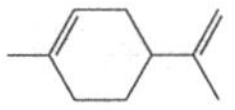	具有类似柠檬或甜橙的香气
卤代烃类		结晶玫瑰	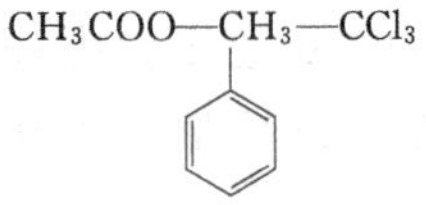 $CH_3COO—CH_3—CCl_3$	具有玫瑰花香，并有淡的甜润香气
醇类	脂肪醇	1-壬醇	$CH_3(CH_2)_7CH_2OH$	具有玫瑰似的香气
	萜类醇	薄荷脑	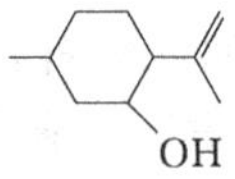 OH	具有强的薄荷香气和凉爽的味道
	芳香族醇	β-苯乙醇	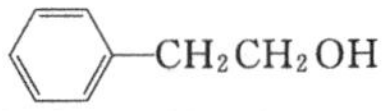 $—CH_2CH_2OH$	具有玫瑰似的香气
酚类		对甲酚	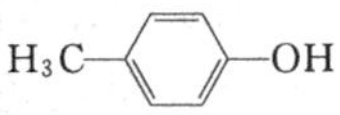 $H_3C—$ $—OH$	具有类似苯酚的香气
醚类	芳香醚	茴香脑	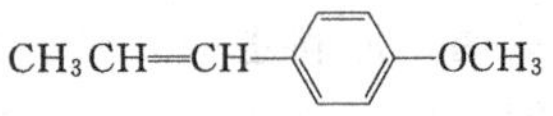 $CH_3CH═CH—$ $—OCH_3$	具有茴香香气
	萜类醚	芳樟醇甲基醚	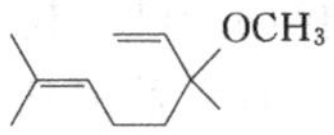 OCH_3	具有香柠檬香气
醛类	脂肪族醛	月桂醛	$CH_3(CH_2)_{10}CHO$	具有似紫罗兰样的强烈而又持久的香气
	萜类醛	柠檬醛	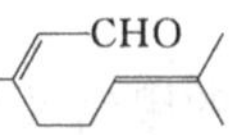 CHO	具有柠檬似的香气
	芳香族醛	香兰素	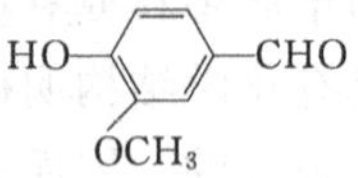 HO— —CHO OCH_3	具有独特的香荚兰豆香气
	缩醛	柠檬醛二乙缩醛	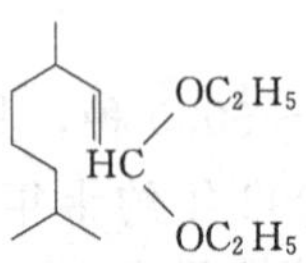 OC_2H_5 HC OC_2H_5	具有柠檬型香气

续表

官能团分类		香料名	化学结构式	香　气
酮类	脂环族酮	α-紫罗兰酮	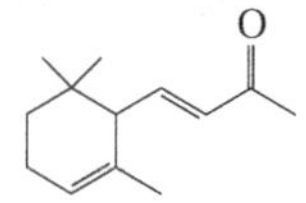 O	具有强烈的花香，稀释时有类似紫罗兰的香气
	萜类酮	香芹酮	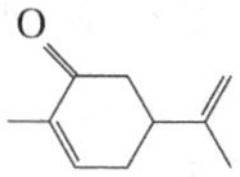 O	具有留兰香似的香气
	芳香族酮	甲基-β-萘基甲酮	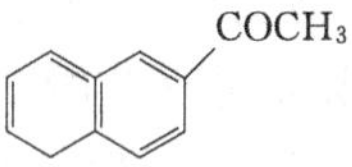 $COCH_3$	具有微弱的橙花香气
	大环酮	环十五酮	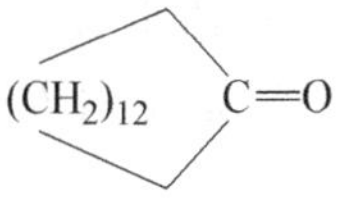 $(CH_2)_{12}$ C=O	具有强烈的麝香香气
酸类		苹果酸	HO—CH—COOH CH_2—COOH	具有特殊的水果香气
酯类	脂肪酸酯	乙酸芳樟酯	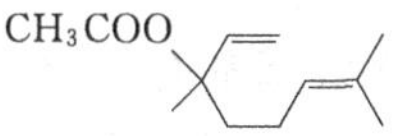 CH_3COO	具有香柠檬、薰衣草似的香气
	芳香酸酯	苯甲酸丁酯	 —$COO(CH_2)_3CH_3$	具有水果香气
内酯类	脂肪族羟基酸内酯	γ-十一内酯	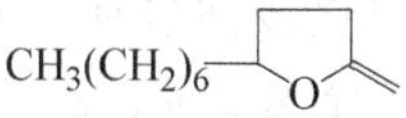 $CH_3(CH_2)_6$ O	具有桃子似的香气
	芳香族羟基酸内酯	香豆素	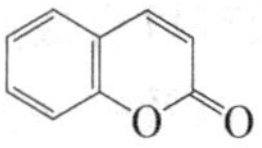 O O	具有新鲜的干草香气
	大环内酯	十五内酯	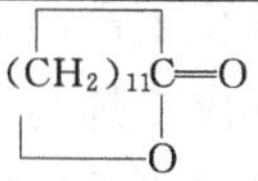 $(CH_2)_{11}$C=O O	具有强烈的天然麝香的香气
	含氧内酯	12-氧杂十六内酯	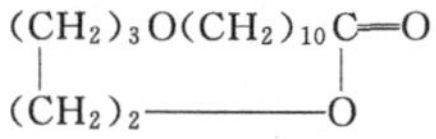 $(CH_2)_3O(CH_2)_{10}$C=O $(CH_2)_2$——O	具有强烈的麝香香气
杂原子化合物		丙硫醇	$CH_3CH_2CH_2SH$	具有甜的洋葱和甘蓝样的香气
腈类		香茅腈	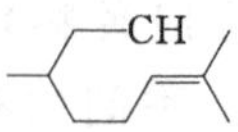 CH	具有柠檬果香-青茶香气
杂环类		吲哚	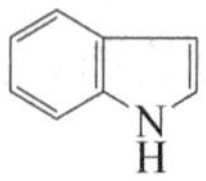 N H	在极度稀释时具有茉莉花样的香气
麝香类	硝基衍生物	葵子麝香	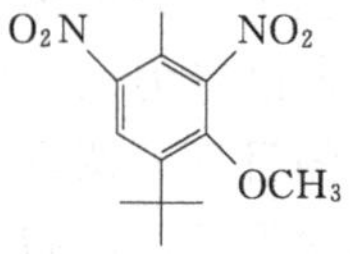 O_2N NO_2 OCH_3	具有类似天然麝香的香气

香料合成采用了许多有机化学反应，如氧化、还原、水解、缩合、酯化、卤化、硝化、加成、转位环化等。合成香料生产所用原料非常丰富，其来源主要可分为农林加工产品、煤炭化工产品、石油化工产品三类。按原料来源不同，将合成香料的生产简单分类介绍如下。

1. 用农林加工产品生产合成香料

在合成香料中，可利用很多农林产品得到的精油和油脂为原料，生产出大量的合成香料。农林产品首先通过物理或化学的方法从这些精油中分离出单体，即单离香料，然后用有机合成的方法，合成出价值更高的一系列香料化合物。如松节油（主要成分是萜烯类化合物）经空气氧化、氯化氢处理，制取薄荷醇，再经催化氢化、氧化合成芳樟醇；山苍子油（主要成分是柠檬醛）与丙酮反应生成假紫罗兰酮，再用浓硫酸处理，环合，可制取优美的紫罗兰香气的α-紫罗兰酮和β-紫罗兰酮；香茅油（主要成分是香茅醛、香叶醇、香茅醇），可制取具有百合香气的羟基香茅醛和具有西瓜香气的甲氧基香茅醛；蓖麻油（主要成分是蓖麻酸的甘油酯），可制取十一烯酸、11-氧杂十六内酯麝香香料、椰子醛等；菜籽油可制取环十五酮等。

2. 用煤炭化工产品生产合成香料

煤炭在炼焦炉炭化室中受高温作用发生热分解反应，除生成炼钢用的焦炭外，还可得到煤焦油和煤气等副产品。这些焦化副产品经进一步分馏和纯化，可得到酚、萘、苯、甲苯、二甲苯等基本有机化工原料。利用这些基本有机化工原料，可以合成出大量芳香族和硝基麝香等有价值的常用合成香料化合物。如以苯酚为原料可合成大茴香醛，间二甲苯与氯代叔丁烷反应，再硝化可制取二甲苯麝香等。

3. 用石油化工产品生产合成香料

从炼油和天然气化工中，可以直接或间接地得到大量有机化工原料。如苯、甲苯、乙炔、乙烯、丙烯、异丁烯、丁二烯、异戊二烯、乙醇、异丙醇、环氧乙烷、环氧丙烷、丙酮等。利用这些石油化工产品为原料，除可以合成脂肪族醇、醛、酮、酯等一般香料外，还可合成芳香族香料、萜类香料、合成麝香以及一些其他宝贵的合成香料。由于工艺的不断完善和技术水平的不断提高，以廉价的石油化工产品为基本原料的香料化合物的全合成，已成为国内外香料工业开发的重要领域。如异戊二烯与氯化氢反应，生成异戊烯氯，再与异戊二烯反应，则可制取香叶醇和薰衣草醇；以乙炔和丙酮为基本原料，经一系列反应可得到芳樟醇、香茅醇等。

三、香精

香精的生产有调香、发酵、酶解、热反应等方法。调香就是调配香精的简称，是指将几种乃至数十种香料（天然香料和合成香料）通过一定的调配技艺，配制出酷似天然鲜花、鲜果香或幻想出具有一定香型、香韵的有香混合物，然后再加入到各类加香产品中。这种有香的混合物称为调和香料，习惯上称为香精。调香法是传统的方法，也是至今应用最多的一种方法，是香精生产的基础，其他方法往往也要与调香相配合才能使生产的香精更完美。

调香是指调配香精配方的技术与艺术，亦可称为调香技艺或调香术。

香精的香气或香味，是各种加香产品魅力的重要表现。使人们在使用加香产品时，在嗅感和味感上感到满意，是调香工作者的目标。调香工作是运用天然香料和合成香料，结合艺术的感受，创造出符合社会需要的艺术作品，以满足人们在香味方面对美的需要和追求。为达到上述目的，调香师要经过拟方→调配→修饰→加香等多次反复实践，才能确定配方。同样的香料，不同的调香师所调配出来的香精品质可能有很大不同。灵敏的嗅觉、丰富的经验、高超的艺术修养是调香师所不可缺少的条件。为了调配出人们所喜爱的香精，调香师应在辨香、仿香和创香方面加强锻炼。

对于调香者在学习调香时，掌握下面的基本知识是非常必要的。

① 掌握各种香料的物理、化学性质、毒性管理要求和市场供求情况，使所调配出来的香精更安全、适用、价廉。

② 应不断地训练嗅觉，提高辨香能力，能够辨别出各种香料的香气特征，评定其品质等级。

③ 要运用辨香的知识，掌握各种香型配方格局，提高仿香能力，并进行香精的模仿配制。

④ 了解不同消费者的消费心理。如男人多喜欢玫瑰香型，妇人喜欢茉莉香型，东方人喜欢沉厚香型，欧洲人喜欢清香型等，这样调香者根据不同的消费者对象，调配出各种不同的香精产品，供不同喜好的人选用。

⑤ 在具有一定辨香和仿香能力的基础上不断提高文化艺术修养，在实践中丰富想像能力，设计出新颖的幻想型香精，使人们的生活更加丰富多彩。

调和香精的程序分为两步。第一步是香精配方的拟定，第二步是根据配方生产质量合格的香精产品。

1. 香精配方的拟定

香精配方的拟定，大体上可以分为以下几个步骤。

① 明确所配制香精的香型、香韵、用途和档次，以此作为调香的目标。

② 香型、香韵、用途和档次确定以后，开始考虑香精的组成，也就是说，要考虑选择哪些香料可以作此种香精的主香剂、协调剂、变调剂和定香剂。

③ 当主香剂、协调剂、变调剂、定香剂可能使用的香料大致确定以后，按照香料挥发程度，根据香料的分类法，将可能应用的香料按头香（顶香）、体香（主香）和基香（尾香）进行排列。一般来说头香香料占20%～30%，体香香料占35%～45%、基香香料占25%～35%。在用量上要使香精的头香突出、体香统一、留香持久，做到三个阶段的衔接与协调。

④ 做好上述三项准备工作以后，在正式调香之前，要提出香精配方的初步方案。香精初步方案的确定，主要依靠调香者的知识水平和经验。

⑤ 香精的初步方案拟定以后，便可以正式调配。调香通常是从主香（体香）部分开始的，体香基本符合要求以后，逐步加入容易透发的头香香料、使香气浓郁的协调香料、使香气更加优美的修饰香料和使香气持久的定香香料。应当特别指出的是，调香者在加料时，并不是按照香精初步方案的数量一次就全部加足。对于数量较多而香气较弱的香料，可以分数次加料。对于数量较少，而香气较强的香料，则必须一点一滴地加料。把每一次所加香料的品种、数量及每一次加料后的香气嗅辨效果，都详细地记录下来。经过多次加料，嗅辨、修改以后，配制出数种小样（10g）进行评估，经过闻香评估后认可的小样，在生产之前放大配成香精大样（500g左右），大样在加香产品中进行应用实验考查，通过以后，香精的配方拟定才算完成。

综上所述，香精调配的主要步骤如图6-2所示。

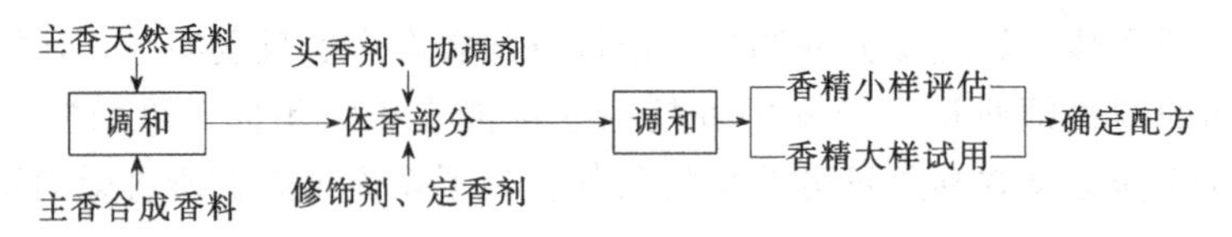

图 6-2　香精调配的主要步骤

2. 香精的生产工艺

(1) 液体香精的生产工艺（见图 6-3）

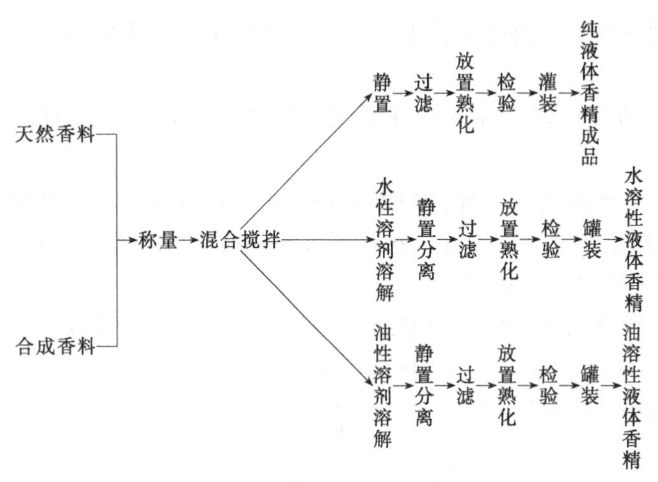

图 6-3　液体香精的生产工艺

熟化是香料制造工艺中应该注意的重要环节之一。目前采取得最普通的方法是把制得的调和香料在罐中放置一定时间令其自然熟化，其目的是使调和香料达到终点时的香气变得和谐、圆润、柔和。熟化是一个复杂的化学过程，目前还不能用科学理论完全解释。

水溶性香精溶剂常用40%～60%的乙醇水溶液，一般占香精总量的80%～90%；油溶性香精溶剂，常用的是精制天然油脂，一般占香精总量的80%左右，亦可用丙二醇、苯甲醇、甘油三乙酸酯等替代天然油脂。

(2) 乳化香精的生产工艺（见图 6-4）

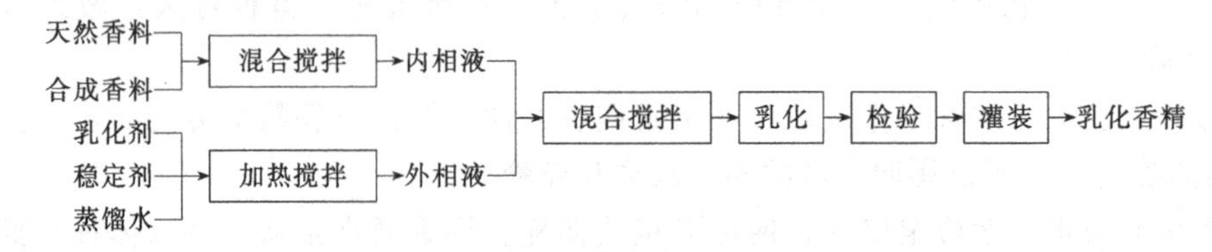

图 6-4　乳化香精的生产工艺

常用的乳化剂有单硬脂酸甘油酯、大豆磷脂、二乙酰蔗糖六异丁酸酯等。

常用的稳定剂有阿拉伯树胶、果胶、明胶、淀粉、羧甲基纤维素钠等。

胶体粒度：分散粒子的最佳粒度直径一般为1～2μm。

(3) 粉末香精的生产工艺

① 粉碎混合法。如果所用的香料均为固体，采用粉碎混合法是制造粉末香精最简便的方法。以粉末香草香精为例介绍其配方和生产工艺，如图 6-5 所示。

② 熔融体粉碎法。把蔗糖、山梨醇等糖质原料熬成糖浆，把香精混入后冷却，待凝固成硬糖后，再粉碎成粉末香精。由于在加工过程中需加热，香料易挥发和变质，吸湿性也较

强，应用上受到限制。粉末香精熔融体粉碎法的生产工艺如图 6-6 所示。

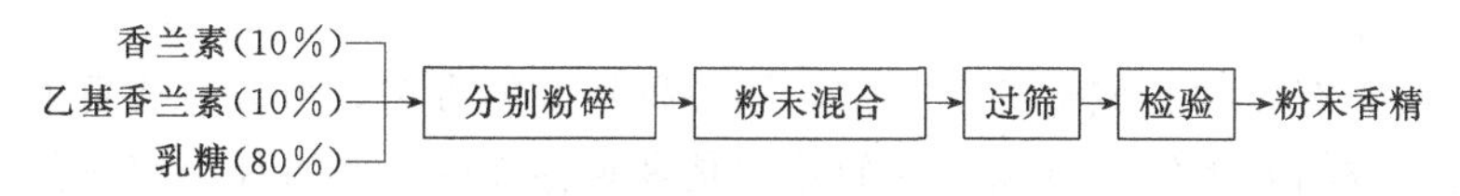

图 6-5 粉末香精粉碎混合法的生产工艺

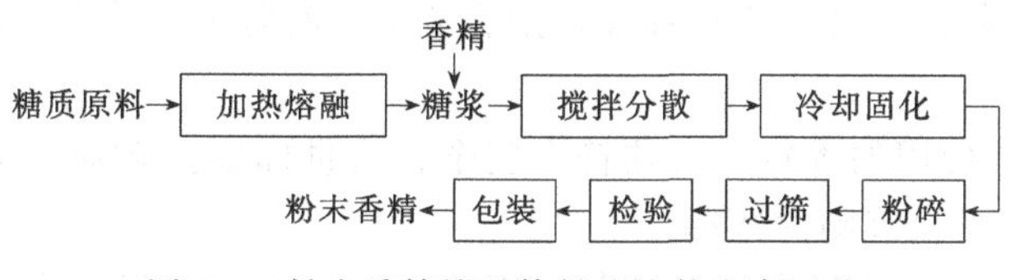

图 6-6 粉末香精熔融体粉碎法的生产工艺

③ 载体吸收法。制造粉末化妆品所需的粉末香精，可用载体吸收法来制备。根据用途不同常用变性淀粉、精制碳酸镁粉末、碳酸氢钙粉末等作载体。粉末香精载体吸收法的生产工艺如图 6-7 所示。

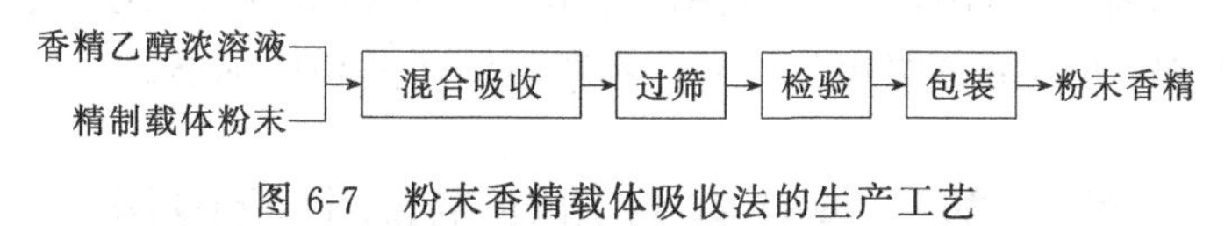

图 6-7 粉末香精载体吸收法的生产工艺

④ 微胶囊型喷雾干燥法。使香精包裹在微型胶囊内形成粉末状香精。由于具有香料成分稳定性好、香气持续释放时间长、贮运使用方便等优点，在方便面汤料、鸡精、粉末饮料、混合糕点、果冻等食品中以及在加香纺织品、工艺品、医药和塑胶工业中已广泛应用。

能够形成胶囊皮膜的材料称为赋形剂。可作赋形剂的主要有明胶、阿拉伯树胶、变性淀粉等天然高分子物质和聚乙烯醇等合成高分子物质。微胶囊粉末香精工业化生产最常用的是喷雾干燥法。

以甜橙微胶囊粉末香精制备为例，其配方和生产工艺如图 6-8 所示。

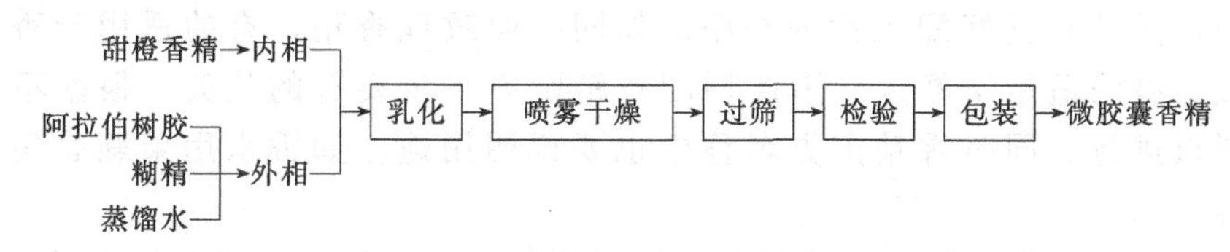

图 6-8 微胶囊粉末香精的生产工艺

3. 香精生产设备

(1) 贮罐及计量罐　主要贮存原料、溶剂和成品等介质，贮罐的材质一般采用不锈钢、搪瓷罐、玻璃钢或玻璃容器。容量为 20～2000kg。

(2) 调配釜　香精调和器材质一般采用不锈钢，带有电动搅拌器，蒸汽或电加热，容量为 200～2000kg。

(3) 过滤器　直径为 100～200mm 的砂芯过滤器；直径为 100～200mm 的微孔滤膜过滤器；过滤量为 100～1000kg/h，工作压力为 0.3～0.6MPa，不锈钢板框过滤机。

(4) 乳化设备　胶体磨、均质器、球磨机、砂磨机、高压均质泵、高剪切混合乳化器等。材质一般为不锈钢。

(5) 粉末香精生产设备　研磨机、混合机、不锈钢网筛、薄膜蒸发干燥器、喷雾干燥器。材质一般为不锈钢。

4. 香精的检验

由于香精是含有多种香成分的混合物，同一种香型的香精，可以有成百上千种不同的配方，不同配方的香精其香气、香味特性的差别是客观存在的，不可能有统一的配方标准和统一的香气、香味特性标准。迄今为止，香精的行业标准在香气、香味特性方面都是以各生产厂商封存的标样为依据的。各生产厂商在拟定企业标准时除了应符合行业标准外，还应遵守以下原则。

① 调配香精时所使用的香料，必须符合安全、质量标准。必须在国家已经公布的允许使用或暂时允许使用香料范围内选择。

② 香精质量检验由生产厂家检验部门进行检验，生产厂应保证出厂产品都符合质量标准要求。每批出厂产品都应附有质量合格证书，内容包括：生产厂名、产品名称、商标、生产日期、批号、净重和标准编号。

③ 香精质量检验标准及检验方法必须依据相关的国家标准或行业标准。与香精有关的中华人民共和国国家标准（GB）、中华人民共和国轻工业行业标准（QB）、中华人民共和国烟草行业标准（YC）等，请参阅相关材料，本章不阐述其相应标准。

第三节　香精在日用化学品中的应用

对香精来说仅有令人愉快的香味是不够的，还必须至少能够满足一种产品的加香要求。对大多数香精而言，一种香精仅最适合于一类产品的加香。主要是因为不同加香产品除必须选择适宜的香型，使档次与产品一致外，还要考虑到所用的香精对产品质量及使用效果无影响，对人体安全无副作用等。香精中有许多不稳定的成分，受到空气、阳光、温度、湿度和酸碱度的影响，会发生氧化、聚合、缩合和水解等反应，不仅会使产品变色或香味恶化，影响产品质量，而且反应生成的产物对人体皮肤等产生刺激或过敏；且有些香料本身对人体产生刺激性、毒性或过敏性。所以应选择安全性高，与加香产品具有良好配伍性的香精。如同样叫玫瑰香精，有的适用于香水，有的适用于香波，有的适用于糕点。因此调配香精配方一定要有的放矢，根据不同加香产品的不同要求进行。同时香精配方名称中也要说明用途，如香水用茉莉香精、香皂用檀香香精等。

日用香精是日用化学品香精的简称。按照我国习惯分类，主要包括水质类化妆品香精、膏霜类化妆品香精、香粉类化妆品香精、美容化妆品香精、口腔卫生用品香精、皂用香精、洗涤用品香精、发用化妆品香精等。

一、水质类化妆品香精

水质类化妆品香精主要依据所含香精的多少来区分，一般包括香水、花露水、古龙水和化妆水等。它们均以精制酒精、蒸馏水为溶剂，所以称为水质类化妆品，又称为香水类日用香精。由于它们大多具有浓郁的芳香，所以也称为芳香类化妆品。它们之间的区别主要在于所用香精的质量、香精的用量、酒精的用量、实用目的和使用的对象不同。最名贵者当属香水。

水质类化妆品香精在技术上要比其他香精复杂，难度也大。因此，作为水质类化妆品香精必须具备以下条件：

① 香气和谐，协调；

② 香气应该细腻、优雅和新颖；

③ 香气浓郁，扩散性好，使香气四溢；

④ 具有新奇有力的头香，能引起人们的好感与喜爱；

⑤ 有一定的留香能力，且安全舒适。

1. 香水

香水最初出现在1370年，当时只是把某些天然香料溶于酒精中。这种香水亦称“匈牙利水”（hungary water）。从19世纪下半叶起，合成香料出现于市场，开始创造出具有独特风格的香气，现代香水便诞生了。如今，香水已成为化妆品家族中最重要的成员之一，是最珍贵的芳香类化妆品。

香水的主要成分是香精和酒精。有时根据特殊需要，还加入微量的色素，抗氧剂、杀菌剂、甘油、表面活性剂等添加剂。香水中香精用量较高，一般为10%～20%，常用的酒精浓度为95%，香水香精的香原料选择一定要考虑在乙醇中的溶解度。

香水按其香气不同，可以分为花香型香水和幻想型香水两大类。花香型香水的香气，大多是模拟天然花香配制而成的，主要品种有玫瑰、茉莉、水仙、玉兰、兰花、栀子、橙花、紫丁香、紫罗兰、晚香玉、金合欢、金银花、薰衣草等。幻想型香水是调香师根据自然现象、风俗、景色、地名、人物、情绪、音乐、绘画等方面的艺术想像，创拟出的人们喜爱的新型香水，幻想型香水往往具有非常美好的名称，如素心兰、夜航、夜巴黎、圣诞节之夜、罗莎夫人、黑水仙、我再来、惊奇、欢乐、绿风、敞篷四轮马车等。

下面列举部分香水香精和香水配方实例。

(1) 玫瑰香水香精和玫瑰香水配方

① 玫瑰香水香精配方（质量分数%）

苯乙醇	10.0	依兰依兰油	5.0
乙酸苄酯	10.0	香兰素	1.0
紫罗兰酮	10.0	玫瑰油	3.0
茉莉香基	15.0	酮麝香	1.0
香茅醇	9.0	香叶油	3.0
檀香油	5.0	玫瑰香基	25.0
苯乙醛	1.0	鸢尾油	2.0

② 玫瑰香水配方（质量分数%）

玫瑰香水香精	14.0	茉莉净油	0.2
灵猫香膏	0.1	玫瑰净油	0.5
麝香酊(3%)	5.0	酒精(95%)	80.0
玫瑰油	0.2		

(2) 紫罗兰香水香精和紫罗兰香水配方

① 紫罗兰香水香精配方（质量分数%）

甲基紫罗兰酮	50.0	异丁香酚苄醚	4.0
甜橙油	10.0	茉莉净油	2.0
紫罗兰叶净油	2.0	庚炔羧酸甲酯	1.0
α-紫罗兰酮	15.0	依兰依兰油	2.0
乙酸苄酯	10.0	鸢尾凝脂	2.0
金合欢净油	2.0		

② 紫罗兰香水配方（质量分数%）

紫罗兰香水香精	14.0	麝香酊(3%)	2.0
金合欢净油	0.5	灵猫净油	0.1
檀香油	0.2	酮麝香	0.1
龙涎香酊(3%)	3.0	酒精(95%)	80.0
玫瑰油	0.1		

（3）素心兰香水香精配方（质量分数%）

香豆素	9.0	乙酸肉桂酯	2.5
香柠檬油	21.5	杂薰衣草净油	5.0
甲基紫罗兰酮	5.0	鸢尾浸膏	1.5
依兰依兰油	9.5	香紫苏油	3.0
岩兰草油	6.0	当归子油	0.5
异丁香酚	3.5	广藿香油	2.0
橡苔净油	6.0	酮麝香	3.0
龙蒿油	2.5	佳乐麝香	2.0
檀香油	5.0	香兰素	2.0
岩蔷薇净油	2.5	洋茉莉醛	2.0
安息香香树脂	5.0	茉莉净油	1.0

2. 古龙水

古龙水，亦称科隆香水。据传1680年在德国科隆城由意大利人生产柠檬香型的爱米雷浦水（Eau Admirable），1756～1763年德法战争，法国士兵将此种芳香产品带回法国，1806年开始在巴黎制造，法语称之为古龙水（Eau de cologne）。古龙水与香水的主要区别在于，古龙水中香精用量少，酒精浓度低，香气比较清淡，多为男士所用。古龙水的主要成分是香精、酒精和纯净水。在多数古龙水所用香精中，都含有柠檬油、香柠檬油、橙花油、薰衣草油、迷迭香油等。柠檬香为基本香型，此外，还有琥珀香型、龙涎香型、三叶草型、含羞草型等。

古龙水生产采用的酒精应经过脱臭处理，水为去离子水或新鲜的蒸馏水，不允许有微生物存在。香精用量为3%～6%，乙醇用量为75%～85%，水用量为5%～10%。由于香精用量比香水少，所以香气比较淡雅，不如香水浓郁。根据特殊需要，还可加入微量色素等添加剂。

古龙香水香精配方（质量份）

香柠檬油	5.0	酸橙油	0.5
甜橙油	0.25	橙叶油	2.5
枸杞油	0.25	迷迭香油	1.0
薰衣草油	1.25	庚醚溶液	0.02
橙花浸液	100.0	麝香葵子浸剂	10.0
调和灵猫香液	5.0	龙涎香浸剂	2.5
柠檬油	1.25	酒精	400.0

3. 花露水

花露水是一般家庭必备的夏令卫生用品，多在沐浴后使用。具有消毒、杀菌、解痒、除痱之功效，还有清香、凉爽、提神、醒脑、祛除汗臭的作用。香气芬芳，浓郁持久，深受人们的喜爱。花露水习惯上以薰衣草油、香柠檬油、檀香油、玫瑰油为主体，通常具有东方香型的特点，例如薰衣草型、素心兰型、玫瑰麝香型等，都是花露水最常用的香精香型。

花露水主要成分是香精、酒精和水。辅以微量的螯合剂柠檬酸钠、抗氧剂二叔丁基对甲酚、酸性湖蓝、酸性绿、酸性黄等颜料。对酒精和水的质量要求与古龙水相似。香精用量为2%～5%，酒精（95%）为70%～75%，蒸馏水为10%～20%。由于花露水中酒精的含量为70%～75%，对细菌的细胞膜渗透最为有利，因此具有很强的杀菌作用。

（百花香型）花露水香精配方（质量分数%）。

甜橙油	16.0	玫瑰草油	2.0
玫瑰油	2.5	薰衣草油	12.0
橙叶油	16.0	桂皮油	2.0
百里香油	2.5	柠檬油	8.0
调和玫瑰	14.0	麝香酊(3%)	2.0
丁香油	2.0	橙花油	8.0
调和茉莉	13.0		

4. 化妆水

化妆水亦称盥洗水，根据功能不同分类主要有美容化妆水、爽肤化妆水、修面化妆水等。

化妆水所用香精比较多，花香型、果香型、幻想型香精均可使用。如玫瑰、茉莉、丁香、薰衣草、琥珀薰衣草、百花香、柠檬香等。

（茉莉香）化妆水用香精配方（质量分数%）。

乙酸苄酯	25.0	调和茉莉	4.0
香柠檬油	8.0	苯乙醇	6.0
芳樟醇	15.0	灵猫香酊(3%)	1.0
红橘油	7.0	乙酸芳樟酯	5.0
依兰依兰油	4.0	异茉莉酮	0.5
α-戊基桂醛	15.0	月桂醛(10%)	1.5
丙酸苄酯	8.0		

二、膏霜类化妆品香精

膏霜类化妆品是使用最广泛的一种化妆品，其主要目的是为了滋润保护皮肤。从膏霜类的形态来看，呈半固体状态，不能流动的膏霜，一般称为固态膏霜，例如雪花膏、冷霜、清洁霜、营养润肤霜等；呈液体状态，能流动的膏霜，称为液体膏霜，例如乳液、清洁乳液、防晒乳液、营养润肤乳液等。

在膏霜类产品香型的选择上，应具有舒适、愉快的香气，整体香气要细腻、文雅，留香时间长，香型要轻、新鲜。如玫瑰型、茉莉型、兰花型、铃兰型等。在膏霜类化妆品日用香精中大量使用醇类和酯类化合物，香精的用量一般在1%左右。

膏霜类日用香精的配制在香料品种选择上还应注意以下几点：

① 防止香料对人体皮肤产生的刺激性、毒性或过敏性；

② 不要使产品变色或香料恶化，影响产品的质量；

③ 香料的稳定性要求较高；

④ 在膏霜类香精中不要选用树脂浸膏，因其对皮肤毛孔有阻塞作用；

⑤ 选用香料应考虑与介质的配伍性；

⑥ 要考虑介质的酸碱性问题。

下面列举膏霜类化妆品用香精的配方实例。

（1）玫瑰型雪花膏用香精配方（质量分数%）

香茅醇	23.0	甲基紫罗兰酮	3.0
香叶油	13.0	松油醇	5.0
苯乙醇	13.0	邻氨基苯甲酸甲酯	1.0
愈创木油	6.0	羟基香茅醛	5.0
香叶醇	12.0	结晶玫瑰	1.0
卡南加油	1.5	洋茉莉醛	6.0
乙酸苄酯	10.0	异丁香酚	0.5

(2) 白兰冷霜用香精配方（质量分数%）

羟基香茅醛	15.0	乙酸苯乙酯	2.0
苯乙醇	6.0	杨梅醛	0.3
乙酸苄酯	12.0	香茅醇	2.0
α-松油醇	6.0	吲哚	0.1
芳樟醇	10.0	依兰依兰油	6.0
异丁香酚	1.7	白兰浸膏	0.25
紫罗兰酮	10.0	香柠檬油	5.0
α-戊基桂醛	7.0	檀香 830	3.0
苯乙醛二甲缩醛	1.0	香根油	1.0
椰子醛	0.5	丁酸苄酯	0.5
万山麝香	3.0	紫苏油	0.5
桃醛	0.5	乙酸芳樟酯	3.5
洋茉莉醛	2.0	白兰花油	0.75
菠萝醛	0.4		

(3) 茉莉乳液用香精配方（质量分数%）

乙酸苄酯	28.0	丙酸苄酯	7.0
依兰依兰油	3.0	α-己基桂醛	10.0
芳樟醇	15.0	铃兰醛	10.0
茉莉净油	0.2	香兰素	3.8
乙酸芳樟酯	7.0	苯丙醛	3.0
α-戊基桂醛	10.0	苯乙醇	3.0

三、香粉类化妆品香精

香粉类化妆品主要有三种类型：香粉、爽身粉、痱子粉。

香粉主要用于面部化妆。香粉的组成必须体现出极强的遮盖、涂展、附着和滑爽的性质。粉质必须洁白、无味、光滑、细腻。一般为白色、肉色、赭黄色或粉红色。其作用在于使颗粒极细的粉质涂敷在面部，以遮盖皮肤上的某些缺陷，亦可吸收过多的皮脂而消除油光，化妆成满意的皮肤颜色。香粉类香精的用量为0.5%～2.5%。

爽身粉不是用于化妆的，主要用于浴后、剃须后掸扑于皮肤表面；痱子粉主要供幼儿在炎热的夏天使用。它们都有吸收汗液、滑爽皮肤、防痱之功效。因此在香料的选用上，要选持久性好，不易被空气氧化，对人体皮肤无过敏和刺激作用，不影响粉基介质色泽的香料。爽身粉、痱子粉香精的用量为0.2%～1.0%。

下面列举粉类化妆品香精的配方实例。

(1) 紫罗兰香粉香精配方（质量分数%）

肉豆蔻酸乙酯	10.0	茉莉油	5.0
α-紫罗兰酮	40.0	紫罗兰叶油	3.0
甲基紫罗兰酮	15.0	金合欢油	4.0
鸢尾酮	5.0	鸢尾油	2.0
乙酸芳樟酯	10.0	紫罗兰油	3.0
佳乐麝香	3.0		

(2) 橙花爽身粉香精配方（质量分数%）

原料	用量	原料	用量
苯乙醇	8.25	香豆素	1.0
芳樟醇	8.0	甜橙油	1.5
α-戊基桂醛曳馥基	4.5	香柠檬油	5.0
香叶醇	7.0	香叶油	1.5
檀香 803	3.0	薰衣草油	4.0
乙酸芳樟酯	6.0	茉莉浸膏	1.5
苄醇	1.8	依兰依兰油	2.0
羟基香茅醛	6.0	海狸香膏	0.5
α-松油醇	1.5	丁香油	1.0
甲基紫罗兰酮	5.0	白兰花油	0.25
柠檬醛	0.5	香紫苏油	1.0
乙酸苄酯	4.0	癸醛	0.1
苯甲酸甲酯	0.25	树兰花油	1.0
乙酸-α-松油酯	4.0	甲基壬基乙醛	0.1
乙基香兰素	0.25	岩蔷薇浸膏	1.0
万山麝香	3.0	香根油	1.0
白兰叶油	3.5	橙叶油	11.0

四、美容化妆品香精

美容化妆品可分为胭脂、唇膏、眉笔、眼黛、指甲油五大类。其中胭脂、唇膏对香精的质量要求最高，其化妆品所用香精大多为花香型。眉笔、眼黛、指甲油一般不用添加香精。

胭脂类化妆品主要品种有胭脂块、胭脂膏、胭脂乳、胭脂水等，其香精的用量为1%～3%。

唇部化妆品主要品种有唇膏（俗称口红）、唇脂等，其香精的用量为0.8%～2.0%。

下面列举美容化妆品香精的配方实例。

(1) 胭脂类化妆品用茉莉香精配方（质量分数%）

原料	用量	原料	用量
茉莉净油	15.0	橙花醇	5.0
羟基香茅醛	3.0	吲哚	0.2
水杨酸苄酯	8.0	α-紫罗兰酮	3.0
乙酸苄酯	15.0	α-戊基桂醛	30.0
丁酸丁酯	2.0	橙叶油	5.0
苄醇	4.8	橙花油	2.0
苯乙醇	7.0		

(2) 唇膏类化妆品用玫瑰香精配方（质量分数%）

原料	用量	原料	用量
苯乙醇	20.0	乙酸香叶酯	2.0
香叶醇	20.0	乙酸玫瑰酯	1.0
香茅醇	10.0	乙酸芳樟酯	4.0
玫瑰醇	6.0	乙基香兰素	1.0
芳樟醇	5.0	杨梅醛	1.0
肉桂醇	2.0	苯乙酸(10%)	1.0
橙花醇	4.0	十一醛(10%)	1.0
酮麝香	2.0	羟基香茅醛	5.0
结晶玫瑰	2.0	香叶油	10.0
丁酸香叶酯	2.0	昆仑麝香	1.0

五、发用化妆品香精

发用化妆品品种繁多，主要有护发用品、洗发用品、整发用品、染发用品四大类。香精主要用在护发用品和洗发用品中。选用香精时，要求对毛发、肌肤无刺激性，能掩盖介质的不良气味，并且要有较好的油溶性而又不导致介质变色或产生沉淀。香精用量一般为0.5%左右。

护发用品主要有发蜡、发油、发乳、发水等品种。常用的香精有玫瑰、茉莉、紫罗兰、香石竹、栀子花、薰衣草、三叶草等香型。

洗发用品按其形态不同可分为液体香波、膏状香波和固体香波三大类。花香型、果香型、草香型、清香型香精均可用于洗发香波中。

下面列举发用化妆品香精的配方实例。

（1）茉莉香型发蜡用香精配方（质量分数%）

芳樟醇	7.0	α-松油醇	2.0
乙酸苄酯	25.0	二氢茉莉酮(10%)	1.0
邻氨基苯甲酸芳樟酯	5.0	α-戊基桂醛曳馥基	18.0
乙酸对甲酚酯(10%)	1.0	羟基香茅醛	5.0
苯乙醇	17.0	卡南加油	5.0
依兰依兰油	5.0	精制水	余量

（2）玫瑰香型发油用香精配方（质量分数%）

香茅醇	12.0	苯乙酸苯乙酯	4.0
愈创木酚	5.0	岩兰草油	1.0
四氢香叶醇	11.0	肉桂醇	3.0
玳玳叶油	3.5	桂皮油	0.5
橙花醇	10.0	二甲基苄基原醇	2.0
苏合香油	2.0	丁香酚	1.0
玫瑰醇	8.0	苯乙醛二甲缩醛	2.0
香叶油	2.0	苯乙酸	1.0
香叶醇	7.0	铃兰醛	1.0
玫瑰油	1.2	苯丙醇	1.0
乙酸苯乙酯	8.0	柠檬醛	1.0
鸢尾浸膏	1.0	十一烯醛	0.8
甲基紫罗兰酮	5.0	精制水	余量
墨红净油	1.0		

（3）金合欢香波香精配方（质量分数%）

大茴香醛	38.0	邻氨基苯甲酸甲酯	2.0
橙花素	7.0	松油醇	10.0
甲基苯乙酮	2.0	γ-十一内酯	1.0
α-戊基桂醛	17.0	肉桂醇	7.0
苯乙醇	15.0	十一醇	1.0

六、口腔卫生用品香精

我国古代就是用小动物、乌贼骨磨成粉，作为摩擦剂用以清洁牙齿。现代的口腔卫生用品主要有牙膏、牙粉和含漱水等。口腔卫生用品属于日用化学品，尽管不是食用品，但口腔卫生用品香精所用香料必须是允许在食品中使用的香料，口腔卫生用品香精的安全性要求也按食用香精标准执行，所配制的香精应具有清凉爽口、口感好、防腐消毒、清神醒脑的作用。所用香精有留兰香、薄荷香、茴香、冬青、桉叶、橘子、柠檬、菠萝等。牙膏和牙粉的香精用量一般为0.5%～2%，含漱水的香精用量一般为0.2%～1.0%。

下面列举口腔卫生用品香精配方实例。

(1) 薄荷型牙膏用香精配方（质量分数%）

椒样薄荷油	38.0	柑橘油	2.0
肉桂油	1.0	香豆素	0.5
薄荷油	30.0	香兰素	0.5
茴香油	5.0	水杨酸甲酯	20.0
柠檬油	3.0		

(2) 留兰香型牙膏用香精配方（质量分数%）

留兰香油	52.0	柠檬油	5.0
薄荷脑	30.0	丁香酚	2.0
薄荷油	5.0	香叶油	0.5
茴香脑	5.0	乙基香兰素	0.5

(3) 菠萝香型牙粉用香精配方（质量分数%）

薄荷素油	30.0	香兰素	2.0
薄荷脑	30.0	丁酸戊酯	8.0
甜橙油	10.0	丁酸乙酯	3.0
柠檬醛	3.0	庚酸乙酯	2.0
凤梨醛	10.0	乙酸戊酯	2.0

七、洗涤用品香精

洗涤用品可以分为日用品、工业用品、卫生用品和其他专门用途的洗涤用品。它包括肥皂和洗涤剂两大类。在这些制品中大多数是要求加香的。原始的肥皂工业产生于8世纪时的北意大利港口萨沃纳。我国的肥皂工业始于1903年。合成洗涤剂是在第二次世界大战以后发展起来的。目前，合成洗涤剂工业远远超过了肥皂工业，但香皂具有洗手、沐浴的独特功效，故在洗涤用品市场上仍占有一席之地。

加香的目的主要是人们在使用产品的过程中能嗅到和感到令人舒适的香气；另一方面，加香也是为了掩饰或遮盖制品中某些组分所产生的令人不愉快的气味。

洗涤用品加香时应注意：

① 香料对人体皮肤、头发、眼睛要符合安全性要求；

② 不要使产品变色或香料恶化，影响产品的质量；

③ 选用香料应考虑与介质的配伍性；

④ 在被洗的物体上不应留有斑痕，以及对被洗物品不产生不良影响。

洗涤用品的香型是多种多样的，不同用途的产品有各自不同的香型特征。洗涤剂用香精香型有杏仁型、香茅型、草香型等；香皂用香精香型非常广泛，如花香型、草香型、木香型、麝香型、幻想型等。香精用量一般为1%左右。

下面列举洗涤用品香精配方实例。

(1) 茉莉洗涤剂用香精配方（质量分数%）

乙酸苄酯	45.0	苄基异丁香酚	3.0
柑橘油	3.0	乙酸芳樟酯	5.0
依兰依兰油	1.0	乙酸对甲酚酯	2.0
α-戊基桂醛	20.0	丙酸苄酯	5.0
芳樟醇	16.0		

（2）铃兰型洗衣粉用香精配方（质量分数%）

铃兰醛	25.0	酮麝香	3.0
苯乙醇	2.0	月桂腈	5.0
香茅醇	20.0	甲基紫罗兰酮	7.0
甲基苄基原醇	6.0	α-紫罗兰酮	8.0
香豆素	15.0	依兰依兰油	2.0
戊基桂醛曳馥基	5.0	香根油	2.0

（3）玉兰香皂用香精配方（质量分数%）

香叶醇	25.0	乙酸苄酯	5.0
卡南加油	9.0	α-紫罗兰酮	3.0
洋茉莉醛	13.0	肉桂醇	5.0
香茅油	4.0	二甲苯麝香	2.0
α-松油醇	10.0	芳樟醇	4.0
枫茅油	4.0	柠檬醛	1.0
乙酸松油酯	8.0	精制水	余量
α-戊基桂醛	4.0		

思 考 题

1. 何谓香料？香料按原料分为哪几类？
2. 简述头香、体香、基香的基本概念。
3. 简述香的基本原理。
4. 简述香精配方的基本组成。
5. 如何对香料进行评价？
6. 举例说明植物性天然香料的生产方法。
7. 合成香料按化学结构主要分为哪几类？各有何用途？
8. 简述香精调配的主要工艺过程。
9. 简要说明膏霜类化妆品对香精的基本要求。
10. 简要说明洗涤用品对香精的要求。

第七章　化　妆　品

【学习目的与要求】

通过本章学习，使学生对化妆品的作用、分类、组成有初步的认识，对化妆品的原料成分、性状、主要功能、用量有进一步的了解，对人体皮肤的构造有初步认识，以便有针对性地考虑化妆品配方，能理解各类化妆品的典型配方，掌握化妆品的生产工艺及制备方法，并懂得配方中各种原料所起的作用。

第一节　概　　述

一、化妆品的定义及作用

1. 化妆品的定义

化妆品在发展上是与人类追求美的天性相辅相成的。公元前，我国已有使用化妆品的记载。随着人民生活水平的不断提高，使用化妆品的人越来越多。

化妆品广义上讲是指化妆用的物品。美国 FDA 对化妆品的定义为：用涂擦、撒布、喷雾或其他方法使用于人体的物品，能起到清洁、美化，促使有魅力或改变外观的作用。不包括肥皂，并对特种化妆品作了具体要求。

中华人民共和国《化妆品卫生监督条例》中定义化妆品为：以涂擦、喷洒或者其他类似的方法，散布于人体表面任何部位（皮肤、毛发、指甲、口唇等），以达到清洁、消除不良气味、护肤、美容和修饰目的的日用化学工业产品。

社会对化妆品的需求与科学技术的进步使得化妆品的品种日益增多、日新月异。不论是化妆品的使用者，或是研究制造者，都有必要了解并掌握化妆品的知识。

2. 化妆品的作用

化妆品使用在皮肤、毛发上能长期柔和地起作用。人们使用化妆品的目的主要有以下几个方面。

（1）清洁作用　除去皮肤表面和毛发的脏污物质，清洁口腔和牙齿。

（2）保护作用　保护皮肤和毛发的柔软光滑，以抵御风寒烈日、紫外线辐射和防止皮肤开裂。

（3）营养作用　营养皮肤和毛发，增加组织活力，保护皮肤角质层的含水量，减少皮肤细小皱纹，促进毛发生长等。

（4）美化作用　美化面部、皮肤和毛发，或散发香气。

（5）治疗作用　治疗或抑制部分影响外表的某些疾病，作用缓和，如药用牙膏、粉刺霜、祛斑霜、痱子粉等，这类化妆品对人体作用缓和，不同于药物。

为了达到上述目的，在化妆品中添加一定数量的药物成分，特别是高级护肤品中还要求含有蛋白质、氨基酸、维生素、人参浸提液和各种植物萃取液等，但这些为人体提供营养的成分都是霉菌、细菌等微生物滋生、增殖的营养物质，应引起重视，注意卫生指标及安全性。因此，对化妆品的生产应与食品、药品生产一样，严格选用合乎要求的各种原料、辅助原料，还应严格遵守操作规程。

二、化妆品的分类

化妆品的品种十分丰富，分类方法亦有多样。按化妆品的使用部位不同可以分为：皮肤用化妆品，毛发用化妆品，唇、眼、指甲用化妆品，口腔用化妆品，全身用化妆品。根据用途的不同，以上每类又可以分为清洁用、保护用、美容用化妆品等。按化妆品剂型的不同，又可以分为以下类型。

（1）乳剂类化妆品　如雪花膏、润肤霜、乳液、冷霜、发乳、清洁蜜、粉底霜、减肥霜等。

（2）香粉类化妆品　如香粉、粉饼、爽身粉、痱子粉等。

（3）香水类化妆品　如香水、花露水、古龙水、奎宁水、润发水、化妆水、痱子水等。

（4）香波类化妆品　如透明液体香波、调理香波、儿童香波、祛头屑香波、粉状香波等。

（5）其他形状的化妆品　如眉笔、唇膏、睫毛膏、眼线笔、胭脂、指甲油、面膜、发蜡等。

三、化妆品与皮肤科学

化妆品直接与人的皮肤、毛发相接触，合适的、安全的化妆品对人的皮肤、毛发有保护作用和美化效果。但如果使用不当或质量不好，会引起皮炎及其他疾病。因此在学习化妆品之前，必须对皮肤、毛发的正常生理代谢有一个正确的认识。

1. 皮肤组织与生理

化妆品主要是通过皮肤的吸收起作用的。

皮肤是人体的主要器官之一。它覆盖在人体的表面，具有保护人体，调节体温，吸收、分泌和排泄以及感觉、代谢、免疫等功能。皮肤从外到里由表皮、真皮和皮下组织三层组成。成人的皮肤总面积为1.5～2.0m^2，总重约占人体总重量的15%，厚度（皮下组织除外）为0.5～4.0mm。皮肤的厚度依年龄、性别、部位的不同而各自不同。

（1）表皮　它主要由角朊细胞组成，厚0.1～0.3mm，从上到下分为角质层、透明层、颗粒层、棘状层和基底层。其中角质层是坚韧而有弹性的组织，含有角蛋白，遇水有较强的亲和力，是化妆品的直接作用部位；冬季气候干燥，角质层细胞含水量降低，质地变硬，易脆裂，特别是手臂和腿部，呈片鳞屑并有瘙痒感。因此保持人体皮肤柔软和韧性的要素是水。在表皮里有一种含天然高湿因子的亲水性吸湿物质存在，能使皮肤经常保持水分和维持健康。基底层中含有黑色素，决定着皮肤的深浅，并能吸收紫外线，防止皮肤损伤。

（2）真皮　它由胶原细胞构成，使皮肤富有弹性和光泽。真皮层含有丰富的血管、神经、汗腺、毛囊和皮脂腺等。皮脂腺分泌皮脂，皮脂的主要成分为脂肪酸、甘油三脂肪酸酯、蜡、甾醇、角鲨烯等物质，可滋润皮肤和头发。根据皮脂分泌量的多少，人类的皮肤分为干性、油性和中性三大类，这是选择化妆品的重要依据。

① 干性皮肤。皮肤毛孔不明显，皮脂腺分泌较少，没有油腻的感觉，因此皮肤显得无柔软性，表皮干燥，易开裂，对环境的适应性较差，故可经常选用油包水型化妆品滋润以保养皮肤，如清洁用品宜用刺激性小的香皂、洗面奶、清洁霜等；护肤用品宜擦用多油的护肤化妆品，如冷霜等。

② 油性皮肤。又称为脂性皮肤，这类皮肤皮脂腺分泌比较旺盛，如不及时清洗，容易导致某些皮肤病的发生，但油性皮肤的人不易起皱纹，又经得起各种刺激。因此宜用少油的化妆品加以清理和防护，如清洁用品宜用肥皂、香皂等去污力强的产品，护理宜用雪花膏、

化妆水等。

③ 中性皮肤。又称普通性皮肤，是介于上述两种皮肤之间的，仅程度不同地偏重于干性皮肤或油性皮肤，当然偏重于干性皮肤较为理想。皮肤不粗不细，对外界刺激亦不敏感。选用清洁和护肤化妆品的范围也较宽，通常的护肤类化妆品均可选用。

(3) 皮下组织　它主要由脂肪构成，能保持体温、供给能量、缓冲外来压力等，与化妆品的关系不大。

2. 毛发组织与生理

毛发具有保护皮肤、保持体温等作用。头发不仅为了美观，还能保护人的头皮和大脑。夏天可以防止日光对头部的强烈照射；冬天，可防御寒冷的侵袭，起到保暖的作用。蓬松而细软的头发，具有自然的弹性，对外来的机械性刺激以及风吹雨打等起缓冲作用，防止损伤头皮。头皮汗腺排出的汗液，可通过头发帮助蒸发。头发经物理的或化学的修饰，可得到风格各异的造型，增加人的俊美。另外因毛发的毛根和神经相连，故有触觉作用。

(1) 毛发的组织结构　毛发由角化的表皮细胞构成，分为长毛、短毛及毳毛。长毛如头发、胡须等；短毛如眉毛、鼻毛等；毳毛比较细软，色淡、无髓，分布于面部、颈、躯干及四肢等处。

人类的头发随人种、性别、年龄、自然环境、营养状况等的不同而有差异，其颜色分黑色、棕色、棕黄、金黄、灰白色、白色等。一般东方型是黑色直发；欧洲型多为松软的棕黄或金黄色的羊毛发；非洲、美洲多呈扁形卷发。另外头发还有疏密、光泽、油性和干性等之分。

毛发由毛杆、毛根、毛乳头等组成。毛发露在皮肤外面的部分称为毛杆；在皮肤下处于毛囊内的部分称为毛根；毛乳头位于毛球的向内凹人部分，它包含有结缔组织、神经末梢及毛细血管，可向毛孔提供生长所需要的营养，并使毛发具有感觉作用。人的头皮部约有 10 万根头发，毛发大约 1 天生长 0.2～0.5mm，毛发的寿命约为 2～3 年；在正常健康情况下，每日可脱落约 70～100 根，每天能自然生长头发 50～100 根。

(2) 毛发的化学结构　人类的毛发几乎全部是由角蛋白质构成的，占整个毛发的 95% 左右，其中含有 C、H、O、N 和少量 S 元素。硫的含量大约为 4%，但少量的硫却对毛发的很多化学性质起着重要的作用。角蛋白是一种具有阻抗性的不溶性蛋白，这种蛋白质所具有的独特性能来自于它有较高含量的胱氨酸，其含量一般高达 14%以上。其他还含有谷氨酸、亮氨酸、精氨酸、赖氨酸、天冬氨酸等十几种氨基酸。氨基酸分子内含有—NH_2 和—COOH，以一个氨基酸的 α-NH_2 和另一个氨基酸的 α-COOH 脱水缩合把两个氨基酸联结在一起所形成的酰胺键（—CONH—），即为肽键。由许多氨基酸组成的肽称为多肽，多肽呈链状，称为多肽链，这样就构成了一类复杂的含氮的高分子化合物，即蛋白质。

同其他蛋白质比较，毛发的蛋白质是比较不活泼的。但毛发对沸水、酸、碱、氧化剂与还原剂还是比较灵敏的，假如控制不好会损坏毛发。但在一定条件下，可以利用这些变化来改变头发的性质，达到美发、护发等目的。

四、化妆品的性能要求

一般来讲，化妆品的质量决定消费者对产品的满意程度。日常使用的化妆品必须满足一定的性能要求，包括安全性、稳定性、实用性和使用性（见表 7-1），当然，经济性和市场的应时性也是重要的因素。因此，化妆品企业要想获得高质量的产品，必须在设计、制造和销售等方面多做工作。

表 7-1 化妆品的质量特性

性 能	要 求
安全性	无皮肤刺激、无过敏、无毒性、无异物混入、无诱变致病作用
稳定性	不变质、不发生油水分离、不变臭、不变色
实用性	保温效果、清洁效果、色彩效果、防紫外线效果、具有药物功能
使用性	舒适感(与皮肤的相容性、润滑性) 易使用性(形状、大小、质量、结构、携带性) 嗜好性(香味、颜色、外观设计等)

五、化妆品的发展趋势

化妆品是一类流行性产品，市场淘汰率高，产品更新快。随着科技的发展、人们生活水平的提高和对皮肤保健意识的提高，人们对化妆品的概念有了较大的变化，从以美容为主要目的，转向美容与护理并重，进一步发展到科学护理为主兼顾美容的效果。这就对化妆品提出了更高的要求，其产品必须安全、有效，除具备美容、护肤等基本作用外，还需具有营养皮肤、延缓衰老、防治某些皮肤病等多种功效。因此，未来的化妆品市场竞争将日趋激烈，为了在竞争中立于不败之地，必须在不断提高产品质量、改进包装装潢、扩大产品影响的同时，时刻把握市场情况，利用现代科学和技术，不断创新，跟上时代发展，满足消费者的需求。

为了满足化妆品市场不断增长的需求，化妆品工业每年都持续发展，品种千姿百态，琳琅满目，针对不同消费者的需要，已分别形成系列产品。

当前化妆品的主要发展趋势是：营养性、功能性、天然性。

1. 营养性

现代化妆品在讲求美容的基础上，还要有一定的营养。对化妆品要求在确保安全的同时，力求能促进皮肤细胞的新陈代谢，在保持皮肤生机蓬勃，延缓皮肤衰老方面收到好的效果。因此，现在化妆品中竞相添加各种营养物质，以达到理想的效果。

2. 功能性

现代化妆品除具有护肤、美容的功效外，还要求兼备各种特需的功能。如满足不同年龄用的儿童化妆品、青年化妆品、老年化妆品，供不同时间使用的早、午、晚霜，供不同性别用的化妆品已十分分明。体育运动用化妆品、旅游用化妆品也应运而生。此外，还制成了防粉刺、祛狐臭用、止汗用、防肥胖用等专用性的化妆品。

目前，防晒化妆品已成为人们关注的焦点。

3. 天然性

一般认为天然的原料比化学合成的安全性好，特别是在“回归大自然”的热潮中，化妆品的消费者更偏爱于天然成分的产品，诸如各种中草药萃取液和浸汁，羊毛脂、水解蛋白、香精油、天然色素等已成为热门的天然添加剂。所以，根据生产者、消费者的心理，天然化妆品已是目前化妆品百花园中的佼佼者，备受青睐。

全世界化妆品的生产和消费主要集中在经济发达的国家。美国是最大的化妆品生产国，其后依次为日本、法国、德国、英国、意大利等。法国的香水生产居世界第一位，向世界各地输出，享有很高声誉。美国也是世界上最大的化妆品消费国，其后是德国和法国，而发展中国家化妆品的消费数量不大，但消费量在快速稳步地增长。

我国随着人民生活水平的提高，化妆品的生产在近 20 年内增长较快。特别是近几年来，我国化妆品工业得到了飞速发展，在新理论、新原料、新配方等与化妆品生产有关的技术方面发生了较大的变革。1985 年我国化妆品销售额仅为 10 亿元，1995 年为 190 亿元，1996 年为 220 亿元，1998 年为 275 亿元，2000 年为 350 亿元，2005 年已达到 500 亿元，预计到 2010 年我国化妆品销售额将达到 800 亿元。化妆品的生产厂家在 20 世纪 80 年代末为 300 多家，产品品种只有几百种；在 20 世纪 90 年代末发展到 2300 多家化妆品厂，品种已开发出 2500 余个；2005 年我国已有 4000 多家化妆品生产厂，从业人员逾 24 万人，品种已逾 3000 个。市场上的化妆品已是琳琅满目，品种繁多，不同档次的产品，竞相展现于广大消费者面前，任人选购。但是也应清楚地看到，我国化妆品工业在近 20 年虽然取得了长足的发展，但与发达国家相比，还是处在一个低消费水平。

目前，由于生物技术的发展，生物技术制剂的化妆品方兴未艾；化妆品在美容服务业发展迅速，我国各地的美容院约有 120 多万家，美容院专用化妆品市场前景广阔，美容院专用化妆品持续升温，这一巨大的市场商机将会把美容化妆品消费推向新的高潮。

因此，随着社会的发展，我国化妆品产品有着广阔的市场和巨大的潜力，在相当一段时期内，化妆品工业将保持稳步增长的势头。

第二节　化妆品的原料

化妆品是由各种不同的原料，经配方加工所制成的产品。化妆品质量的好坏，除了受配方、加工技术及设备条件的影响外，主要取决于所选用原料的质量。化妆品所需要的原料品种繁多，根据其用途与性能不同，大体上可分为基质原料和辅助原料两大类。基质原料是组成化妆品的主体，辅助原料是使化妆品成型、稳定或赋予色、香及其他性能与作用的原料。在化妆品中往往还添加其他的添加剂，赋予化妆品某些特殊功能。它们之间没有绝对的界线，某一种原料在这一化妆品中起着基质原料的作用，而在另一化妆品中可能仅起着辅助原料的作用。

对化妆品原料的选择主要有以下几点要求：

① 对皮肤无刺激和毒性作用；

② 不妨碍皮肤正常的生理作用；

③ 稳定性高、色泽好、气味宜人。

随着化妆品工业的发展，天然原料的开发和合成原料的创新，使得化妆品的类型、品种的性能和作用也将日趋完善。

一、基质原料

基质原料是组成化妆品的主体，或为该化妆品内起主要功能的物质。主要有油脂类、蜡类、高碳烃类、粉类、溶剂类等。

1. 油脂类

油脂和蜡类原料是组成膏霜类化妆品以及发蜡、唇膏等油脂基化妆品的基本原料。甘油脂肪酸酯是组成动植物油脂的主要成分。在常温时呈液态的称为油，呈固态的称为脂。根据来源不同，可分为植物性油脂和动物性油脂两大类。适用于生产化妆品的植物性油脂有椰子油、橄榄油、杏仁油、蓖麻油、花生油、大豆油、棉籽油、棕榈油、菜籽油、扁桃油、麦胚芽油等；动物油脂有牛脂、豚脂、水貂油等。

油脂类的作用有：①赋予皮肤柔软性和光滑性；②在皮肤表面形成疏水性膜，使皮肤柔润，同时防止生物侵入；③寒冷时抑制水分从皮肤表面蒸发；④作为加脂剂保护皮肤；⑤使头发有光泽。

下面介绍在化妆品中较常用的油脂品种。

(1) 椰子油　自椰子果肉提取而得，常温下呈白色或淡黄色半固体，具有椰子的特殊香味；熔点为 20～28℃，相对密度为 0.914～0.938 (15℃)，皂化值为 245～271，碘值为 7～16。主要成分为月桂酸和肉豆蔻三甘油酯，含有少量的硬脂酸、油酸、棕榈酸及挥发油，它是香皂的重要基质原料；主要用作合成表面活性剂。

(2) 蓖麻油　从蓖麻籽中提取，常温下呈无色或微黄色黏稠状液体，具有特殊的气味。熔点－18～－10℃，相对密度为 0.950～0.974 (15℃)，皂化值为 176～187，碘值为 81～91。主要成分是脂肪酸的甘油酯，其脂肪酸中以蓖麻酸为主，占 87%。在蓖麻酸的分子中含有羟基和双键两个官能团，构成了该油脂的特点，它易溶于低碳醇而难溶于石油醚，黏度受温度的影响较小，凝固点低，对皮肤、毛发的渗透性优于矿物油，但弱于羊毛脂。因而应用范围极广，主要用于制造唇膏、化妆皂、香波、发油、口红、指甲油等。

(3) 橄榄油　从橄榄仁中提取，常温下呈微黄或黄绿色液体，有轻微的香味。熔点为 17～26℃，相对密度为 0.910～0.918 (15℃)，皂化值为 188～196，碘值为 80～88。主要成分是油酸的甘油酯。主要用于制造化妆皂、膏霜类和香油类化妆品。

(4) 精制水貂油　从水貂皮下脂肪中取得的油脂，经加工精制得到精制水貂油。常温下呈无色或淡黄色油状液体，无腥臭及其他异味，无毒，对眼睛和皮肤无任何刺激，扩散系数大，渗透能力强，涂擦在皮肤表面很快地形成一层均匀薄膜，滑而不腻。不饱和脂肪酸的含量高达 70%左右。具有良好的乳化性能和较好的紫外线吸收性能，有优良的抗氧化性能，对热和氧都很稳定，是较理想的防晒剂原料。

精制水貂油含有多种营养成分，其理化性质与人体脂肪极为相似。因此精制水貂油广泛应用于发油、唇膏、指甲油、固发剂、香皂以及爽身用品等化妆品中。

2. 蜡类

蜡是高碳脂肪酸和高碳脂肪醇所组成的酯。在化妆品中主要作为固化剂，增加化妆品的稳定性，调节其黏度，提高液体油的熔点，使用时对皮肤产生柔软的效果。由于蜡分子中的憎水性烃基能增强化妆品的憎水性表面膜，从而增加产品的光泽。根据来源不同，蜡类可分为植物性蜡类和动物性蜡类。植物性蜡类有巴西棕榈蜡、霍霍巴蜡、小烛树蜡等；动物性蜡类有蜂蜡、羊毛脂、鲸蜡、虫蜡、虫胶蜡等。

蜡类具有以下作用。

① 作为固化剂使用，以提高制品的稳定性，如巴西棕榈蜡、霍霍巴蜡、小烛树蜡常用作锭状化妆品的固化剂，尤其是小烛树蜡，除作为唇膏的固化剂外，还适于作光亮剂。

② 可作为摇溶性制品，改善使用感。

③ 可提高液体油的熔点，改进使皮肤柔软的效果。

④ 由于分子中疏水烃链的作用而形成疏水性膜。

⑤ 增强光泽，提高产品价值。

⑥ 改善产品成型性能，提高操作性。

下面介绍在化妆品中较常用的蜡类品种。

(1) 巴西棕榈蜡　由巴西棕榈树叶中提取，常温下呈淡黄色脆性固体，有愉快的香味。主要由蜡酯、高级脂肪酸、烃类和树脂状物质组成。它与蓖麻油的互溶性很好。这种蜡通常作为蜂蜡的代用品，作为锭状化妆品的固化剂，主要用于制造唇膏，能提高唇膏的熔点，使唇膏结构细腻而光亮。

(2) 霍霍巴蜡 霍霍巴种子的含蜡量约为50%，霍霍巴蜡是一种透明、无臭的浅黄色液体。它最突出的优点是不易氧化和酸败，无毒、无刺激，具有容易被皮肤吸收和良好的保湿性等特点，它是鲸蜡的非常合适的代用品，很受化妆品工业的欢迎。主要用于制造润肤霜、面霜、香波、头发调理剂、口红、指甲油、婴儿护肤用品、清洁剂等。

(3) 小烛树蜡 小烛树蜡为淡黄色半透明固体，质硬而脆，有光泽和芳香气味。主要成分是烃类，其次是高级脂肪酸和高级一元醇组成的蜡酯等。可作为巴西棕榈蜡和蜂蜡的代用品。主要用作锭状化妆品的固化剂，更适于作光亮剂，提高唇膏的光泽，也可用于乳膏体化妆品的配方中。

(4) 蜂蜡 从蜜蜂房提取精制而得，呈微黄色的固体，略带蜂蜜气味，主要成分是棕榈酸蜂蜡酯、虫蜡酸等。它是制造冷霜、唇膏、美容化妆品的主要原料，此外，蜂蜡还具有抗细菌、真菌、愈合创伤的功能，因而也用来配制香波、高效祛头屑洗发剂等。

(5) 羊毛脂 从洗涤羊毛的废水中提取而成，为淡黄色至黄色固体，有特殊的气味。主要成分是胆甾醇、虫蜡醇和多种脂肪酸酯。羊毛脂具有良好的润湿、保湿及柔软皮肤、防止皮肤皲裂的功效，易于被人的皮肤吸收而无刺激性，有较强的乳化稳定性。广泛用于护肤、护发和美容化妆品中。由于羊毛脂的气味和色泽问题，在化妆品中的用量不宜过多。现在羊毛脂经高压加氢，可得到无气味、几乎纯白色的羊毛醇，长期贮存不易酸败，已大量用于护肤膏霜及蜜中。

(6) 虫蜡 又称白蜡，为我国特产，由寄生于女贞或白蜡树枝的白蜡虫所分泌。白色或淡黄色粗结晶固体，质硬而脆。主要成分为二十六碳脂肪酸与二十六碳脂肪醇所构成的酯。可用于眉笔等美容化妆品中。

3. 高碳烃类

主要是高碳饱和烃。高碳烃类物质在化妆品中主要起到溶剂作用，能净化皮肤表面。此外，它在皮肤表面能形成疏水性油膜，抑制皮肤表面水分的蒸发，提高化妆品的效果。主要品种有角鲨烷、液体石蜡、凡士林、固体石蜡等。它们与动植物油脂相比，无论是从化学上，还是从微生物学上来讲，稳定性都非常好，不易氧化变质，而且价格低廉。所以目前广泛用作化妆品的油性原料。

下面介绍在化妆品中较常用的高碳烃类品种。

(1) 角鲨烷 角鲨烷是从鲨鱼肝中提取的角鲨烯经加氢后制成的，主要成分是六甲基二十四烷（异三十烷），它是一种无色、无臭、无味的油状透明液体。它的化学稳定性和安全性非常好，对皮肤的亲和性好，无刺激。常用于膏霜、乳液等化妆品中。

(2) 液体石蜡 液体石蜡是烃类原料中用量最大的一种。它是石油在300℃以上蒸馏后除去固体石蜡而精制得到的，其组成为C_{15}～C_{30}的饱和烃。液体石蜡为无色、无臭的透明油状液体，化学性质稳定，可用于膏霜类化妆品及发油中。

(3) 固体石蜡 固体石蜡是将石油原油蒸馏后残留的部分，经真空蒸馏或用溶剂分离得到的无色或白色透明的固体，熔点为50～70℃，主要为C_{20}～C_{30}的直链烃。其化学性质稳定，常用于膏霜及唇膏中。

(4) 凡士林 凡士林由石蜡真空蒸馏得到，主要成分为C_{24}～C_{34}的非结晶性烃类，一般认为凡士林是以固体石蜡为外相，液体石蜡为内相的胶体状态物质。同固体石蜡一样，凡士林常用于膏霜及唇膏中。

4. 粉类原料

粉类是组成香粉、爽身粉、胭脂和牙膏、牙粉等粉类化妆品的基质原料。一般是不溶于水的固体，经研磨制成细粉状。主要起遮盖、滑爽、吸收和收敛、摩擦等作用。下面介绍在化妆品中较常用的粉类品种。

(1) 滑石粉　滑石粉是天然的含水硅酸镁，主要成分是 $3MgO \cdot 4SiO_2 \cdot H_2O$，为白色粉末，性质柔软而有光泽，几乎不溶于水及冷的酸碱溶液，对酸、碱、热稳定。化妆品用的滑石粉有 200 目、325 目、400 目三种。滑石粉具有滑爽性、延展性、耐火性、抗酸碱性和可黏附于皮肤等性能，是粉类化妆品的主要原料，如用于香粉、粉饼、胭脂粉、爽身粉的配制。

(2) 高岭土　又称为瓷土，是天然硅酸铝，主要成分是 $2SiO_2 \cdot Al_2O_3 \cdot 2H_2O$ 经煅烧粉碎而成，色白质地细腻，吸水吸油性以及对皮肤的附着力均较好。用于香粉、胭脂、粉饼、水粉、眼影等类化妆品的配制。

(3) 钛白粉　钛白粉俗称钛白。由含钛量较高的钛铁矿石经适当的方法制得，主要成分是二氧化钛（TiO_2），外观呈白色而无味的无定形粉末。不溶于水和脂肪酸，微溶于碱，化学性质稳定，其折射率很高，是重要的白色颜料，有极强的着色力和遮盖力，对紫外线有较强的折射作用。用于各种粉类化妆品及防晒霜中。

(4) 氧化锌　氧化锌又称锌白。由富锌矿制得，主要成分是 ZnO，白色且无味，不溶于水，能溶于酸碱。氧化锌具有较强的遮盖力和对皮肤的黏附力，并有收敛及杀菌作用。用于香粉类制品，也用于制造增白粉蜜及理疗性化妆品，用量为 15％～25％。

(5) 硬脂酸盐　硬脂酸盐中常用的为硬脂酸镁、硬脂酸锌等金属皂，不溶于水、乙醇、乙醚等。这类粉剂对皮肤具有润滑、柔软和黏附性，用于香粉、爽身粉等粉类制品。

(6) 碳酸钙　碳酸钙不溶于水，对皮肤分泌物汗液、油脂具有吸着性，还有掩盖作用，在化妆品中多用在香粉、粉饼等制品中，用于粉类制品时，还具有除去滑石粉闪光的功效，吸收性好，可用作香精的混合剂。

(7) 碳酸镁　碳酸镁有很好的吸收性，比碳酸钙强，在化妆品中，主要用于香粉、水粉等制品中作为吸收剂。生产粉类化妆品时，往往先用碳酸镁和香精混合均匀吸收后，再与其他原料混合。因它吸收性强，用量过多会吸收皮脂而引起皮肤干燥，一般用量不宜超过 15％。

5. 溶剂类

溶剂是膏状、浆状及液体的化妆品配方制品中必不可少的主要组成部分；它也是固体化妆品加工中不可缺少的成分之一。另外，少量的香料及颜料的加入，亦需借用溶剂以达到均匀分布的目的。在化妆品中，溶剂除了主要的溶解性能以外，往往还利用其一些其他特性，如挥发性、润湿性、润滑性、增塑性、保香性、防冻性及收敛性等，这些特性在许多化妆品中都起着很重要的作用。

(1) 水　水是化妆品生产中使用最广泛、最廉价的原料，水是许多添加剂的溶剂，且具有良好的润肤性。香波、浴液、各种膏霜类和乳液等化妆品都含有大量的水。水质的好坏往往直接影响到化妆品质量和生产的成败。天然水或自来水中含有钙、镁盐类以及其他无机和有机杂质和微生物等，在化妆品的生产过程中，必须将水进行净化处理，除去这些杂质及进行灭菌等。水的处理方法很多，目前化妆品中广泛使用的是去离子水和蒸馏水。

(2) 醇类　醇类是香料、油脂类的溶剂，也是化妆品的主要原料。醇分低碳醇、高碳醇、多元醇。低碳醇是香料、油脂的溶剂，能使化妆品具有清凉感，并有杀菌作用。如乙醇，主要利用其溶解、挥发、芳香、防冻、杀菌和收敛等特性，广泛用于香水、花露水和发油等化妆品的配制中。丁醇、戊醇、异丙醇等也是某些化妆品中常用的原料。高碳醇除了在化妆品中直接使用外，还可作表面活性剂亲油基的原料。常用的高碳醇有月桂醇、十五醇、十八醇、油醇等。多元醇在化妆品中可作保湿剂、黏度调节剂、凝固点降低剂以及香料的溶剂和定香剂等，此外，还是非离子表面活性剂的亲水基原料；常用的多元醇有乙二醇、聚乙二醇、丙二醇、甘油、山梨醇等。

(3) 酯类及其他 采用酯类作溶剂，如乙酸乙酯、乙二醇单乙酯；采用其他有机溶剂，如正己烷、丙酮、丁酮、二乙二醇单乙醚等。常用于指甲油等化妆品中作为溶剂。

二、辅助原料

能使化妆品成型、稳定，并赋予化妆品色、香及其他特殊功能的原料称为辅助原料。辅助原料在化妆品配方中用量不大，但极为重要，配方中辅助原料的添加量及其种类是否适当，直接关系到化妆品的存贮时间，以及消费者是否乐于使用等重要问题。辅助原料一般包括香精、乳化剂、色素、保湿剂、防腐剂、抗氧剂等。

1. 香精

香精是利用天然和合成香料经调香而调配成的香气和润且令人喜爱的混合物，它不是直接消费品，而是添加在其他产品中的配套原料。加入量不大，但与加香产品的质量、档次关系密切。

香精是赋予化妆品一定香气的物质，几乎所有的化妆品都具有一定的优雅、舒适的香气，它是通过在配制时加入一定量的香精而获得的。在化妆品中香精属于关键性原料之一，香精选用得当，产品不仅受消费者的喜爱，而且还能掩盖产品中某些不良气味；否则将会给产品带来一连串的麻烦，如香气不稳定、变色、皮肤受刺激、过敏以及破坏乳化平衡等。

化妆品香精主要有香水类香精、膏霜类香精、香粉类香精、美容化妆品用香精、香波香精等，详见本书第六章香料与香精部分。

化妆品的加香除了必须选择适宜香型外，还要考虑到所用香精对产品质量及使用效果是否有影响。化妆品的赋香率因品种不同而异。对一般化妆品来讲，添加香精的数量达到能消除基料气味的程度就可以了。对于香波、唇膏、香粉、香水等以赋香为主的化妆品来说，则需要提高赋香率。

各类化妆品的加香简述如下。

(1) 雪花膏 一般作粉底霜，选择香型必须与香粉的香型相调和，香气不宜强烈。香精中不宜有刺激性、强挥发性、易溶性及有色或变色的香料。因此香精用量不宜过多，一般用量为 0.5%～1.0%。

常用的香型有茉莉、玫瑰、檀香玫瑰、金合花、兰花、桂花、白兰、国际香型等。

(2) 香脂 它含油脂较多，所用香精必须遮盖油脂的臭气。以选用玫瑰或紫罗兰香型较适宜，不宜用古龙香型或其他含萜香原料，有刺激性和有色或易变色的香精也不适宜，用量以 0.5%～1.0%为宜。

(3) 清洁霜 与香脂配方结构相似，加香宜相同。在香型方面，因清洁霜在使用时需强烈揉擦，在皮肤上接触时间较短，宜有清新爽快的感觉，可选用一些无萜的针叶油、樟油、迷迭香油、薰衣草油等，用量以 0.5%～1.0%为宜。

(4) 香粉 与雪花膏不同，必须有持久的香气，对定香剂要求较高。香粉香精的香型以香味浓厚、甜润、突出花香型或花束型为宜，用量为 2%～5%。加香方法是先以酒精将香精溶解，然后以 4～5 倍量的粉类原料拌和吸收，过筛后与香粉的其他成分混合。

(5) 爽身粉 其作用在于润滑爽身，抑汗防痱，常含有氧化锌等成分。定香要求高，香型方面以薰衣草型较适宜，为使产品有清凉的感觉，常需与薄荷、龙脑等相协调，香精用量约为1%。

(6) 胭脂　加香要求与香粉类似，香型需与粉底霜香型相调和，因本身有色，对香精变色的要求较低。用量一般为1%～3%。

(7) 唇膏　对香气的要求不如化妆品高，以芳香甜美适口为主，常用香型有玫瑰、茉莉、紫罗兰、橙花等，亦有古龙香型的。因在唇部敷用，对无刺激性的要求很高，另外易结晶析出的固体原料也不宜使用。用量一般为1%～3%。

(8) 香水　本身就是香精的酒精溶液，因此对溶解度的要求极高，不宜采用含蜡多的香原料，其他如刺激性、变色等要求则不高。香水香型以花香型为宜，幻想型和花束型亦常用，用量一般为10%～20%。高级香水以用温暖动物香精为主，古龙香水为轻型香水，香料用量较少，为5%～10%，常用香型为古龙香型、龙涎香型等。

(9) 发油、发蜡　它们均以植物油或矿物油作为基质，其本身具有一定的香性能，因此对香精的定香要求并不高，但必须十分注意香精的溶解性，而且应选择香气浓重的香精，以遮盖油脂气息。要选择油溶性香精，发油常用玫瑰香型，发蜡常用薰衣草香型。用量在0.5%以下。

(10) 香波　由软皂配制的液体香波，碱性较高，不宜采用对碱不稳定的香原料；如由合成洗涤剂或三乙醇胺皂配制，则可不受限制。香型有清香、草香、果花、花香等多种，香精用量在0.5%以下。

(11) 花露水　为夏令卫生用品，形式上虽与香水相似，但其主要作用是去污、杀菌、防痱、止痒，对香气并不要求持久，可用一些较易挥发的香精，常用的香型为薰衣草和麝香玫瑰香型。用量一般为1%～5%。

(12) 牙膏　它是进入口腔的卫生用品，要求香精应无毒性和少刺激性。香气以清凉为主，常用香型有薄荷、留兰香、果香、冬青、豆蔻等。香精用量为0.5%～1.5%。

由于某些香原料容易引起皮肤过敏、刺激，香料不纯，存在有害物质，也会使皮肤产生刺激，因此，在化妆品的生产中要慎重选用合适的香料香精品种。各种香原料对化妆品的适用性可参考有关书籍。

2. 乳化剂

乳化剂是使油脂、蜡与水制成乳化体的原料。大部分化妆品，如冷霜、雪花膏、乳液等都是水和油的乳化体。

两种互不相容的液相中的一相以细小微粒均匀地分散于另一相中，所形成的乳状体系称为乳液或乳化体。在乳化过程中由于分散相的高度分散使两液相的界面大为增加，引起表面能增大而呈现热力学不稳定状态，必须加入第三成分，使表面张力降低，提高乳化体的稳定性，第三成分就称为乳化剂。一般使用的乳化剂均为表面活性剂。

影响乳状液性能（粒径、稳定性、类型）的因素很多，如乳化方法、乳化剂的结构和种类、相体积、温度等；其中乳化剂的结构和种类的影响最大。选择适宜的乳化剂，不仅可以促进乳化体的形成，有利于形成细小的颗粒，提高乳化体的稳定性；而且可以控制乳化体的类型，要制取W/O型乳剂可选用HLB值小于或等于6的表面活性剂，制取O/W型乳剂应选用HLB值为6～17的表面活性剂。所以，要想制取稳定的乳化体，必须正确地选择好乳化剂。

在化妆品中使用最多的乳化剂是阴离子表面活性剂和非离子表面活性剂。常用的阴离子表面活性剂有C_8～C_{28}直链饱和或不饱和的脂肪酸盐（皂类）和烷基硫酸盐。

非离子表面活性剂与阴离子表面活性剂、阳离子表面活性剂及两性离子表面活性剂都有良好的配伍性，并且乳化性能和增溶能力都很好，因此在化妆品的配方中广泛用作膏霜和乳液的乳化剂。

两性离子表面活性剂与其他类型的表面活性剂有很好的相容性，同时具有对皮肤的刺激性和毒性低的优点，它们大多数具有较好的去污、杀菌和抑菌能力，以及发泡能力和柔软性能。因此广泛地用来配制香波和婴儿用化妆品。

阳离子表面活性剂很少作为乳化剂应用于化妆品中，它不能和阴离子表面活性剂在水溶液中相接触，否则它们会相互结合形成不溶性物质而失去活性。但某些阳离子表面活性剂作为头发调理剂和杀菌剂而应用于发用化妆品中。

另外，羊毛脂、蜂蜡和磷脂等是自然界中存在的优良乳化剂，它们具有较好的乳化、柔软性能，广泛用于膏霜类化妆品的配方中。

3. 色素

色素又称为着色剂，色素可赋予化妆品美丽的颜色，改善化妆品的色泽，从而提高化妆品的质量。人们选择化妆品往往凭视、触、嗅等感觉，而色素正是视觉方面的重要一环，色素用得恰当对产品的好坏起到了决定性的作用，因此色素对化妆品极为重要。

化妆品中常用的色素可分为有机合成色素、天然色素、无机颜料、珠光颜料等，化妆品色素分类如下。

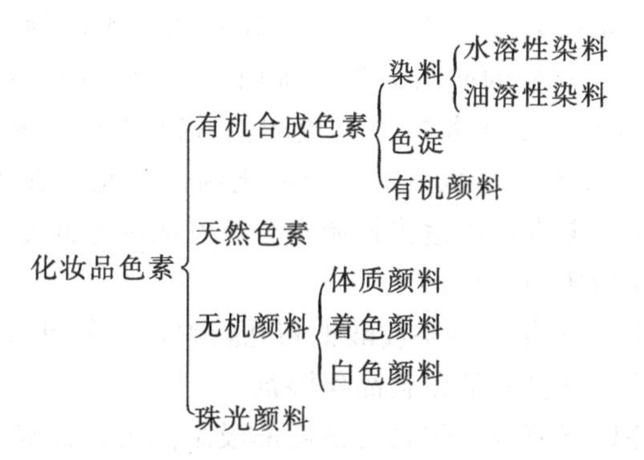

（1）有机合成色素　通过有机合成的方法制得的色素称为有机合成色素，习惯上也称为苯胺色素或焦油色素。有机合成色素具有色彩鲜艳、价格便宜等优点而得到迅速发展，目前有机合成色素已达数千种之多，有机合成色素可分为染料、有机颜料和色淀。化妆品用的色素纯度较高，类同食用色素。

染料是一类带有强烈色泽的化合物，它能溶于水或油及醇等溶剂中，以溶解状态，借助于溶剂而使物质染色。在化妆品中许可使用的染料多属于偶氮型染料。

有机颜料是既不溶于水也不溶于油的一类白色或有色的化合物。具有良好的遮盖力，以细小的固体粉末形式分散于其他物质中，而使物质着色。它具有鲜艳的颜色，着色力和牢固度均较好，只是遮盖力稍差。品种有偶氮颜料、酞菁颜料和还原颜料等。

色淀是指将可溶性染料沉淀在吸收基或稀释基上的有机颜料。一般色淀增加了不透明性及遮盖力，色泽较鲜艳，着色力强，与颜料相比，其耐酸性和耐碱性一般较差。色淀中常用的吸收基和稀释基有氯化钡、氯化钙、硫酸钡、氢氧化铝、氯化锌、碳酸钙等。如用氢氧化铝，则称其沉淀为“铝色淀”，化妆品中使用的多为铝色淀。

（2）天然色素　天然动植物色素的最大特点是无毒性，即安全性，而且长期使用安全可靠，为广大消费者所接受。天然色素由于着色力、耐光、色泽鲜艳度和供应数量等问题，曾一度不被人们看好，致使一部分被有机合成色素所取代。

一些优良而稳定的天然色素常被用于食品、药品和化妆品中，例如胭脂树橙、胭脂虫红、紫草红、叶绿素、姜黄、叶红素和胡萝卜素等。

(3) 无机颜料　具有较好的遮盖力、耐光性、耐热性和对光稳定性，不溶于有机溶剂。作为无机色素需要对铅、砷等有害物质的含量严格控制。适用于化妆品的有氧化铁、炭黑、蓝色群青和红群青、氧化铬绿以及许多白色的颜料如二氧化钛及氧化锌等。无机颜料广泛地用于唇膏、胭脂及其他演员用化妆品中。

(4) 珠光颜料　能产生珍珠色泽效果的物质称为珠光颜料。产生珠光的原理是由于同时发出光干扰和若干光散射的多重反射现象。在化妆品中使用的珠光颜料有天然鱼鳞片、氯氧化铋和二氧化钛-云母等。它能使唇膏、指甲油、乳液、膏霜、乳化香波和粉饼等多彩制品，呈现珍珠般的闪光，加强了色泽效果，在化妆品着色方面起到越来越重要的作用。

4. 保湿剂

保湿剂是指化妆品中保持皮肤角质层水分的各种物质。要使皮肤光滑、柔软和富有弹性，必须使皮肤中角质层的含水量保持在最佳状态，一般认为应在10%～20%。低于10%，皮肤就会干燥、粗糙、甚至破裂。保湿剂的作用就是防止皮肤角质层的水分挥发而保持其湿润，同时也防止化妆品中的水分挥发而使皮肤发生干裂现象。所以保湿剂在化妆品中起着重要的作用。

人类皮肤的角质层中含有天然保湿因子（NMF）的亲水性物质，角质层中一般含油脂11%，天然保湿因子30%。这些油脂与天然保湿因子共同作用，控制水分的挥发。在天然保湿因子中，氨基酸含40%，2-吡咯烷酮-5-羧酸钠（PCP-Na）和乳酸钠各含12%，尿素7%，此外，钙、钾、钠、糖和肽等也占有一定的比例。因此在选择保湿剂时，不仅要考虑天然保湿因子的存在，还要考虑可以适当抑制水分挥发的细胞间脂质和皮脂等油性成分以及起保水作用的黏多糖类等物质的存在。

主要起保湿作用的是2-吡咯烷酮-5-羧酸钠和乳酸钠，它们具有良好的吸湿和保湿作用。因此，吡咯烷酮羧酸钠是一种良好的化妆品保湿剂。

理想的保湿剂应具备以下要求：①具有适度的吸湿能力；②吸湿力能够持久；③吸湿能力受环境的影响小；④挥发性低；⑤与其他成分相容性好；⑥凝胶点尽可能低；⑦黏度适宜，使用感好，对皮肤的亲和性好；⑧应尽量无色、无臭、无味；⑨价格低，来源丰富。

对化妆品来说，最好模仿这些天然保湿剂。化妆品中使用的保湿剂，以甘油、丙二醇和山梨醇等多元醇最多，其次是自然保湿因子的主要成分，如吡咯烷酮羧酸盐和乳酸盐等，最近开始使用微生物制剂透明质酸钠、尿囊素、葡萄糖衍生物，化学合成保湿剂聚丙烯酸盐，以及采用天然保湿剂，如霍霍巴油、角鲨烷、蜂蜜、灵芝提取液、雪莲提取物、黏多糖、丝蛋白类保湿剂等。

5. 防腐剂

多数化妆品含有水分及油脂和蜡、蜂蜜、多元醇等原料，在这样的环境中容易使微生物生长与繁殖，促使化妆品变质，破坏乳化体，生成不愉快的气味，pH值降低，产生变色或产生气泡等现象，甚至使消费者面临被细菌感染的危险。为了防止化妆品的变质，在某些品种中需要加入一定数量的防腐剂。

防腐剂是防止化妆品败坏变质的添加剂，它能防止微生物生长。对于化妆品的防腐剂要求较高，特别是面部、眼部化妆品的防腐剂。理想的防腐剂应满足以下要求：

① 极低含量便具有抑菌和杀菌功能；

② 对产品的颜色和气味无明显影响；

③ 无毒性、无刺激性、无过敏性、稳定性好；

④ 配伍性好，相容性好。

化妆品用防腐剂和杀菌剂按其化学结构可分为酸类，酚、酯、醚类，酰胺类，季铵盐类、醇类、香料及其他等，如表 7-2 所列。

表 7-2 化妆品用防腐剂和杀菌剂的分类

类型	举例
酸类	安息香酸及其盐、水杨酸及其盐、脱氢乙酸、山梨酸及其盐
酚、酯、醚类	对氯苯酚、对氯间二苯甲酚、对氯间甲酚、对异丙基间甲酚、邻苯基苯酚、对羟基苯甲酸酯类(尼泊金酯类)、2,4,4-三氯-2-羟基二苯醚
酰胺类	3,4,4-三氯-*N*-碳酰苯胺、3-三氟甲基-4,4-二氯-*N*-碳酰苯胺
季铵盐类	烷基三甲基氯化铵、烷基溴化喹啉、十六烷基氯化吡啶
醇类	乙醇、异丙醇
香料	丁香酚、香兰素、柠檬醛、橙叶醇、香叶醇、玫瑰醇
其他	双(2-巯基吡啶氧化物)锌(Z. P. T)、*N*-三氯甲硫基四氢邻苯二甲酰胺、月桂基二(氨乙基)甘氨酸

6. 抗氧剂

抗氧剂又称氧化防止剂，在高分子材料中又称为防老剂，是能延缓或抑制氧化或自动氧化过程的物质。主要用于食品、油脂、石油、塑料、橡胶、化纤等体系。一般通过终止自由基链反应、分解过氧化物或钝化金属离子的方式达到抗氧化的目的。

大多数化妆品中含有动植物油脂和矿物油，这些组分，特别是其中的不饱和键在空气中可以发生自动氧化，生成醇、醛和酮等，进而生成酸，使油脂发生酸败，从而降低化妆品的质量，甚至产生有害于人体健康的物质。化妆品中的动植物油脂、矿物油，在空气中产生自动氧化的反应如下：

链引发

$$RH + O_2 \longrightarrow R\cdot + HO_2\cdot$$

链增长

$$R\cdot + O_2 \longrightarrow R\cdot + ROO\cdot$$

$$ROO\cdot + RH \longrightarrow ROOH + R\cdot$$

$$ROOH \longrightarrow RO\cdot + HO\cdot$$

$$2ROOH \longrightarrow RO\cdot + ROO\cdot + H_2O$$

$$RO\cdot + RH \longrightarrow ROH + R\cdot$$

$$ROO\cdot \longrightarrow R'O\cdot + R''CHO$$

链终止

$$R\cdot + R\cdot \longrightarrow R{-}R$$

$$R\cdot + ROO\cdot \longrightarrow ROOR$$

$$ROO\cdot + ROO\cdot \longrightarrow ROOR + O_2$$

抗氧剂大致可分为苯酚系、醌系、胺系、有机酸系、酯系以及硫黄、硒等的无机酸及其盐类。主要的抗氧剂有叔丁基羟基茴香醚（BHA)、二叔丁基对甲酚或丁基羟基甲苯（BHT)、没食子酸丙酯、维生素 E 等。在化妆品中，抗氧剂的使用浓度很低，一般为 0.05%～0.10%，但是效果很好。

为了满足化妆品的安全性和质量要求，抗氧剂的使用必须满足以下条件：

① 只需加入少量就有抗油脂氧化变质的作用；

② 抗氧剂本身或它在反应中生成的物质，必须是安全无毒的；

③ 不会给化妆品带来异味；

④ 价廉易得。

BHA 在低浓度时抑制氧化的能力最大，对动物油脂的抗氧化效果最好；BHT 对矿物油脂的抗氧化效果好；没食子酸丙酯在低浓度时对植物油的抗氧化效果最好。此外，有时使用上述抗氧剂的混合物比单独使用某种抗氧剂的效果要好。应该注意，BHA、BHT 等抗氧剂对人有过敏反应，如气喘、鼻炎、荨麻疹等症状，已被北欧国家禁止使用。

化妆品用抗氧剂的种类及用量必须用试验来确定，在使用上的安全性也要通过适当的试验来检验。

三、化妆品添加剂

1. 水溶性高分子化合物

水溶性高分子化合物，亦称黏料，它是化妆品中常用的添加剂之一。在化妆品的乳剂、膏霜、粉剂等各种剂型中均少不了它的黏结、分散或稳定等多种作用。

水溶性高分子化合物的结构中大部分都含有羟基、羧基或氨基等亲水基团，其性能随结构的不同而不同。因此它们易与水发生水合作用，在水中呈溶液或凝胶状态。通常人们把这种黏性液体称为黏液质。

水溶性高分子化合物的种类较多，化妆品中常用的品种列于表 7-3 中。

表 7-3 化妆品中常用的水溶性高分子化合物

类型	举例	
天然高分子化合物	动物性	明胶、酪蛋白
	植物性	淀粉及变性淀粉 植物性胶质：阿拉伯树胶、咕吨胶 植物性黏液质：榅桲提取物、果胶 海藻：鹿角菜胶、海藻酸钠
半合成高分子化合物	甲基纤维素、乙基纤维素、羧甲基纤维素、羟甲基纤维素、羟乙基纤维素、聚纤维素醚季铵盐	
合成高分子化合物	乙烯类：聚乙烯醇、聚乙烯吡咯烷酮 丙烯酸及其衍生物 聚氧乙烯 水溶性尼龙等 无机胶质：膨润土（皂土）、胶性硅酸镁铝	

水溶性高分子化合物在化妆品中的主要作用有：①对分散体系的稳定作用，即所谓“胶体保护”作用；②增黏、凝胶作用和流变学特性；③乳化和分散作用；④成膜作用；⑤黏合作用；⑥保湿作用；⑦泡沫稳定作用。

2. 营养性添加剂

(1) 人参　它含有多种营养元素，除含有人参皂苷外，还含有氨基酸、脂肪酸、挥发油和多糖类、黄酮、维生素、核苷、黏液质等成分，易于被皮肤吸收，可增强细胞活力，延缓衰老，还可抑制黑色素的产生。经常使用可使皮肤红嫩、洁白、细腻、光滑、白嫩、丰满。化妆品中也常使用人参浸出液。

(2) 沙棘油　它为棕红色透明液体，有特殊臭味。其主要成分为生育酚、胡萝卜素和大量的不饱和脂肪酸、植物甾醇和游离氨基酸等，同时还含有多种有益的微量元素。其作用是对人体皮肤有保护作用，防止细胞膜中的不饱和脂肪酸在光、热及辐射条件下被氧化，从而防止皮肤变态、发皱及脂褐质的堆积，并能改善微循环；此外还有营养皮肤，避免皮肤组织细胞角质化或粗糙，保持水分代谢平衡的作用。其效果较维生素 E 更显著，常用于抗皱霜、祛斑霜、唇膏、剃须膏等。

(3) 超氧化物歧化酶（SOD）　它广泛存在于生物体内，能够催化超氧阴离子发生歧化反应，专一地清除生物体内的超氧阴离子平衡机体的氧自由基。它主要是用于增强其祛斑、抗皱、抗衰老的功能，而且消除了抗原性，确保在化妆品中应用的安全性。

(4) 虾、蟹壳提取液　它是经过“三脱”制取的，即常温上用稀盐酸脱钙，用稀碱脱蛋白质，在一定温度下用浓碱液脱乙酰基，便可得到脱乙酰基壳多糖。

它可以用来配制固发剂、头发调理剂和洗发香波等发用化妆品。可在头发表面形成薄膜，其硬度适中，且不发黏，尤其是在温度较高和头部出汗的情况下仍能保持头发松散和良好的梳理性。

(5) 芦荟　它是芦荟叶经溶剂萃取而成的，为半透明、灰白色至淡黄色液体，有特殊气味。具有防晒、润肤、祛斑和防治痤疮的功效。

芦荟含有芦荟大黄素树脂、氨基酸、生物酶、少量维生素和微量元素，具有杀菌、解毒、保湿和防晒作用。擦用芦荟提取液后，能在皮肤表面留下一层有光泽、无油腻感的柔软薄膜，该薄膜具有抗紫外线损伤的作用。在润发护发方面，芦荟提取液能止痒祛屑，令头发光亮柔软、有弹性、易梳理。常用的有芦荟液和芦荟凝胶。

(6) 胎盘提取液　为动物胎盘萃取液，它含有水溶性维生素类约 10 种，氨基酸类 16 种，微量的矿物营养素约十几种。它具有增强皮肤组织呼吸的作用，抑制黑色素的形成，防止雀斑、老年斑的生成，并能促进末梢血液的流通，使皮肤柔软。其用量一般为0.1%～5%。

3. 维生素和激素添加剂

(1) 维生素（vitamin）类　为维持动物体内脂肪、蛋白质和糖类等正常代谢和动物体的正常发育成长所必需的一类有机化合物。各种维生素在化学结构上和生理作用上各不相同。维生素不仅用于治疗维生素缺乏症，而且广泛地用作医疗辅助用药及动物的营养添加剂。

① 维生素 C。又名抗坏血酸，白色晶体，熔点为 190～192℃，易溶于水，微溶于乙醇，不溶于乙醚、氯仿、苯等有机溶剂，其水溶液呈酸性，其结构式为

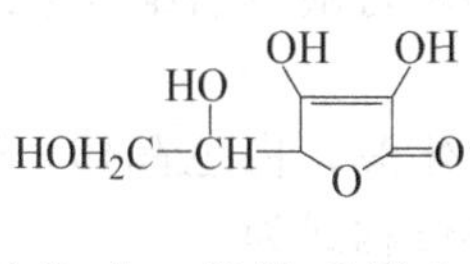

OH　OH
HO
HOH_2C—CH—　　=O
O

维生素 C 在体内参与胶原蛋白的生成。若缺乏维生素 C，则细胞间质中的胶原质消失，伤口不易愈合。维生素 C 可中和毒素，促进抗体的生成，增强机体的解毒功能。维生素 C 在医药上主要用于坏血病的预防和治疗，以及因维生素 C 不足而引起的龋齿、牙龈脓肿、贫血等疾病。

维生素 C 广泛存在于多种新鲜蔬菜和水果中。在食品加工方面，用作果汁或果冻等的维生素强化剂，以及啤酒、火腿、香肠等的抗氧剂，在化妆品中，维生素 C 主要用作增白剂。

② 维生素 A。又称视黄醇，为白色至淡黄色的棱柱形晶体，熔点为 62～64℃，能溶于无水乙醇、甲醇、氯仿、醚和油类，几乎不溶于水和甘油，在空气中不稳定，极易氧化，但在油中则相当稳定。其结构式为

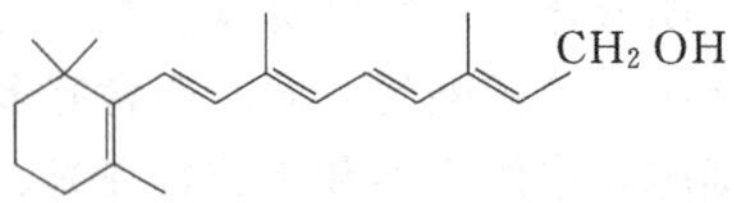

维生素 A 是一种油溶性维生素，广泛存在于动物体内，维生素 A 与皮上细胞的正常功能及结构有关，缺乏时会导致眼结膜、角膜干燥、发炎，甚至失明，还会造成呼吸道上皮受损和感染，头发脱落，婴儿发育迟缓等。

在化妆品中可以使用其棕榈酸酯或乙酸酯等衍生物，它对缓解和治疗表皮干燥和角化异常有一定的效果。

③ 维生素 B。它是一个系列，常见的有维生素 B_2、维生素 B_6、维生素 B_{12}等。

维生素 B_2 又称核黄素，其结构式为

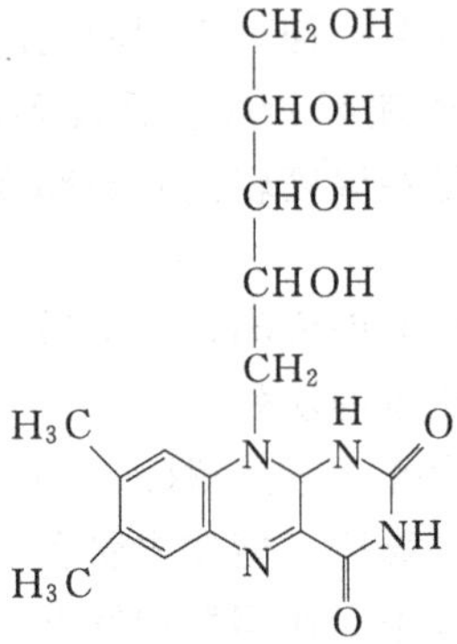

人体缺乏维生素 B_2 会发生代谢障碍，引起皮肤病变，如唇炎、眼结膜炎等。

维生素 B_6 即为吡哆醇盐酸盐，其结构式为

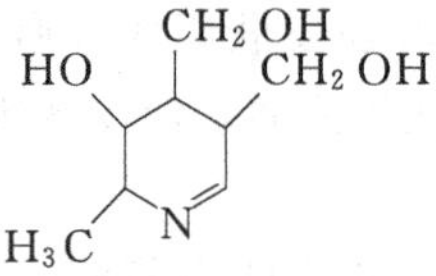

维生素 B_6 有活化皮肤细胞的作用，对脂溢性皮炎和湿疹有效，还可作为紫外线吸收剂，可用于膏霜类化妆品中。

维生素 B_{12}又称氰钴胺，它是由钴原子与氰基形成的复合体，为深红色结晶粉末，无臭无味，有吸湿性，能溶于水和醇，不溶于丙酮、氯仿和醚，其水溶液呈中性，广泛存在于肝、蛋、乳、肉类中，是人体组织中不可缺少的维生素之一。缺少维生素 B_{12}会导致恶性贫血和神经炎。

④ 维生素 D_2。又称丁二素或骨化醇，白色晶体，熔点为 121℃，溶于醚，不溶于水，对光敏感，在湿空气中易被氧化。其结构式为

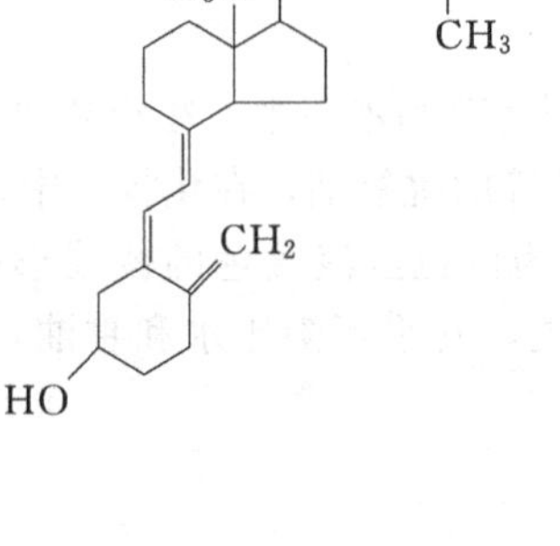

维生素 D_2 是类甾醇的衍生物，是抗佝偻病常用的药物，在化妆品中，对湿疹和皮肤干燥有效。

⑤ 维生素 E。又称 α-生育酚，淡黄色油状液体，熔点为 2.5～3.5℃，易溶于醇、醚、丙酮、氯仿等有机溶剂，几乎不溶于水。天然维生素 E 存在于小麦胚芽油、大豆油中。其结构式为

HO, CH_3, CH_3, H_3C, O, CH_3, $(CH_2CH_2CH_2CH)_3CH_3$, CH_3

维生素 E 对糖、脂类及蛋白质的代谢有影响。近年来发现它对肝硬化、贫血、脑软化、肝病、癌症等有一定的医用价值；在化妆品中常用作抗氧化剂，还可减少脂质过氧化反应，增强皮肤的光滑性，另外，对刀伤、灼伤、粉刺、老年斑及紫外线灼伤有较好的疗效。

⑥ 维生素 H。又称生物素或辅酶 R，无色针状结晶粉末，熔点为 232～233℃，易溶于热水和稀碱中，不溶于醚、丙酮、氯仿等有机溶剂，遇强碱或氧化剂则分解。其结构式为

H, N, S, O, NH, $HOOC(H_2C)_4$

维生素 H 由微生物发酵法制得，常用作营养增补剂，在化妆品中有保护皮肤、预防皮肤发炎、促进脂类代谢等功能。

(2) 激素 (hormone) 类　又称荷尔蒙，是生物体内特殊组织或腺体产生的，直接分泌到体液中（若是动物，则为血液、淋巴液、脑脊液、肠液），通过体液运送到特定作用部位，从而起特殊激动效应（调节控制各种物质代谢或生理功能）的一类有机化合物。激素类对维持皮肤正常的功能起着重要的作用。在药用化妆品中可以配合使用的激素有卵泡激素和肾上腺皮质激素。

4. 特效天然植物添加剂

随着人们生活水平和文化水平的提高，用纯天然植物成分作为化妆品添加剂越来越受到人们的重视。这类化妆品具有增强表皮细胞活力、促进新陈代谢、清除污垢、伸展皱纹、滋颜润肤、延缓衰老的作用和功效。比化学合成的产品具有更大的安全性。

(1) 起收敛作用的天然植物　天然植物中的鞣质、酸性皂苷和硅酸等成分，可与皮肤中的胶原纤维在一定程度上结合，能起到收敛皮肤和增强皮肤组织弹性的作用。

常见起收敛作用的天然植物有金樱子、地榆、木瓜、山茱萸等。

(2) 起消炎杀菌作用的天然植物　这类植物含有消炎杀菌成分，可用于因微生物繁殖导致的粉刺、狐臭、头皮屑及皮肤瘙痒等症状。

常见起消炎杀菌作用的天然植物有大蒜、大黄、丹参、黄柏等。

(3) 具有滋养作用的天然植物　植物中氨基酸、多糖、皂苷、甾醇、维生素以及各种微量元素成分，可补充皮肤所需要的营养成分，活化细胞，促进皮肤功能正常，增强皮肤弹性，延缓衰老，减少皱纹。

常见起滋养作用的天然植物有天花粉、川芎、五味子、地黄、杏仁、人参等。

（4）起防晒、祛斑、增白作用的天然植物　植物体中含有抑制酪氨酸酶及一些吸收紫外线和抗氧化的成分，能起到防晒、增白或祛斑的作用。

常见起防晒、祛斑、增白作用的天然植物有薏米、黄芩、鹿蹄草、槐花米、芍药、紫草、当归、芦荟等。

（5）护发、润发和黑发的天然植物　这类植物很多，他们的提取液用于发用化妆品中，具有调理、柔软、营养头发、防治头发脱落、促进头发生长等作用。

常见起护发、润发和黑发作用的天然植物有何首乌、南五味子、黄瓜、旱莲草、芦荟、女贞子、菊花、生姜、大蒜、皂角等。

第三节　化妆品生产的主要工艺

化妆品的生产工艺在化工生产过程中是比较简单的，其生产过程主要是各组分的混配，很少有化学反应发生，而且多采用间歇式批量化生产，毋须用投资大、控制难的连续化生产线。因此，化妆品的生产过程中所使用的设备也较简单，包括混合设备、分离设备、干燥设备、成型设备、装填及清洁设备等。

下面按其产品形态不同来分别阐述化妆品的主要生产工艺。

一、乳剂类化妆品的生产工艺

乳液配制长期以来是依靠经验建立起来的，逐步充实完善了理论，正在走向依靠理论指导生产。但在实际生产中，没有哪一种理论能够定量地指导乳化操作，主要依赖于操作者的经验。经过小试选定乳化剂后，还应制定相应的乳化工艺及操作方法，以实现工业化生产。

（一）乳化生产工序

在实际生产过程中，有时虽然采用同样的配方，但是由于操作时温度、乳化时间、加料方法和搅拌条件等不同，制得的产品的稳定度及其他物理性能也会不同，有时相差悬殊，因此根据不同的配方和不同的要求，采用合适的配制方法，才能得到较高质量的产品。

乳化体的制备过程包括水相和油相的调制、乳化、冷却、罐装等工序，乳化体化妆品的生产工艺流程如图 7-1 所示。

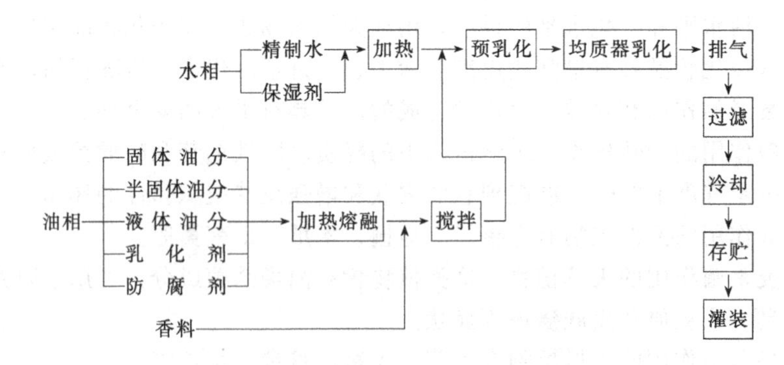

图 7-1　乳化体化妆品的生产工艺流程

1. 乳化技术

乳化技术是化妆品生产中最重要、最复杂的技术。在化妆品原料中，既有亲油成分，如油脂、脂肪酸、酯、醇、香精、有机溶剂及其他油性成分；也有亲水成分，如水、酒精，还有钛白粉、滑石粉等。欲使它们均匀混合，采用简单的混合搅拌即使延长搅拌时间也达不到分散的效果，必须采用良好的混合乳化技术。

（1）选择合适的乳化剂　表面活性剂具有乳化作用。一般来说，HLB 值在 3～6 的表面活性剂主要用于油包水（W/O）型乳化剂；HLB 值在 8～18 时主要用于水包油（O/W）型乳化剂。选择乳化剂时在保证乳化效果的前提下还要考虑相容性、配伍性和经济性，不影响化妆品的色泽、气味、稳定性等。当然，比较重要的是乳化剂与乳化工艺设备的适应性。

（2）采用合适的乳化方法　乳化剂选定后，需要用一定的方法将所设计的产品生产出来。常用的乳化方法有以下几种。

① 转相乳化法。在制备 O/W 型乳化液时，先将加有乳化剂的油相加热成液状，在搅拌下徐徐加入热水。先形成 W/O 型乳化液；继续加水至水量为 60%时，转相形成 O/W 型。以后可快速加水，并充分搅拌。此法的关键在转相，转相结束后，分散相粒子将不会再变小。

② 自然乳化法。将乳化法加入油相中，混合均匀后加入水相，配以良好的搅拌，可得很好的乳化液。此法适用于易流动的液体，如矿物油常采用此法，若油的黏度较高，可在 40～60℃条件下进行。多元醇酯乳化剂不易形成自然乳化。

③ 机械强制乳化法。均化器和胶体磨是用于强制乳化的机械，它们用很大的剪切力将被乳化物撕成很细、很匀的粒子，形成稳定的乳化体。用前两种方法无法制备的乳化体可用此法生产。

④ 低能耗乳化法。在生产乳液、膏霜类化妆品时使用较多。用一般乳化法制备乳化体，大量能源消耗在加热过程中，产品制成后，又需冷却。这样既耗能，又耗时。而低能乳化法只是在乳化过程的必要环节中供给所需能量，从而提高了生产效率。

通常采用的是二釜法，以制备 O/W 型乳化体为例，将油相置于下釜加热，将部分水相注于上釜加热，然后将它们一起置于下釜搅拌制成浓缩乳状液。再通过自动计量仪将另一部分没有加热的水相注入下釜的浓乳液，搅拌均匀即完成制备。此法的关键在于常温水相的多少和乳化的温度。在生产中要探索经验以选择合适的工艺条件。

2. 生产程序

（1）水相的调制　先将去离子水加入夹套溶解锅中，将水溶性成分如甘油、丙二醇、山梨醇等保湿剂、碱类、水溶性乳化剂等加入其中，搅拌下加热至 90～100℃，维持 20min 灭菌，然后冷却至 70～80℃待用。如配方中含有水溶性聚合物，应单独配制，将其溶解在水中，在室温下充分搅拌使其均匀溶胀，防止结团，如有必要可进行均质，在乳化前加入水相。要避免长时间加热，以免引起黏度变化。为补充加热和乳化时挥发掉的水分，可按配方多加 3%～5%的水，精确数量可在第一批制成后分析成品水分而求得。

（2）油相的调制　将油、脂、蜡、乳化剂和其他油溶性成分加入夹套溶解锅内，开启蒸汽加热，在不断搅拌条件下加热至 70～75℃，使其充分熔化或溶解均匀待用。要避免过度加热和长时间加热以防止原料成分氧化变质。容易氧化的油分、防腐剂和乳化剂等可在乳化之前加入油相，溶解均匀，即可进行乳化。

（3）乳化和冷却　将上述水相和油相原料通过过滤器，按照一定的顺序加入乳化锅内，在一定的温度（如 70～80℃）条件下，进行一定时间的搅拌和乳化。乳化过程中，水相和油相的添加方法（水相加入油相或油相加入水相）、添加的速度、搅拌条件、乳化温度和时间、乳化器的结构和种类等对乳化体粒子的形状及其分布状态都有很大影响。均质的速度和时间因不同的乳化体系而异。含有水溶性聚合物的体系，均质的速度和时间应严格加以控制，以免过度剪切，破坏聚合物的结构，造成聚合物的不可逆性变化，改变体系的流变性质。如配方中含有维生素或热敏的添加剂，则在乳化后于较低温下加入，以确保其活性，但应注意其溶解性能；如存在有易挥发性的香精，需将乳化体冷却至50℃以下加入，以防止其挥发或变色。

乳化后，乳化体系要冷却到接近室温。卸料温度取决于乳化体系的软化温度，一般应使其借助自身的重力，以能从乳化锅内流出为宜。当然也可用泵抽出或用真空系统抽出或用加压空气压出。冷却方式一般是将冷却水通入乳化锅的夹套内，边搅拌，边冷却。冷却速度、冷却时的剪切应力、终点温度等对乳化体系的粒子大小和分布都有影响，必须根据不同乳化体系，选择最优条件。特别是在从实验室小试转入大规模工业化生产时尤为重要。

(4) 陈化和灌装　一般是贮存陈化一天或几天后再用灌装机灌装。灌装前需对产品进行质量评定，质量合格后方可进行灌装。

(二) 乳化工艺

乳化体的物料状态、稳定性、硬度等受很多因素的影响，其中影响最大的有表面活性剂的加入量、两相的混合方式、添加速度、均质器的处理条件以及热交换器的处理条件等。因此，要想获得高质量的乳化类化妆品，应精心选择最好的生产工艺。目前，乳化类化妆品的生产工艺有间歇式乳化、半连续式乳化和连续式乳化三种方法。

1. 间歇式乳化工艺

这是最简单的一种乳化方式，将水相和油相原料分别加热到一定温度后，按一定的次序投入到搅拌釜中，开启搅拌一段时间后通入夹套冷却水，冷却到50～60℃以下时加入香精，混匀后冷却到45℃左右时停止搅拌，然后放料送去包装。国内外大多数厂家均采用此法，优点是适应性强，投资低；缺点是辅助时间长，操作烦琐，设备效率低等。

2. 半连续式乳化工艺

如图7-2所示，水相和油相原料分别计量，在原料溶解锅内加热到所需温度之后，先加入到预乳化锅内进行预乳化搅拌，再经搅拌冷却筒进行冷却。此搅拌冷却筒称为骚动式热交换器，按产品的黏度不同，中间的转轴及刮板有各种形式，经快速冷却和管内绞龙的刮壁推进输送，冷却器的出口就是产品，即可送去包装。

预乳化锅的有效容积为1～5m^3，夹套有热水保温，搅拌器可安装均质器或桨叶搅拌器，转速500～2880r/min，可无级调速。

定量泵将膏霜送至搅拌冷却筒，香精由定量泵输入冷却筒和串联的管道里，由搅拌筒搅拌均匀，其余套有冷却水冷却搅拌筒。搅拌冷却筒的转速为60～100r/min，视产品不同而异，接触膏霜部的部分由不锈钢制成。

半连续式乳化搅拌机有较高的产量，适用于大批量生产，目前在日本采用此法的较多。

3. 连续式乳化工艺

连续式乳化工艺流程如图7-3所示，首先将预热好的各种原料分别由计量泵打到乳化锅中，经过一段时间的乳化之后溢流到刮板冷却器中，快速冷却到60℃以下，然后再流入香精混合锅中，与此同时，香精由计量泵加入，最终产品由混合锅上部溢出。

这种连续式乳化适用于大规模连续化的生产，其优点是节约动力，提高了设备的利用率，产量高且质量稳定，但目前国内还没有采用这种方式进行生产的厂家。

(三) 常用的乳化设备

1. 混合设备

此类设备有多种形式，一般为釜式设备，主要由釜体、搅拌器和换热器三部分组成。它

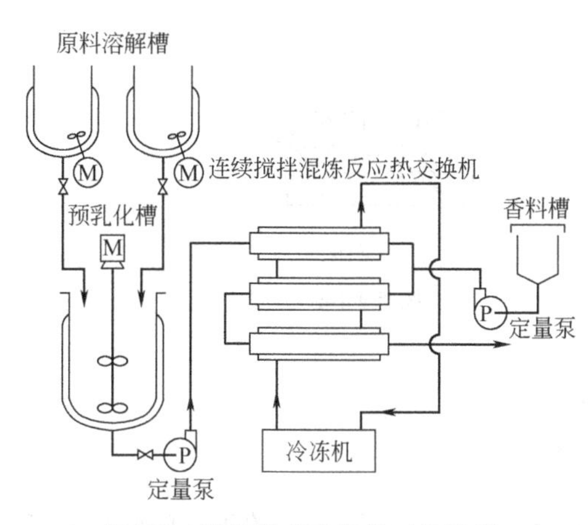

图 7-2 半连续式乳化的工艺流程

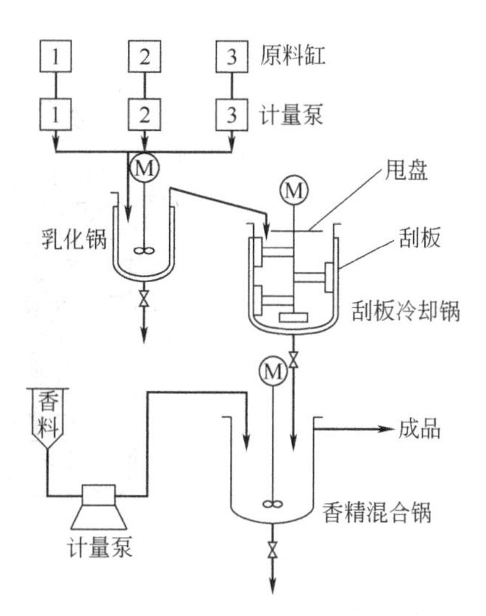

图 7-3 连续式乳化的工艺流程

是依靠桨叶的旋转而产生剪切作用，其优点是设备简单，制造及维修方便，不受厂房等条件限制；缺点是乳化强度低，膏体粗糙，稳定性差等。最简单的搅拌形式是手工搅拌，适用于分散性较好的配方，但分散性好的配方并不一定能得到良好的稳定性。机械搅拌其搅拌桨叶的形式有浆式搅拌器、框式搅拌器、锚式搅拌器、涡轮式搅拌器、推进式搅拌器等。

2. 胶体磨

胶体磨适用于制备液状或膏状的乳化体，如图 7-4 所示。它是由转子和定子组成的，转子的转速高达 1000～2000r/min。操作时，流体物料从转子和定子之间很小的缝隙通过。由高速旋转的转子对物料进行充分地研磨、剪切和混合。

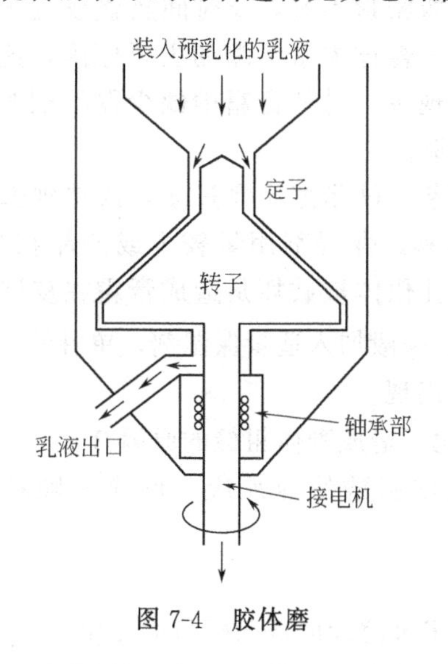

图 7-4 胶体磨

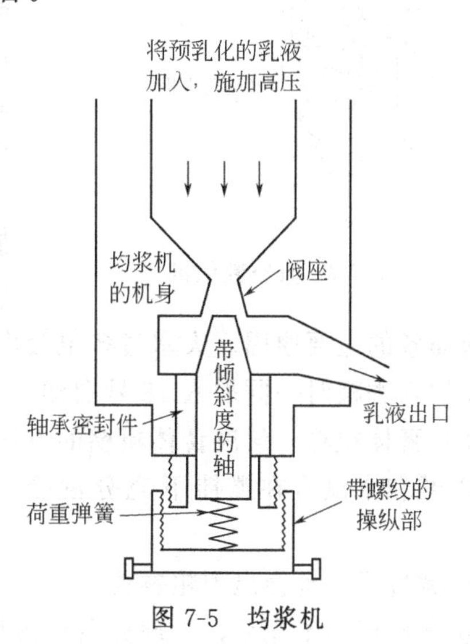

图 7-5 均浆机

3. 均化器

均化器适用于制造乳化体颗粒微小的乳液。常见的均化器有以下三种。

(1) 均浆机　它可对原料施加高压，浆从其小孔中喷出，如图 7-5 所示，是非常强有力的连续式乳化机。

(2) 均质搅拌机　它由涡轮型的旋转叶片被圆筒围绕而构成，如图 7-6 所示。旋转叶片

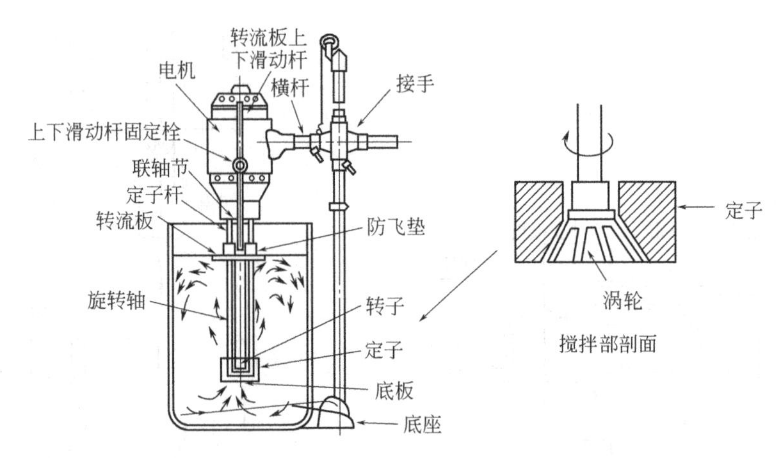

图 7-6 均质搅拌机

的转速可高达 10000～30000r/min，可引起筒中液体的对流，得到均一的很细的乳化粒子。

(3) 真空乳化机　它在密闭的容器中装有搅拌叶片，在真空状态下进行搅拌和乳化，如图 7-7 所示。它配有两个带有加热和保温夹套的原料溶解罐，一个溶解油相，另一个溶解水相，这种设备适于制造乳液，特别适合于制备高级化妆品时的无菌配料操作。

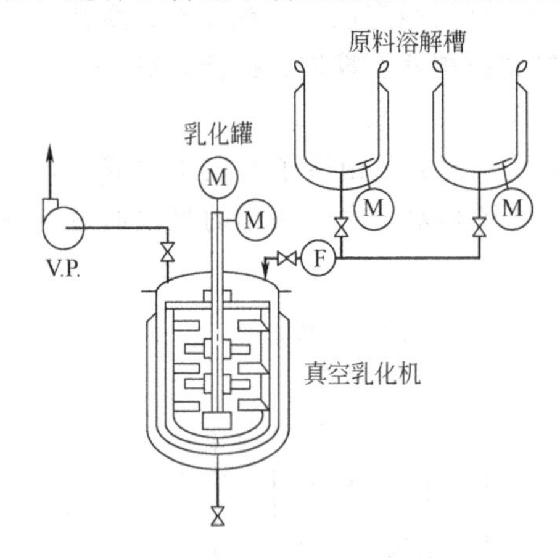

图 7-7 真空乳化机

(四) 乳剂类化妆品的质量控制

1. 膏霜的质量控制

膏霜在制造、贮存和使用过程中，常见的质量问题如下。

(1) 失水干缩　对于 O/W 型乳化体，在包装时容器或包装瓶密封不好，长时间放置或置于温度高的地区是造成膏体失水干缩的主要原因，这是膏霜常见的变质现象。另外膏霜中缺少保湿剂时，也会出现失水干缩。

(2) 起面条　硬脂酸用量过多，或单独选用硬脂酸与碱类中和，保湿剂用量较少或产品在高温、水冷条件下，乳化体被破坏是造成膏霜在皮肤上涂敷后起面条的主要原因。失水过多也会出现这种现象，一般加入适量保湿剂，单甘酯、十六醇或在加入香精时一同加入 18 号白油，可避免此现象出现。

(3) 膏体粗糙　解决膏体粗糙的方法是第二次乳化，造成膏体粗糙的原因有：

① 碱和水没有在搅拌下充分混合，高浓度碱与硬脂酸快速反应，形成大颗粒透明肥皂；

② 碱过量，也会出现粗颗粒；

③ 开始搅拌不充分，一部分皂化物与硬脂酸形成了难溶性的透明颗粒或硬块；

④ 过早冷却，搅拌乳化时间短，硬脂酸还未被乳化剂充分分散，就开始凝结；

⑤ 未形成乳化体，油脂和硬脂酸上浮。

(4) 出水　出水是严重的乳化体破坏现象，多数是配方中的碱量不够或乳化剂选择不适当，水中含有较多盐分等原因造成的。盐分是电解质，能将硬脂酸钾自水中析出，称为盐析，主要的乳化剂被盐析，乳化体必然被破坏。经过严重冰冻或含有大量石蜡、矿油、中性脂肪等也可引起出水。

(5) 霉变及发胀 微生物的存在是造成该现象的主要因素。一方面若水质差，煮沸时间短，反应容器及盛料、装瓶容器不清洁，原料被污染，包装放置于环境潮湿、尘多的地方，以及曾经敞开过。另一方面，未经紫外线灯的消毒杀菌，致使微生物较多地聚集在产品中，在室温（30～35℃）条件下长期贮放，微生物大量繁殖，产生 CO_2 气体，使膏体发胀，溢出瓶外，擦用后对人体皮肤造成危害。故严格控制环境卫生及原料规格，注意消毒杀菌，是保证产品质量的重要环节。

(6) 变色、变味 主要是香精中醛类、酚类等不稳定成分用量过多，久置或日光照射后色泽变黄。另一种原因是油性原料碘值过高，不饱和键被氧化使色泽变深，产生酸败臭味。

(7) 刺激皮肤 选用原料不纯，含有对皮肤有害的物质或铅、砷、汞等重金属，会刺激皮肤，产生不良影响，或所用香精刺激性大，因此用料要慎重。乳化体中，由于皂化不完全，内含游离碱，对皮肤也会产生刺激，造成红、痛、发痒等现象。另外酸败变质、微生物污染必然会增加刺激性。

2. 乳液类化妆品的质量控制

(1) 乳液稳定性差 乳化体的内相颗粒过大或是分散不够均匀，或两相的界面膜的强度不高，是造成乳液稳定性差的主要原因。另外产品的黏度过低或两相密度差较大，也可导致乳液的稳定性差。解决办法是适当增加乳化剂用量或加入聚乙二醇 600、硬脂酸酯、聚氧乙烯胆固醇醚等，提高界面膜的强度，改进颗粒的分散程度；加入水溶性高分子，增加连续相的黏度；调整油水两相的密度，减小其差距。

(2) 贮存过程中黏度逐渐增加 其主要原因是大量采用硬脂酸和它的衍生物作乳化剂，如单硬脂酸甘油酯等容易在贮存过程中增加黏度，经过低温贮存，黏度增加更为显著。其解决办法是避免采用过多硬脂酸、多元醇脂肪酸酯类和高碳脂肪酸以及高熔点的蜡、脂肪酸酯类等，适量增加低黏度白油或低熔点的异构脂肪酸酯类等。

(3) 颜色泛黄 主要是香精内有变色成分，如醛类、酚类等，这些成分与乳化剂硬脂酸三乙醇胺皂共存时更易变色，久置或日光照射后色泽泛黄，应选用不受上述影响的香精或选用合适的乳化剂，如采用十六醇硫酸二乙醇胺盐、吐温（Tween）等。其次是选用的原料化学性质不稳定，如含有不饱和脂肪酸或其衍生物，或含有铜、铁等金属离子等，应采用去离子水和不锈钢设备，避免选用不饱和键含量高的原料。

二、液洗类化妆品的生产工艺

液洗类化妆品主要是指以表面活性剂为主的均匀水溶液，如香波、浴液等。在各种化妆品生产中，液洗类化妆品的生产工艺及设备可以说是最简单的一种。因为生产过程中既没有化学反应，也不需要造型，只是几种物料的混配，制成以表面活性剂为主的均匀溶液（大都为水溶液）。

生产液洗类化妆品应采用化工单元设备、管道化密闭生产，以保证工艺要求和产品质量。下面将介绍液洗类化妆品通用生产工艺及装置。

（一）液洗类化妆品的生产工艺及设备

液洗类化妆品生产一般采用间歇式批量生产工艺，而不宜采用管道化连续生产工艺，这主要是因为生产工艺简单，产品品种繁多，没有必要采用投资多、控制难的连续化生产线。

液洗类化妆品生产工艺所涉及的化工单元操作工艺和设备，主要是带搅拌的混合罐、高效乳化或均质设备、物料输送泵和真空泵、计量泵、物料贮罐和计量罐、加热和冷却设备、过滤设备、包装和灌装设备。把这些设备用管道串联在一起，配以恰当的能源动力即组成液洗类化妆品的生产工艺流程，如图 7-8 所示。

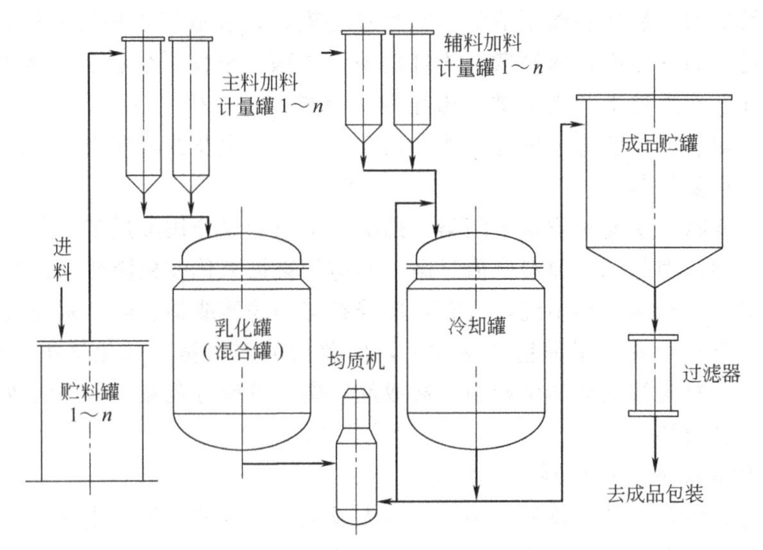

图 7-8　液洗类化妆品生产工艺流程

1. 原料准备

液洗类化妆品实际上是多种原料的混合物。因此，熟悉所使用的各种原料的物理化学特性，确定合适的物料配比及加料顺序是至关重要的。生产过程都是从原料开始的，按照工艺要求选择适当原料，还应做好原料的预处理。

2. 混合或乳化

大部分液洗类化妆品是制成均相透明的混合溶液，也可制成乳状液。但是不论是混合，还是乳化，都离不开搅拌，只有通过搅拌操作才能使多种物料互相混溶成为一体，把所有成分溶解或分散在溶液中。

3. 混合物料的后处理

无论是生产透明溶液还是乳液，在包装前还要经过一些后处理，以保证产品质量或提高产品稳定性。这些处理可包括以下内容。

(1) 过滤　在混合或乳化操作时，要加入各种物料，难免带入或残留一些机械杂质，或产生一些絮状物。这些都直接影响产品外观。所以物料包装前的过滤是必要的。

均质：经过乳化的液体，其乳液稳定性往往较差，最好再经过均质工艺，使乳液中分散相的颗粒更细小、更均匀，得到高度稳定的产品。

(2) 排气　在搅拌的作用下，各种物料可以充分混合，但不可避免地将大量气体带入产品。由于搅拌的作用和产品中表面活性剂等的作用，有大量的微小气泡混合在成品中，气泡会产生不断冲向液面的作用力，造成溶液稳定性差，包装时计量不准。一般可采用抽真空排气的工艺，快速将液体中的气泡排出。

(3) 陈放或老化　将物料在老化罐中静置贮存一定时间，待其性能稳定后再进行包装。

(二) 洗发液的质量控制

洗发液在生产、贮存和使用过程中，也和其他产品一样，由于原料、生产操作、环境、温度、湿度等的变化而出现一些质量问题。

1. 黏度变化

黏度是洗发剂的一项主要质量指标，生产中应控制每批产品黏度基本一致。造成黏度波动的原因有很多。多数洗发液都是单纯的物理混合物，因此某种原料规格的变动，如活性物含量、无机盐含量波动等，都可能在成品中表现出来。所以原料的质量控制对保证成品质量至关重要。原料必须经过检验合格后方能投入生产。操作规程控制不严、称量不准等都会造成严重的质量事故，因此，必须加强全面质量管理，以确保产品质量稳定。

出现上述质量问题时应对制品进行分析，包括活性剂含量、无机盐含量等，不足时应补充或增加有机增稠剂用量；如黏度偏高，可加入减黏剂如丙二醇、丁二醇等或减少增稠剂用量。

有时洗发液刚配出来时黏度正常，但放置一段时间后黏度会发生波动，其主要原因有：①制品 pH 值过高或过低，导致某些原料（如琥珀酸酯磺酸盐类）水解，影响制品黏度，应调整至适宜 pH 值，加入 pH 缓冲剂；②单用无机盐作增稠剂或用皂类作增稠剂，体系黏度随温度变化而变化，可加入适量水溶性高分子化合物增稠剂，以避免此种现象的发生。

2. 珠光效果不良或消失

珠光效果的好坏，与珠光剂的用量、加入温度、冷却速度、配方中原料组成等均有关系，在采用珠光块或珠光片时，可能有如下一些影响：①体系缺少成核剂（如氯化钠、柠檬酸）；②其用量过少；③表面活性剂增溶效果好；④体系油性成分过多，形成乳化体；⑤加入温度过低，溶解不好；⑥加入温度过高或制品 pH 值过低，导致其水解；⑦冷却速度过快，或搅拌速度过快，未形成良好结晶。

为保证制品珠光效果一致，可采用珠光浆，只要控制好加入量，在较低温度下加入搅匀，一般来讲珠光效果不会有大的变化。

3. 混浊、分层

洗发液刚生产出来各项指标均良好，但放置一段时间，如出现混浊甚至分层现象，有以下几方面原因：①体系黏度过低，其不溶性成分分散不好；②体系中高熔点原料含量过高，低温下放置析出结晶；③体系中原料之间发生化学反应，破坏了胶体结构；④微生物污染；⑤制品 pH 值过低，某些原料水解；⑥无机盐含量过高，低温下出现混浊。

4. 变色、变味

洗发液出现变色、变味现象的原因如下：①所用原料中含有氧化剂或还原剂，使有色制品变色；②某些色素在日光照射下发生褪色反应；③防腐剂用量少，防腐效果不好，使制品霉变；④香精与配方中其他原料发生化学反应，使制品变味；⑤所加原料本身气味过浓，香精无法遮盖；⑥制品中铜、铁等金属离子含量高，与配方中某些原料发生变色反应。

5. 刺激性大，产生头皮屑

若洗发液对皮肤刺激性大，及洗后产生头皮屑则有以下几方面原因：①表面活性剂用量过多，脱脂力过强，一般以 12%～25% 为宜；②防腐剂用量过多或品种不好，刺激头皮；③防腐效果差，微生物污染；④产品 pH 值过高，刺激头皮；⑤无机盐含量过高，刺激头皮。

上述现象可能同时发生，因此必须严格控制。除上述质量问题外，直接关系洗发液内在质量的梳理性、光滑性、光泽性等问题在配方研究时必须引起足够的重视，才能确保产品质量稳定，提高产品的市场竞争能力。

三、水剂类化妆品的生产工艺

水剂类化妆品是指以水、酒精或水-酒精混合溶液为基质的透明液体类产品，如香水类、化妆水类等。此类产品必须保持清晰透明，即使在5℃左右的低温下，也不能产生混浊和沉淀，香气纯净无杂味。因此对这类产品所用原料、包装容器和设备的要求是极严格的。特别是香水用酒精，不允许含有微量不纯物质（如杂醇油等），否则会严重损害香水的香味。包装容器必须是优质的中性玻璃及与化妆品的介质不会发生作用的材料。所用色素必须耐光、稳定性好，不会变色，或采用有色玻璃瓶包装。生产设备最好采用不锈钢或耐酸搪瓷材料。另一方面，酒精是易燃易爆品，生产车间和生产设备等必须采取防火防爆措施，以保证安全生产。

（一）水剂类化妆品的生产工艺及设备

这里所指的香水类化妆品主要是指酒精香水、花露水和古龙水，乳化香水和固体香水除外；化妆水类包括柔软性化妆水、收敛性化妆水、洗净用化妆水以及痱子水等。水剂的配制，最好在不锈钢设备内进行。此类化妆品的黏度很低，极易混合，因此各种形式的搅拌桨都可采用。一般采用可移动的不锈钢制推进式搅拌桨较为有利。因酒精是易燃物质，所有装置都应采取防火防爆措施。水剂类化妆品的生产过程包括混合、陈化、过滤、灌装等，其生产工艺流程如图7-9所示。

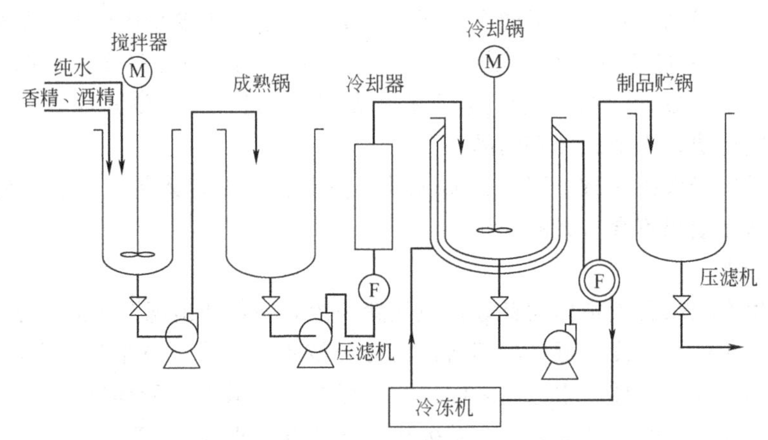

图7-9　水剂类化妆品生产工艺流程

1. 混合

先将酒精计量加入配料锅内，然后加入香精（或香料）、色素，搅拌均匀后，再加入去离子水（或蒸馏水），搅拌均匀。用泵将配制好的香水（或花露水、古龙水）输送到陈化锅（或成熟锅）内。

使用混合设备的目的是使各种物料充分溶解均匀，形成透明均一的溶液。水剂类化妆品的黏度很低，所用原料大多易溶解，因此对混合设备的搅拌条件要求不高，各种形式的搅拌桨叶均可采用，一般以螺旋推进式搅拌较为有利。

2. 贮存陈化

贮存陈化是调制酒精香水的重要操作之一。陈化有两个作用。其一是使香味均匀和成熟，减少粗糙的气味，即刚制成香水后，香气未完全调和，香气比较粗糙，需要在低温下放置较长时间，使香气趋于和润芳馥，这段时间称为陈化期，或叫成熟期。但若香精调配不当，也可能产生不理想的变化，这需要经过6个月到一年的时间，才能确定陈化的效果。其二是使容易沉淀的水不溶性物自溶液内离析出来，以便过滤。

关于陈化需要的时间，有不同的说法。一般认为，香水至少要陈化3个月；古龙水和花露水陈化两个星期；也有的认为较长的成熟期更为有利。具体成熟可视香料种类的不同以及各厂实际生产情况而定。

陈化是在有安全装置的密闭容器中进行的，容器上的安全管用以调节因热胀冷缩而引起的容器内压力的变化。

3. 过滤

制造酒精香水（及化妆水等）等液体状化妆品时，过滤是十分重要的一个环节。陈化期间，溶液内所含少量不溶物质会沉淀下来，可采用过滤的方法使溶液透明清晰。为了保证产品在低温时也不至出现混浊，过滤前一般应经过冷冻使蜡质等析出以便滤除。

过滤过程可以在重力、真空或加压下进行。过滤机的种类和式样很多，其中板框式过滤机在化妆品生产中应用最多，也可采用细孔布过滤。为提高产品质量（透明度），也可采用多级过滤。

4. 灌装及包装

在半成品贮锅中应补加因操作过程中挥发掉或损失的乙醇等，化验合格后即可灌装。酒精香水的包装形式较多，通常可分为普通包装和喷雾式（包括泵式和气压式）包装两种类型。一般认为气压香水的香气强度似乎较同样百分含量的普通香水来得强，如含有1%香精的气压香水抵得上含有3%～4%香精含量的普通包装酒精香水，这主要是由于良好的雾化效果所致。但采用气压包装，必须注意香精与喷射剂的相容性，以免影响香水的香味。

（二）水剂类化妆品的质量控制

水剂类化妆品的主要质量问题是混浊、变色、变味等现象，有时在生产过程中即可发觉，但有时需经过一段时间或在不同条件下贮存后才能发现，必须加以注意。

1. 混浊和沉淀

香水、化妆水类制品通常为清晰透明的液状，即使在低温（5℃左右）也不应产生混浊和沉淀现象。引起制品混浊和沉淀的主要原因可归纳为以下两个方面。

① 配方不合理或所用原料不合要求。香水类化妆品中，酒精的用量较大，其主要作用是溶解香精或其他水不溶性成分，如果酒精用量不足，或所用香料含蜡等不溶物过多都有可能在生产、贮存过程中导致混浊和沉淀现象出现。特别是化妆水类制品，一般都含有水不溶性的香料、油脂类（润肤剂等）、药物等，除加入部分酒精用来溶解上述原料外，还需加入增溶剂（如表面活性剂），如加入水不溶性成分过多，或增溶剂选择不当或用量不足，也会导致混浊和沉淀现象发生。因此配方应合理，生产中严格按配方配料，对原料要制定严格的要求和标准。

② 生产工艺和生产设备的影响。为除去制品中的不溶性成分，生产中采用静置陈化和冷冻过滤等措施。如静置陈化时间不够，冷冻温度偏低，过滤温度偏高或过滤机失效等，都会使部分不溶解的沉淀物不能析出，在贮存过程中产生混浊和沉淀现象。应适当延长静置陈化时间；检查冷冻温度和过滤温度是否控制在规定温度范围内；检查过滤机滤布或滤纸是否平整，有无破损等。

2. 变色、变味

（1）酒精质量不好　由于在水剂类制品中大量使用酒精，因此，酒精质量的好坏直接影响产品的质量，所用酒精应经过适当的加工处理，以除去杂醇油等杂质。

（2）水质处理不好　香水、化妆水等制品除加入酒精外，为降低成本，还加有部分水，要求采用新鲜蒸馏水或经灭菌处理的去离子水，不允许有微生物或铜、铁等金属离子存在。因为铜、铁等金属离子对不饱和芳香物质会发生催化氧化作用，导致产品变色、变味；微生物虽会被酒精杀灭而沉淀，但会产生令人不愉快的气息而损害制品的香气，因此应严格控制水质，避免上述不良现象的发生。

(3) 空气、热和光的作用　水剂类制品中含有易变色的不饱和键如葵子麝香、醛类、酚类等，在空气、光和热的作用下会导致色泽变深，甚至变味。因此在配方时应注意原料的选用或增用防腐剂或抗氧剂，特别是化妆水，可用一些紫外线吸收剂；其次应注意包装容器的研究，避免与空气的接触；配制好的产品应存放在阴凉处，尽量避免光线的照射。

(4) 碱的作用　水剂类制品的包装容器要求中性，不可有游离碱，否则香料中的醛类等起聚合作用而造成分离或混浊，致使产品变色、变味。

3. 刺激皮肤

制品发生变色、变味现象时，必然导致制品刺激性增大。另外，含有某些刺激性成分较高的香料或有刺激性成分的香料用量太大等，或者是含有某些对皮肤有害的物质，经长期使用，皮肤产生各种不良反应。应注意选用刺激性低的香料和选用纯净的原料，加强质检。对新原料的选用，更要慎重，要事先进行各种安全性试验。

4. 严重干缩甚至香精析出分离

由于香水、化妆水类制品中含有大量酒精，易于气化挥发，如包装容器密封不好，经过一定时间的贮存，就有可能发生因酒精挥发而严重干缩甚至香精析出分离，应加强管理，严格检测瓶、盖以及内衬密封垫的密封程度。包装时也要注意密封问题。

四、气溶胶类化妆品的生产工艺

气溶胶类化妆品也称气压式化妆品。气溶胶是胶体化学中的一个专用名称，是指液体或固体微粒（一般小于 10μm）成胶体的状态悬浮于气体中。目前，气溶胶已成为所有利用气压容器的一般原理，当气阀开启时，内容物能自动压出的制品的商业名称。因此冠以这一名称的制品，并非都是真正的气溶胶。

目前气压制品大致可以分为以下五大类。

(1) 空气喷雾制品　能喷出成细雾，颗粒小于 50μm，如香水、古龙水、空气清新剂等。

(2) 表面成膜制品　喷射出来的物质颗粒较大，能附着在物质的表面上形成连续的薄膜，如亮发油、祛臭剂、喷发胶等。

(3) 泡沫制品　压出时立即膨胀，产生大量的泡沫，如剃须膏、摩丝、防晒膏等。

(4) 气压溢流制品　单纯利用压缩气体的压力使产品自动压出，而形状不变，如气压式冷霜、气压牙膏等。

(5) 粉末制品　粉末悬浮在喷射剂内，和喷射剂一起喷出后，喷射剂立即挥发，留下粉末，如气压爽身粉等。

气压式化妆品使用时只要用手指轻轻一按，内容物就会自动地喷出来，为此其包装形式与普通制品不同，需要有喷射剂、耐压容器和阀门。

（一）喷射剂

气压制品依靠压缩或液化的气体压力将物质从容器内推压出来，这种供给动力的气体称为喷射剂，亦称推进剂。

喷射剂可分为两大类：一类是压缩液化的气体，能在室温下迅速气化。这类喷射剂除了供给动力之外，往往和有效成分混合在一起，成为溶剂或冲淡剂，和有效成分一起喷射出来后，由于迅速气化膨胀而使产品具有各种不同的性质和形状。此类液化气体的喷射剂有氟氯烃类、丙烷、正丁烷和异丁烷和二甲醚等。

另一类是一种单纯的压缩气体，这一类喷射剂仅仅供给动力，它几乎不溶或微溶于有效成分中，因此对产品的性状没什么影响。此类压缩气体的喷射剂有二氧化碳、氮气、氧化亚氮、氧气等。

（二）气压容器

气压容器与一般化妆品的包装容器相比，其结构较为复杂，可分为容器的器身和气阀两个部件。器身一般采用金属、玻璃和塑料制成。较常采用的是以镀锡铁皮制成的气压容器。

气阀系统除阀门内的弹簧和橡皮垫外，全部可以用塑料制成。其工作原理是：有效成分放入容器内，然后充入液化的气体，部分为气相，部分仍为液体，达到平衡状态。气相在顶部，而液相在底部，有效成分溶解或分散在下面的液层里。当气阀开启时，气体压缩含有效成分的液体通过导管压向气阀的出口而到容器的外面，如图7-10所示。由于液化气体的沸点远较室温为低，能立即气化使有效成分喷向空气中形成雾状。如要使产品压出时成泡沫状，其主要的不同在于泡沫状制品不是溶液而是以乳化体的形式存在的，当阀门开启时，由于液化气体的气化膨胀，使乳化体产生许多小气泡而形成泡沫的形状。

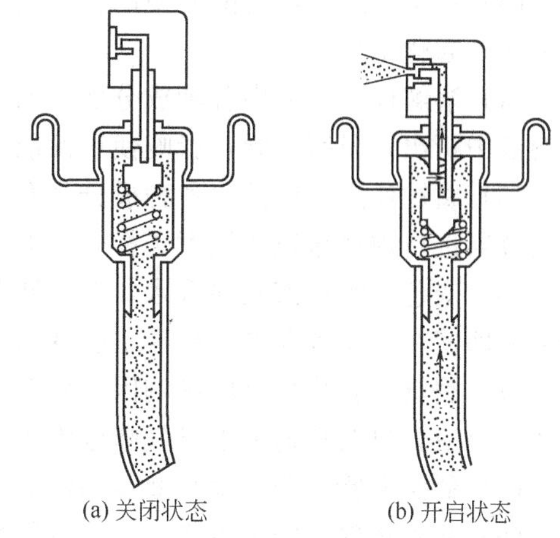

图 7-10 气压容器气阀系统的工作原理

（三）气压式化妆品的生产工艺

气压制品和一般化妆品在生产工艺中最大的差别是压气的操作。不正确的操作会造成很大的损失，且喷射剂压入不足会影响制品的使用性能，压入过多（压力过大）会有爆炸的危险，特别是在空气未排除干净的情况下更易发生，因此必须仔细地进行操作。

气压制品的生产工艺包括：主成分的配制和灌装、喷射剂的灌装、器盖的接轧、漏气检查、质量和压力的检查和最后包装。

气压制品的灌装基本上可分为两种方法，即冷却灌装和压力灌装。

1. 冷却灌装

冷却灌装是将主成分和喷射剂经冷却后，灌于容器内的方法。采用冷却灌装的方法，主成分的配制方法和其他化妆品一样，所不同的是它的配方必须适应气压制品的要求，在冷却灌装过程中保持流体状态和不产生沉淀，以免影响灌装、使用和安全。

2. 压力灌装

压力灌装是在室温下先灌入主成分，将带有气阀系统的盖加上并接轧好，然后用抽气机将容器内的空气抽去，再从阀门灌入定量的喷射剂。灌装设备投资少，使用较广。

以压缩气体作喷射剂，也是采用压力灌装的方法。灌装压缩气体时并不计量，而是控制容器内的压力。在漏气检查和喷射试验之前，还需经压力测定。

（四）气压式化妆品的质量控制

气压式化妆品不同于一般的化妆品，这不仅反映在包装容器、生产工艺上，而且在配方上也有不同的要求。制品太黏稠、与常用的喷射剂不相和谐，都不能用于气压式化妆品。气压式化妆品在生产和使用过程中应注意以下问题。

（1）喷雾状态　喷雾的性质（干燥或潮湿）受不同性质和不同比例的喷射剂、气阀的结构及其他成分（特别是酒精）的存在所制约。低沸点的喷射剂形成干燥的喷雾，因此如要产品形成干燥的喷雾可以在配方中增加喷射剂的比例，减少其他成分（即酒精）。当然，这样会使压力改变，但应该和气压容器的耐压情况相适应。

（2）泡沫形态　泡沫形态由喷射剂、有效成分和气阀系统所决定，可以产生干燥坚韧的泡沫，也可以产生潮湿柔软的泡沫。泡沫主要有三种类型：稳定的泡沫（剃须膏），易消散的泡沫（亮发油、摩丝）和喷沫（香波）。

（3）化学反应　注意配方中的各种成分间的配伍性，同时要注意组分与喷射剂或包装容器之间不起化学反应。

（4）溶解度　制品中各种成分之间的相容性。应尽量避免使用溶解度不好的物质，以免在溶液中析出，阻塞气阀，影响使用性能。

（5）腐蚀作用　制品中各种成分都有可能对包装容器产生腐蚀，配方时应加以注意，对金属容器进行内壁涂覆和注意选择合适的防腐剂可以减少腐蚀的产生。

（6）变色　酒精溶液的香水，在灌装前的运送及贮存过程中容易受到金属杂质的污染，灌装后即使在玻璃容器中，色泽也会变深，应注意避免。

（7）香气　香味变化的影响因素较多。制品变质、香精中香料的氧化以及和其他原料发生化学反应，以及喷射剂本身气味较大等都会导致制品香味变化。

（8）低温考验　采用冷却灌装的制品应注意主成分在低温时不会出现沉淀等不良现象。

（9）注意环保和安全生产　由于氟氯烃对大气臭氧层有破坏作用，应选用对环境无害的低级烷烃和醚类作推进剂。但低级烷烃和醚类是易燃易爆物质，在生产和使用过程中应注意安全。

五、粉类化妆品的生产工艺

粉类化妆品主要是指以粉类原料为主要原料配制而成的外观呈粉状或粉质块状的一类制品，主要包括香粉、爽身粉、粉饼、胭脂以及粉质眼影块等。

常用的粉类化妆品有香粉、粉饼和爽身粉等，根据使用要求，其特性应具有：①遮盖力，涂敷在皮肤上，必须能遮盖住皮肤的本色，能弥补皮肤的缺陷，而赋予香粉的颜色，增加皮肤的光泽；②吸收性，主要是指对香精的吸收，同样也包括对油脂和水分的吸收；③黏附性，必须具有很好的黏附性，以防止在涂敷后脱落；④滑爽性，具有滑爽易流动的性能，才能保证易涂敷均匀，所以此类化妆品的滑爽性极为重要。

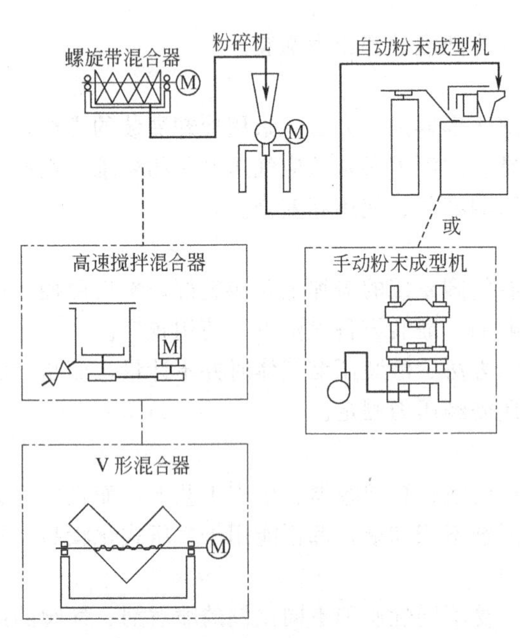

图 7-11　粉类化妆品生产工艺流程

一般粉类化妆品的生产过程主要有粉料灭菌、混合、磨细、过筛、加香、加脂、包装等，其工艺流程如图 7-11 所示。实际生产中，可以混合、磨细后过筛，也可以磨细、过筛后混合。

（一）香粉的生产工艺

1. 粉料灭菌

粉类化妆品所用滑石粉、高岭土、钛白粉等粉末原料不可避免地会附有细菌，而这类制品是用于美化面部及皮肤表面的，为保证制品的安全性，通常要求香粉、爽身粉、粉饼等制品的细菌总数小于1000只/g，而眼部化妆品（如眼影粉）要求细菌数为零，所以必须对粉料进行灭菌。

2. 混合

混合的目的是将各种粉料用机械的方法使其拌和均匀，是香粉生产的主要工序。一般是将粉末原料计量后放入混合机中进行混合，但是颜料之类的添加物由于量少，在混合机中难以完全分散，所以初混合的物料尚需在粉碎机内进一步分散和粉碎，然后再返回混合机，为使色调均匀有时需要反复数次才能达到要求。

3. 磨细

磨细的目的是将颗粒较粗的原料进行粉碎，并使加入的颜料分布得更均匀，显出应有的色泽。经磨细后的粉料色泽应均匀一致，颗粒应均匀细小，颗粒度用120目标准检验筛网进行检测，不合标准的应反复研磨多次，直至符合要求。

4. 过筛

通过球磨机混合、磨细的粉料或多或少会存在部分较大的颗粒，为保证产品质量，要经过筛分处理。常用的是卧式筛粉机。

5. 加香

一般是将香精预先加入部分碳酸钙或碳酸镁中，搅拌均匀后加入球磨机中进行混合、分散。

6. 加脂

一般香粉的pH值是8～9，而且粉质比较干燥，为了克服此种缺陷，在香粉内加入少量脂肪物，这种香粉称为加脂香粉。

操作方法是在通过混合、磨细的粉料中加入乳剂（乳剂内含有硬脂酸、羊毛脂、白油、水和乳化剂），充分混合均匀。如果含脂肪物过多，将使粉料结团，应注意避免。加脂香粉不致影响皮肤的pH值，且粉在皮肤表面的黏附性能好，容易敷施，粉质柔软。

7. 灌装

灌装是香粉生产的最后一道工序，一般采用的有容积法和称量法。对定量灌装机的要求是应有较高的定量精度和速度，结构简单，并可根据定量要求进行手动调节或自动调节。

（二）粉饼的生产工艺

粉饼与香粉的不同之处在于要有成型过程。为便于压制成型，除粉料外，还需加入一定的黏合剂。也可用加脂香粉直接压制成粉饼，因加脂香粉中的脂肪物有很好的黏合性能。

1. 黏合剂的制备

在不锈钢容器内加入胶粉（天然的或合成的胶质类物质）和保湿剂，再加入去离子水搅拌均匀，加热至90℃，加入防腐剂，在90℃下维持20min灭菌，用沸水补充蒸发掉的水分后即制成黏合剂。

2. 混合、磨细

按配方将粉料称入球磨机中，混合、磨细，粉料与石球的质量比是1∶1，球磨机转速为50～55r/min。加脂肪物混合2h，再加香精混合2h，最后加入黏合剂混合15min。在球磨机混合过程中，要经常取样检验颜料是否混合均匀，色泽是否与标准样相同等。

将在球磨机中混合好的粉料，筛去石球后，加入超微粉碎机中进行磨细，超微粉碎后的粉料在灭菌器内用环氧乙烷灭菌，将粉料装入清洁的桶内，用桶盖盖好，防止水分挥发，并检查粉料是否有未粉碎的颜料色点、钛白粉的白点或灰尘杂质的黑点。也可将黏合剂先和适量的粉料混合均匀，经过10～20目不敷出的粗筛过筛后，再和其他粉料混合，经磨细等处理后，将粉料装入清洁的桶内在低温处放置数天使水分保持平衡。粉料不能太干，否则会失去黏合作用。

3. 压制粉饼

粉料先经过60目的筛子达到一定的粒度后，按规定质量将粉料加入模具内压制，压制时要做到平、稳，不要过快，防止漏粉、压碎，应根据配方适当地调整压力。压制粉饼通常采用冲压机，冲压压力大小与冲压机的形式、产品外形、配方组成等有关。压力过大，制成的粉饼太硬，使用时不易涂擦开；压力太小，制成的粉饼就会太松易碎，一般在2～7MPa之间。

(三) 粉类化妆品的主要生产设备

粉类化妆品生产过程中所用的设备主要有混合设备、研磨设备、筛粉设备、微细粉碎设备、灭菌设备、充填设备、成型设备和除尘设备等。

1. 混合设备

使用混合设备的目的是使各种粉料充分混合均匀。混合设备的品种很多，如带式混合机、立式螺旋混合机、V形混合机和高速混合机等。

2. 研磨设备

在粉类化妆品生产过程中，为使粉料与颜料得以充分混合、磨细，得到均匀的颜色，需使用研磨设备，通常采用球磨机。球磨机一般制成具有两端锥形或圆筒形的回转筒体，筒内装有一定数量的研磨球或研磨柱（研磨体）。研磨体通常采用瓷质制品，大型的亦可采用鹅卵石。筒体可用低碳钢或不锈钢板制成。

球磨机是利用研磨体的冲击作用以及研磨体与筒壁之间的研磨作用而将粉料进行研磨、粉碎并混合的。当筒体在电动机驱动（通过减速器）下进行转动时，由于研磨体与筒体内壁的摩擦作用，研磨体按旋转方向被带到一定高度落下，粉料受到连续不断的冲击和摩擦而被粉碎、研磨及混合。研磨体与粉料按一定比例装入筒内，混合后物料的体积一般为筒体体积的1/3左右，装载过多会影响球磨机的效率。

球磨机具有许多优点：①可以进行干磨，也可以用于湿磨；②粉碎程度高，可得到较细的颗粒；③运转可靠，操作方便；④结构简单，价格便宜；⑤可间歇操作，也可连续操作；⑥粉碎及研磨易爆物时，筒体可以充惰性气体以保证安全生产；⑦密闭进行，可减少粉尘飞扬。

但球磨机也有许多不足：①体积庞大、笨重；②运转时震动剧烈，噪声较大，需有牢固的基础；③工作效率低，能量消耗大；④粉料内易混入研磨体的磨损物，污染制品。

3. 微细粉碎设备

为提高粉类制品的质量和使用性能，扩大粉末原料的应用范围，希望制取几个微米大小的超细粉末。采用球磨机等设备进行超细粉碎时，常因生产周期长、效率低而受限制。近代采用的超细粉碎设备主要有微细粉碎机、振动磨和气流磨等。

4. 筛粉设备

筛粉设备即用来分离大小颗粒的设备，其主要部件是由金属丝、蚕丝或尼龙丝等材料编织成的网。筛孔可以是圆形、正方形或长方形，筛孔的大小通常用目来表示，即每平方英寸（$1in^2=6.4516\times10^{-4}m^2$）的开孔数目。目数越高，筛孔越小。

筛粉设备按操作方法分类，可以分为固定筛和运动筛两大类。固定筛只适用于生产能力较低的场合，其优点是设备简单，操作方便。生产粉类化妆品的筛粉机常见的有以下几种。

(1) 刷筛　刷筛具有一个“U”形容器，容器的底部装有一固定的半圆形金属筛网，容器两端侧面的圆心装有两个轴承座，其上装有转轴，轴上装有交叉的毛刷，毛刷紧贴金属筛网。

（2）叶片筛　为提高刷筛的生产效率，将安装在轴上的毛刷改为叶片，而轴的转速提高到 500～1500r/min，使粉料在叶片离心力的作用下通过金属筛网。

（3）风筛　风筛又称空气离析器，是利用空气流的作用使粉料颗粒粗细分离的设备。为能得到微细的粉末，应用离心式气流微粉分离器，可以得到粉粒小于 100 目的细粉。

5. 除尘设备

在粉类化妆品生产过程中，为使粉料从气体中分离出来或除去气体中所含的粉尘，避免造成环境污染或粉料的大量流失，通常采用除尘设备。除去气体中固体颗粒的过程称为气体净制。气体净制的方法大致可分为以下四类。

（1）干法净制　是使微粒受重力作用或离心力作用而沉降。

（2）湿法净制　是使气体与水或其他液体接触，气体中的固体颗粒被液体润湿而除去。

（3）过滤净制　是使气体通过一种过滤介质，将气体中的固体颗粒分离出来。

（4）静电净制　是使气体中的微粒在通过高压静电场时沉降下来。

净制的方法根据粉尘颗粒的大小、净制程度、物料性质、粉尘的有用与否等来进行选择。在粉类化妆品生产过程中，大都采用干法净制和过滤净制，所用的主要设备分别为旋风分离器和袋式过滤器。

（四）粉类化妆品的质量控制

1. 香粉、爽身粉、痱子粉的质量控制

（1）香粉的黏附性差　主要是硬脂酸镁或硬脂酸锌用量不够或质量差，含有其他杂质，另外粉料颗粒粗也会使黏附性差。应适当调整硬脂酸盐的用量，选用色泽洁白、质量较纯的硬脂酸盐；另外，将香粉尽可能磨细，以改善香粉的黏附性能。

（2）香粉吸收性差　主要是碳酸镁或碳酸钙等具有吸收性能的原料用量不足所致，应适当增加其用量。但用量过多，会使香粉 pH 值上升，可采用陶土粉或天然丝粉代替碳酸镁或碳酸钙，降低香粉的 pH 值。

（3）加脂香粉成团结块　主要是由于香粉中加入的乳剂油脂量过多或烘干程度不够，使香粉内残留少量水分所致，应适当降低乳剂中的油脂量，并将粉中水分尽量烘干。

（4）有色香粉色泽不均匀　主要是由于在混合、研磨过程中，采用设备的效果不佳，或混合、研磨时间不够。应采用较先进的设备，如高速混合机、超微粉碎机等，或适当延长混合、研磨时间，使之混合均匀。

（5）杂菌数超标　原料含菌多，灭菌不彻底，生产过程中不注意清洁卫生和环境卫生等，都会导致杂菌数超过规定范围，应加以注意。

2. 粉饼的质量控制

（1）粉饼过于坚实、涂抹不开　黏合剂品种选择不当，黏合剂用量过多或压制粉饼时压力过高都会造成粉饼过于坚实而难以涂抹开。应在选用适宜黏合剂的前提下，调整黏合剂用量，并降低压制粉饼的压力。

（2）粉饼过于疏松、易碎裂　黏合剂用量过少、滑石粉用量过多以及压制粉饼时压力过低等，使粉饼过于疏松，易碎。应调整粉饼配方，减少滑石粉用量，增加黏合剂用量，并适当增加压制粉饼时的压力。

（3）压制加脂香粉时粘模子和涂擦时起油块　主要原因是乳剂中油脂成分过多，应适当减少乳剂中的油脂含量，并尽量烘干。

第四节　常用化妆品的生产实例

化妆品通常是指以涂抹或喷洒的方式施于人体面部、皮肤或头发等处，起清洁、保护、营养、美化或改变容貌、增加魅力等作用的制品。它是高附加值、高技术的知识密集型精细化工产品，具有安全性、有效性和稳定性。

我国是文明古国，化妆品的使用历史悠久。近年来，人们对化妆品概念的理解有了较大的变化，从以前的美容、护理并重，进一步发展到美容的同时更注重科学护理，希望产品对人体更安全、无刺激。抗皮肤衰老、增白祛斑、祛粉刺、生发和减肥等疗效的化妆品受到极大的关注。而一些特殊的化妆品，如防晒化妆品、儿童化妆品、男用化妆品、老年化妆品等有广泛的发展市场。未来我国化妆品产业将会朝着品牌系列化、功能多样化、成分天然化、包装精美化、使用方便化的方向更加快速、稳定、健康地发展。

下面按化妆品的使用目的不同分别介绍化妆品的生产实例。

一、皮肤用化妆品

皮肤是人体的表皮组织，它是人体自然防御体系的第一道防线，皮肤健康，防御能力就强，它能够保护人体免受外界的刺激和伤害。而且健康美丽的皮肤能给予人美的享受，给人以轻松、愉快、清秀之感。因此，保护皮肤的健康状态至关重要。

要想让皮肤健康和美丽，首先就要保持皮肤的清洁卫生。由于皮肤的角质层老化、皮脂腺分泌皮脂、汗腺分泌汗液及其他分泌物和灰尘等附着在皮肤表面上形成污垢，妨碍皮肤正常的新陈代谢，甚至产生病变。因此要经常保持皮肤的清洁。

皮肤用化妆品通常应具有清洁皮肤和保护皮肤的双重作用，而清洁皮肤的目的，还是保护皮肤。

1. 皮肤清洁用化妆品

皮肤清洁用化妆品主要有各种清洁霜、洗面奶、洗手液、沐浴液等。其类型有乳剂类和液洗类，其生产工艺可参见本章第三节。

（1）清洁霜　清洁霜是一种半固体膏状制品，其主要作用是帮助去除积聚在皮肤上的异物，如油污、皮屑、化妆料等，特别适合于干性皮肤的人使用。它的去污作用一方面是利用表面活性剂的润湿、渗透、乳化作用进行去污；另一方面是利用制品中的油性成分的溶剂作用，对皮肤上的污垢、油彩、色素等进行渗透和溶解，尤其是对深藏于毛孔深处的污垢有良好的去除作用。

清洁霜的用法是先将其均匀涂敷于面部皮肤并轻轻按摩，溶解和乳化皮肤表面和毛孔内的油污，并使香粉、皮屑等异物被移入清洁霜内，然后用软纸、毛巾或其他易吸收的柔软织物将溶解和乳化了的污垢等随清洁霜从面部擦除。用清洁霜去除面部污物的优点是对皮肤刺激性小，用后在皮肤上留下一层滋润性的油膜，令皮肤光滑柔软，对干性皮肤有很好的保护作用。

清洁霜中分为O/W型和W/O型两类。清洁霜中含油相30%～70%，油相必须容易在体温时液化和分布，因此油相的流动点应低于35℃。清洁霜的原料除此之外还含有脂、蜡、乳化剂、水和添加剂等。

清洁霜配方举例见表7-4。

（2）洗面奶　其去污原理与清洁霜类似。洗面奶中油性成分较清洁霜中要低得多。洗面

表 7-4　清洁霜配方举例　　单位：%（质量分数）

清洁霜配方	W/O霜(一)	W/O霜(二)	O/W霜(一)	O/W霜(二)	O/W霜(三)
蜂蜡	3.0	6.0		1.0	8.0
石蜡	10.0	2.0	10.0		7.0
鲸蜡醇			2.0		
凡士林	15.0		20.0	5.0	
白油	41.0	40.0	30.0	20.0	48.0
硬脂酸				3.0	
羊毛脂		2.5			
单硬脂酸甘油酯			2.0	1.0	
烷基膦酸酯					2.0
Span-85	4.2	3.0			
Tween-80	0.8	0.5	4.0		
羟乙基纤维素					0.2
丙二醇			5.0	4.0	3.0
三乙醇胺				1.8	0.5
香精、色素和防腐剂	适量	适量	适量	适量	适量
去离子水	26.0	46.0	27.0	64.2	31.3

奶中油性成分一般为10%～35%。洗面后感觉清爽、光滑、滋润、舒适、无紧绷感。其配方中的主要成分是油相、乳化剂、保湿剂、水和各种添加剂等。如果添加营养剂、药剂、美白剂、高效保湿剂等可制成具有辅助功效的洗面奶。加聚合物小颗粒的磨砂洗面奶在洗面的同时，可通过摩擦去掉脸部的死皮。

洗面奶配方举例见表 7-5。

表 7-5　洗面奶配方举例　　单位：%（质量分数）

洗面奶配方	普通型	防衰老型	保湿型
C_{16}醇	2.0		2.0
亚麻油	25.0		
肉豆蔻酸异丙酯	8.0		
甲基葡萄糖苷硬脂酸酯	1.0		
丙二醇	4.0		
磺基琥珀酸单月桂酸酯二钠	6.0		5.0
花粉液	5.0		
月见草油		3.0	
凡士林		3.0	
羊毛脂或羊毛脂衍生物		8.0	2.0
硅油		1.0	
乙二醇		5.0	
山梨醇		5.0	
羟乙烯聚合物		0.5	
三乙醇胺		0.5	3.0
动物脾脏提取物		2.0	
聚二甲基硅氧烷			2.0
矿物油			6.0
硬脂酸			3.0
透明质酸			0.1
甘油			5.0
香精和防腐剂	适量	适量	适量
去离子水	余量	余量	余量

制法：将油相成分混合均匀，加热到85℃制成油相；水相成分混合均匀加热到80℃，加入油相中混合均匀成乳化体，连续搅拌，冷却到45℃，加花粉液、香精和防腐剂，搅拌均匀，35℃左右停止搅拌即可。

(3) 沐浴液　沐浴化妆品是沐浴时去除身体污垢并赋予香气的化妆品。沐浴液供沐浴使用，能去除污垢，清洁肌肤，促进血液循环，且浴后留香持久，尤其适用于老人和儿童。沐浴液应对皮肤温和，安全无毒，无刺激性，容易冲洗，且浴后皮肤滑爽。

洗浴时将沐浴液直接涂敷于身体上或借助毛巾涂擦于身上，经揉搓达到去除污垢目的。过去人们大都使用肥皂、香皂、浴皂等洗澡，虽然它们有较强的洗净作用，但由于它们呈碱性，致使皮肤过度脱脂，容易使皮肤出现干燥、无光泽等现象。随着表面活性剂工业的发展，目前的浴液制品主要有两类，一类是易冲洗的以皂基表面活性剂为主的浴液，另一类是呈微碱性的以各种合成表面活性剂为主体的浴液。沐浴液配方举例见表7-6。

表7-6　沐浴液配方举例　　单位：%（质量分数）

沐浴液配方	清凉型	滑爽型	易冲洗型
脂肪醇醚硫酸酯盐(70%)	15.0	13.0	
十二烷基膦酸酯(30%)			38.0
月桂酸			11.0
脂肪醇醚琥珀酸酯磺酸钠(35%)	6.0		
N-月桂酰肌氨酸钠(30%)		8.0	
羟磺基甜菜碱(30%)	4.0		8.0
椰油酰胺丙基甜菜碱(30%)		9.0	
聚乙二醇-200硬脂酸甘油酯	3.0		
聚季铵盐-10		0.2	
乙二醇双硬脂酸酯			3.0
增稠剂			1.5
$EDTA-Na_4$			0.1
丙二醇	4.0		
薄荷脑	1.0		
KOH			3.2
香精、色素和防腐剂	适量	适量	适量
乳酸(调pH值)		适量	
去离子水	余量	余量	余量

沐浴液的配制方法是首先将各种表面活性剂混合，加入去离子水，在搅拌下加热至70℃左右，混合均匀后，加入润肤剂、保湿剂、增稠剂等，降温至50℃时加入香精，冷却至室温即可灌装。

2. 护肤用化妆品

护肤用化妆品即保护皮肤的化妆品。皮肤清洁用化妆品一般都是立即或经过短时间之后用水冲洗或用纸巾等将其擦除，在皮肤上不留化妆品的痕迹，从而保持皮肤的清洁；而护肤用化妆品则在洗净的皮肤上涂抹，使其形成均匀的薄膜，该膜可持续地对皮肤进行渗透，给皮肤补充水分和脂质，并防止皮肤角质层水分的挥发，对皮肤实施护理。

护肤用化妆品主要包括乳剂类（雪花膏、冷霜、润肤霜和润肤乳液等）、化妆水类等。

(1) 雪花膏　“雪花膏”顾名思义，颜色洁白，遇热容易消失。雪花膏在皮肤上涂开后有立即消失的现象，此种现象类似“雪花”，故命名为雪花膏。它属于以阴离子型乳化剂为基础的O/W型乳化体，在化妆品中属于一种非油腻性的护肤用品，敷用在皮肤上，水分蒸发后就留下一层硬脂酸、硬脂酸皂和保湿剂所组成的薄膜，使皮肤与外界干燥空气隔离，能节制人体表皮水分的过量挥发，特别是在秋冬季节相对湿度较低的情况下，能保护皮肤不致干燥、开裂或粗糙，也可防治皮肤因干燥而引起的搔痒。

雪花膏是硬脂酸和硬脂酸化合物分散在水中的乳化体，主要原料是硬脂酸、碱类、多元醇、水、香精等。雪花膏配方举例见表7-7。

表7-7　雪花膏配方举例　　单位：%（质量分数）

雪花膏配方	普通型	营养型	增白型
硬脂酸	5.0	10.0	3.0
十八醇或十六醇	4.0		10.0
白油	9.0	10.0	
硅油	2.0	2.0	
单硬脂酸甘油酯	3.0	4.0	
三乙醇胺	0.5	0.8	0.5
甘油	5.0	8.0	15.0
混合醇		3.0	
羊毛脂		1.0	
Span-80			5.0
Tween-60			6.0
羊毛醇			2.0
薏米提取物			1.0
钛白粉			2.5
银耳提取物和珍珠粉		适量	
熊果苷			适量
防晒剂			适量
香精、防腐剂	适量	适量	适量
去离子水	余量	余量	余量

雪花膏的配制方法是先将油相成分加热至90℃，碱类和水可混合加热（也可分别加热）至90℃，然后将水相加入油相中，继续搅拌冷却至50℃时加入香精，停止搅拌冷却至室温即可灌装。

（2）冷霜　冷霜即为香脂，是一种典型的W/O型乳化体。由于很早以前其制品不稳定，涂在皮肤上有水分分离出来，水分蒸发而带走热量，使皮肤有清凉的感觉，所以称为“冷霜”。质量好的冷霜应是乳化体光亮、细腻，pH值为5.0～8.5，没有油-水分离现象，不易收缩，稠厚程度适中，便于使用。冷霜含油分较多，具有滋润皮肤，防止皮肤变粗或破裂的性能，因此最适宜冬天使用。

冷霜的原料主要有蜂蜡、白油、水分、硼砂、香精和防腐剂等，配方举例如下。

冷霜配方（质量分数%）

蜂蜡	10.0	Span-80	1.0
白油	34.0	硼砂	0.6
羊毛脂	6.0	香精、防腐剂	适量
凡士林	7.0	去离子水	余量
切片石蜡	4.0		

冷霜的配制方法是先将油相加热至略高于油相的熔点，约70℃，将硼砂溶解于水中加

热至90℃，灭菌20min，然后待温度降至70℃左右将水相加入油相中，继续搅拌冷却至50℃时加入香精，停止搅拌冷却至室温即可灌装。

(3) 蜜类化妆品　蜜类化妆品是一种介于化妆水和雪花膏之间的半流动状态的液态霜，故又称软质雪花膏，也称为乳液。现在市场上流行的有润肤蜜、清洁蜜、营养蜜、手用蜜、体用蜜、美容蜜等，都是蜜类化妆品的典型代表。在蜜类产品中，常添加动植物油脂、蛋白质、生化制剂和增白、爽肤、除皱等中草药添加剂，将其制成营养型或疗效型蜜类化妆品。

现代蜜类化妆品的发展趋势是在润肤、保湿的基础上朝着天然型、营养型、疗效型的方向发展。

在营养蜜的配方中将蜂蜜用于蜜类化妆品中，它能使皮肤富有弹性和光泽，并对面部疖子、痱子、痤疮等有一定的治疗作用。润肤蜜搽涂于手、面皮肤，有滋润美容作用等。蜜类化妆品的配方举例见表7-8。

表7-8　蜜类化妆品配方举例　　单位：%（质量分数）

蜜类化妆品配方	营养蜜	润肤蜜
蜂蜡	3.0	
白油	10.0	12.0
十八醇	1.0	
单硬脂酸甘油酯	3.0	
硼砂	0.3	0.2
脂肪醇聚氧乙烯醚	0.7	
丙二醇	5.0	
蜂蜜	3.0	
硬脂酸		5.0
杏仁油		0.2
羊毛脂		4.0
三乙醇胺		0.3
香精、防腐剂	适量	适量
去离子水	余量	余量

(4) 润肤霜　润肤霜是一类保护皮肤免受外界环境刺激，防止皮肤过分失去水分，经皮肤表面补充适宜的水分和脂质，以保持皮肤滋润、柔软富有弹性的乳剂类护肤化妆品，且对儿童和成人的皮肤开裂有一定的愈合作用，也可作按摩霜使用。

皮肤干燥的主要原因是由于角质层水分含量减少，因此如何保持皮肤角质层适宜的水分含量是保持皮肤滋润、柔软有弹性，防止皮肤老化的关键。恢复干燥皮肤水分的正常平衡的主要途径是赋予皮肤滋润性油膜，保湿和补充皮肤所缺少的养分，防止皮肤水分过快挥发，促进角质层的水合作用。

下面列举一些润肤霜配方。

① 配方1（质量分数%）

十八醇	7.0	2-辛基月桂醇	6.0
硬脂酸	2.0	含水羊毛脂	2.0
异三十烷	5.0	十六醇聚氧乙烯(20)醚	3.0
单硬脂酸甘油酯	2.0	丙二醇	5.0
香精、防腐剂和抗氧剂	适量	精制水	68.0

制法：将丙二醇溶于水中，加热至70℃，制成水相；将除香精外的其他组分混合，加

热至70℃，制成油相。将油相缓缓加入水相，搅拌乳化或用均质器乳化，冷却至40℃时加入香精，停止搅拌，冷却至室温即可灌装。

② 配方2（质量分数%）

白油	15.0	羊毛脂	2.0
十六醇	10.0	聚氧乙烯羊毛脂	3.0
氢化羊毛脂	2.0	防腐剂(尼泊金甲酯、尼泊金丙酯)	0.3
甘油	5.0	精制水	62.7
香精、色素	适量		

制法：将水相和油相分别混合，加热至80℃，然后将水相加入油相中进行乳化，乳化完成后，温度降至45℃时加入香精，混合均匀，静置24h分装。

③ 配方3（晚霜）（质量分数%）

羊毛醇	10.0	十二醇聚氧乙烯醚	2.0
十六醇	2.0	十八醇聚氧乙烯醚	4.0
肉豆蔻酸异丙酯	5.0	甲基葡萄糖聚氧乙烯(20)醚	5.0
凡士林	25.0	尼泊金甲酯	适量
十八醇	2.0	精制水	45.0
香精	适量		

制法：将甲基葡萄糖聚氧乙烯（20）醚和尼泊金甲酯溶于水制成水相，其他组分混合熔融制成油相，分别加热至70℃，将水相加入油相中进行乳化，乳化完成后，温度降至45℃时加入香精，冷却至室温即可灌装。

（5）化妆水　化妆水又称美容水，是一种透明的液体化妆品，它能弥补皮肤角质层中水分的不足，使皮肤洁净、湿润，有爽快的刺激感觉，并能调节皮肤的pH值和改善皮肤的生理机能。应用广泛，种类多。主要成分是乙醇和水，此外还有醇溶性润肤剂或中草药浸出液等。

下面列举一些化妆水配方。

① 配方1（质量分数%）

乙醇	20.0	聚乙二醇(1500)	2.0
精制水	64.4	氢氧化钾	0.05
月桂醇聚氧乙烯(9)醚	3.0	尼泊金甲酯	0.1
甘油	10.0	色素	适量
香精	0.45		

制法：将月桂醇聚氧乙烯（9）醚和尼泊金甲酯溶于乙醇，氢氧化钾、甘油、聚乙二醇溶于水中；在缓缓搅拌下将醇溶液加入水溶液中，最后加入香精和色素，搅拌均匀后过滤即可灌装。

本产品呈碱性，有去垢、柔软皮肤的作用。

② 配方2（质量分数%）

乙醇	14.0	甘油	4.0
精制水	67.9	缩水丙二醇	3.0
Tween-20	2.0	尼泊金甲酯	0.1
丙二醇	4.0	水杨酸三乙醇胺盐	2.0
月桂醇聚氧乙烯(20)醚	3.0	香精、色素	适量

制法：将月桂醇聚氧乙烯（20）醚和尼泊金甲酯溶于乙醇，其他组分溶于水中，在搅拌下将醇溶液逐渐加入水溶液中，最后加入香精和色素，搅拌均匀后过滤即可灌装。

本产品含有紫外线吸收剂水杨酸三乙醇胺盐，具有良好的防晒、保湿作用。

③ 配方 3（质量分数%）

乙醇	15.0	甘油	3.0
精制水	78.0	硫酸锌	3.0
Tween-20	0.5	花香型香精	适量
明矾	0.5	色素	适量

制法：将明矾、硫酸锌和甘油溶于水中，再加入溶有 Tween-20 的乙醇，最后加入香精和色素，搅拌均匀后，静置 24h 后过滤分装。

本产品呈酸性。搽于皮肤表面，有收缩毛孔、绷紧皮肤的作用，用后有一种清凉舒适感。

④ 配方 4（质量分数%）

乙醇	15.0	维生素 E	0.2
精制水	72.0	柠檬酸	0.1
山梨醇(70%)	10.0	尼泊金甲酯	0.2
黄瓜油	2.0	香精	0.5

制法：将山梨醇和柠檬酸溶于水中，其余成分溶于乙醇中，在缓慢搅拌下将醇溶液加入水溶液中，混合均匀后静置 24h，过滤后分装。

本产品中含有维生素 E 和黄瓜油，对于防止雀斑、粉刺生成和缓解皮肤衰老有良好的效果。

二、美容化妆品

美容化妆品，主要是用来美化面部皮肤、眼部、唇、指甲等部位，以达到遮盖瑕疵，美化容貌，赋予人们艳丽的色彩和芳香气味的效果，同时对皮肤起到一定的保护作用。美容化妆品种类较多，下面介绍几种典型的美容化妆品。

1. 香粉

香粉是用于面部化妆的制品。香粉可遮掩褐斑、雀斑，防止皮肤分泌油分，使皮肤具有光滑的天鹅绒般的感觉，从而起到增色加艳之功能。因此，要求香粉具有一定的遮盖力、润滑性、吸收性和附着力等。

（1）遮盖力　在香粉的配方中，加入氧化锌、二氧化钛、碳酸镁的目的就是增强产品的遮盖力。

（2）滑爽性　香粉的润滑性主要是依靠滑石粉，为了达到香粉具有光滑感和铺散均匀的目的，香粉中滑石粉的用量达 50%左右。

（3）吸收性　吸收性是指香粉对香料、油脂和水分的吸收，但吸收性太强会使皮肤更干燥，因此香粉中吸收剂不宜过多。常用的吸收剂有沉淀碳酸钙、碳酸镁、高岭土、淀粉、硅藻土等，其中碳酸镁是一种优良的吸附剂，其用量一般不超过 15%。

（4）附着性　附着性即香粉在皮肤上的黏附性能，硬脂酸盐和棕榈酸盐常用作香粉的附着剂，其中硬脂酸镁或硬脂酸锌用得最普遍。

（5）香味和颜色　香精和色素的使用对香粉的质量也是至关重要的。香粉中的香气不可过浓，所用香精应保持稳定，不酸败变味，不使香粉变色。

粉饼和香粉的使用目的相同，将香粉制成粉饼的形式，其配方上要加入适量的黏合剂，为便于压制成型。

下面列举一些香粉和粉饼的配方。

① 轻遮盖力香粉配方（质量分数%）

滑石粉	42.0	高岭土	13.0
沉淀碳酸钙	15.0	硬脂酸锌	10.0
碳酸镁	5.0	香精、色素	适量
氧化锌	15.0		

② 重遮盖力香粉配方（质量分数%）

滑石粉	45.0	钛白粉	10.0
高岭土	10.0	硬脂酸锌	3.0
碳酸钙	5.0	硬脂酸镁	2.0
碳酸镁	10.0	香精、色素	适量
氧化锌	15.0		

③ 粉饼配方（质量分数%）

滑石粉	74.0	丙二醇	2.0
高岭土	10.0	失水山梨醇倍半油酸酯	2.0
二氧化钛	5.0	Tween-20	2.0
山梨醇	4.0	香精、色素	适量
液体石蜡	3.0		

2. 唇膏

唇膏也称口红。唇膏是在唇部涂上色彩，赋予光泽，不仅可使嘴唇红润美丽，而且还可以保护嘴唇不干裂。其产品的形状有棒状、笔状和软膏状，最常见的是棒状唇膏。优良的唇膏应具有下列性能。

① 使用方便，滑爽无黏腻感，感觉舒适，色泽均匀。

② 抹在唇上能保持数小时不脱落和化开，色泽持久，香气宜人。

③ 对皮肤有保湿和柔软作用。

④ 不受气候条件变化的影响，夏季不熔不软，冬季不干不硬，不产生油脂酸败气味等现象。

⑤ 对唇部皮肤无刺激性，对人体无毒害。

唇膏的主要成分是油分、色素和香精。油分是唇膏的骨干成分，常用的油分包括蓖麻油、羊毛脂、凡士林等酯、蜡类物质。唇膏用的色素可以分为两类，一类是可溶性染料，如溴酸红；另一类是不溶性颜料，如铝、钡、钙、锶等的色淀。

下面列举一种唇膏（口红）配方。

配方（质量分数%）

羊毛脂	14.0	聚乙烯硅氧烷液	1.8
鲸蜡	13.0	二氧化硅粉末	0.8
蜂蜡	19.0	卵磷脂	1.6
地蜡	6.0	甘油单油酸酯	28.8
红色染料	15.0	玫瑰香精	适量

制法：将染料分散于油相中，加二氧化硅，将蜡类混合加热熔化，然后将染料的油相加入蜡相中，用乳化器进行乳化分散，均质后注入模具，快速冷却成型。

3. 香水

香水类化妆品的主要品种有香水、古龙水、花露水、化妆水，其主要作用是散发香气，从嗅觉上给人以美感，在美化形象过程中起着画龙点睛的作用。它们只是香精的香型和用量、酒精的浓度等不同而已。香精、酒精和水的质量直接影响到产品质量的好坏，而且乙醇含量一般在80%左右。在香水类化妆品配方中使用的乙醇一般都要经过醇化处理，使其气味纯和，不含杂醇油气味和其他不愉快的气味。水绝对不能使用一般的自来水或天然水，应采用新鲜的蒸馏水或去离子水。

香水是化妆品中较高贵的一类芳香佳品。香水的主要成分除香精、酒精和水外，根据需要可加入少量甘油、丙二醇、抗氧化剂、乳化剂、润肤剂和色素等添加剂。

高档香水中的香精，多选用天然花、果的芳香油及动物香料（如麝香、灵猫香等）来配制；低档香水所用的香精，多用人造香料来配制，香精含量约为5%左右，留香时间短，香气稍劣。香水的香型很多，有清香型、花香型、草香型、粉香型、果香型、素馨兰型、东方型、馥奇型和美加净香型等。

香水的配制生产最好在不锈钢容器内进行，搪瓷玻璃容器也可使用。所用的配件和导管也要采用不锈钢制品，尽量避免使用铜、铁、铅制品。

下面列举一些香水配方。

(1) 紫罗兰香型香水（质量分数%）

紫罗兰花净油	14.0	檀香油	0.2
金合欢净油	0.5	龙涎香酊剂(3%)	3.0
玫瑰油	0.1	麝香酊剂(3%)	2.0
灵猫香净油	0.1	乙醇(95%)	80.0
麝香酮	0.1		

(2) 东方型香水（质量分数%）

橡苔净油	6.0	对甲酚异丁醚	0.15
香根油	1.5	乙酸肉桂酯	1.5
香柠檬油	4.5	洋茉莉醛	0.6
胡椒醛	0.6	苯乙醇	6.0
黄樟油	0.3	麝香酮	0.45
异丁子香酚	0.45	合成麝香	2.1
广藿香油	3.0	抗氧剂	0.1
檀香油	3.0	乙醇(95%)	69.75

(3) 玫瑰香水（质量分数%）

玫瑰香水香精	14.0	灵猫香膏	0.1
玫瑰油	0.2	麝香酊(3%)	5.0
玫瑰净油	0.5	乙醇(95%)	80.0
茉莉净油	0.2		

制法：将乙醇和添加剂在混合器中混合，熟化约三个月，再经过滤、调色、检验即可灌装。

4. 指甲油

指甲油在指甲上形成的涂层不仅增加指甲的美观，还起着保护指甲的作用。因此，指甲油应该具有黏度适当、涂膜均匀、干燥迅速和颜料分散均匀这些特点。另外，涂膜既要牢固，又要容易被除去剂洗净，并且指甲油的原料不应损坏指甲或有毒。

指甲油的主要成分可分为成膜物质、树脂、增塑剂、溶剂和色素等。成膜物质是指甲油中的基本原料，其中以硝酸纤维素最好和最为常用。树脂可减少硝酸纤维素膜的脆性，增加膜层的亮度和附着力，一般多用合成树脂。为使涂膜柔韧、持久，在指甲油中还要加入增塑剂，常用的是乙酰柠檬酸三丁酯之类的柠檬酸酯类物质。色素和珠光剂的加入是为了提高指甲油的色调感。用于配制指甲油的溶剂有酯类和酮类溶剂，另外，还要加入一定的助溶剂如醇类，以及稀释剂，如烃类。

下面列举一种指甲油配方。

配方（质量分数%）

硝酸纤维素	10.0	乙酸丁酯	15.0
醇酸树脂	10.0	乙醇	5.0
乙酰柠檬酸三丁酯	5.0	甲苯	35.0
乙酸乙酯	20.0	色素	适量

制法：将硝酸纤维素与树脂溶解于溶剂中，加入增塑剂和颜料，搅拌均匀后通过研磨机细磨。由于原料中硝酸纤维素和溶剂等易燃，因此在生产中特别要注意防火。

三、发用化妆品

浓密、乌黑、光亮的头发和美观、大方、整洁的发型，不仅把人们衬托得容光焕发、美丽多姿，而且这也是一种健康的标志。

发用化妆品是用来清洁、营养、保护和美化人们头发的化妆品。它包括洗发用化妆品（香波）、护发用化妆品（发油、发蜡、发乳、护发素、焗油膏等）、美发用化妆品（发胶、摩丝、染发剂、烫发剂等）。这里对染发剂、烫发剂等毛发用化妆品不作介绍，而主要介绍洗发类化妆品和护发类化妆品。

1. 洗发类化妆品

香波是英语“shampoo”一词的译音，原意是洗发，它是一种以表面活性剂为主制成的液体状、固体状或粉末状的制品。主体原料随香波形态的变化及功能的多样化而变化。从香波的演变历史来看，1950 年是以肥皂为主的洗发粉，由于肥皂会与硬水中的钙、镁离子生成黏腻的钙镁皂，洗后感觉不好；1955～1965 年，随着合成洗涤剂的发展，以烷基硫酸盐为基础的粒状、浆状香油上市；近年来，由于洗发的次数增加，要求香波脱脂力低、性能温和，有柔发性能的调理香波和对眼睛无刺痛的婴儿香波日趋盛行。此外，具有洗发、护发、美发、祛头屑等功能的洗发液也不断问世。

（1）洗发水　洗发水与其他洗发产品的不同之处是活性物含量低，产品的外观透明清晰，黏度低。主要作用是清洗头发。随着科技发展及消费水平的提高，由简单的清洗功效，发展为调理性，如光泽、易梳理、抗静电性等，甚至已发展到修复受损头发的特殊功效，如营养洗发水、香气洗发水、祛屑止痒洗发水、头发晒后修复洗发水等。

（2）洗发膏（洗头膏）　洗发膏又称膏状香波，为不透明和具有不同深浅颜色的膏状皂型香波。去污力强，特别适宜于油性头发、污垢较多的男性消费者，使用方便，运输也方便，至今又发展到添加中草药提取液（如首乌）、疗效剂（如去屑止痒剂）等，产品品种增加，有一定的市场占有率。洗后头发光亮、柔软、顺服。

洗发膏的配方（质量分数%）

硬脂酸	3.0	精制水	48.0
三聚磷酸钠(五钠)	8.0	K_{12}	20.0
羊毛脂	1.0	尼纳尔	3.0
碳酸氢钠	12.0	香精、防腐剂	适量
氢氧化钾(8%)	5.0		

（3）香波　香波有透明、珠光等不同外观，有调理、酸性、药效、特效等不同性能，还有按适用发质不同分为：干性发用香波、中性发用香波、油性发用香波。特点是洗净性好，其抗硬水性和特有的溶解性。各种表面活性剂、添加剂赋予香波不同功能，增加了产品的自身价值。香波的发展极快，使香波成为洗发、洁发、护发、美发等化妆型产品。

目前市场上香波的主要品种有透明香波、二合一香波（洗发、护发）、三合一香波（洗发、护发、祛头屑）等。

以下列举香波的配方。

① 透明香波配方（质量分数%）

组分	含量	组分	含量
脂肪醇醚硫酸钠(AES)	25.0	香精	0.3
酰氨基聚氧乙烯醚硫酸镁盐	8.0	柠檬酸	0.2
氯化钠	3.1	去离子水	余量
DMDM 乙内酰脲	0.37		

② 二合一香波配方（质量分数%）

组分	含量	组分	含量
脂肪醇醚硫酸钠(AES)	12.0	卡松	0.06
C_9～C_{14}烷基多苷	4.0	氯化钠	0.5
椰子油二乙醇酰胺(1∶1)	4.0	柠檬酸(调 pH＝6.0～6.5)	适量
椰油酰胺丙基甜菜碱	5.0	香精	适量
水解丝蛋白粉	0.1	去离子水	余量

③ 三合一香波配方（质量分数%）

组分	含量	组分	含量
脂肪醇醚硫酸铵	10.0	丝素氨基酸液	1.0
月桂醇硫酸铵	8.0	天然保湿因子	1.0
椰油酰胺丙基甜菜碱	3.0	珠光浆	4.0
聚季铵盐-9	1.0	杰马	0.1
水溶性祛屑止痒剂	0.5	氯化钠	0.5
柠檬酸(调 pH＝6～7)	适量	去离子水	余量
香精	适量		

2. 护发类化妆品

护发类化妆品的主要作用是补充头发油分和水分的不足，赋予头发自然、光泽、健康和美观的外表，同时还可减轻或消除头发或头皮的不正常现象（如头皮屑过多等），达到滋润和保护头发、修饰和固定发型之目的。

若采用以高级脂肪醇为阴离子表面活性剂的香波，由于这类表面活性剂脱脂力较强，用后会使头发变干，烫发及染发也使头发易受损。为了改变这种情况，则采用以阳离子表面活性剂、两性离子季铵盐为基础的护发用品。以阳离子表面活性剂为基料的护发素，可使头发柔软有光泽，有弹性，易于梳理，抗静电，并使受损的头发得到一定程度的修复。

常用的护发用品有发油、发蜡、发乳、护发素、焗油等。

(1) 发油　发油即头油，用动、植物油脂加入一定的香精制成，为油、水加入适量乳化剂，使用时摇动即可。发油的作用在于修饰头发使之光泽，亦起头发整形功效。

(2) 发蜡　发蜡可使头发定型，多为男性用品。可增加头发光亮度，是美发化妆品。产品为半固体的油、脂和蜡的混合物。适用于干性头发和难以梳理成型的硬性头发。缺点是太黏难洗。

(3) 发乳　发乳是乳化型的产品，不仅能起保护和滋养头皮的作用，还能促进头发的生长和因水分的补充而减少断裂。

发油、发蜡、发乳的配方实例见表 7-8。

(4) 护发素　护发素也称为头发护理剂，是一种洗发后使用的护发用品。它能吸附在头发表面成膜，从而使头发柔软、光润、抗静电，使头发易于梳理成型。护发素的主要成分以阳离子表面活性剂（季铵盐类）为主体，此外还有油分、功效添加营养剂和疗效剂等。

表 7-9 发油、发蜡、发乳的配方实例 单位：%（质量分数）

护发类化妆品配方	发油	发蜡	发乳
聚氧乙烯硬脂酸山梨醇酯			2.0
单硬脂酸山梨醇酯			2.0
凡士林		43.0	7.0
石蜡	75.0	50.0	31.0
硅油	2.0	2.0	2.0
肉豆蔻酸乙酯	23.0		3.0
香精、防腐剂、色素等	适量	适量	适量
去离子水		余量	余量

普通护发素配方（质量分数%）

十六烷基三甲基溴化铵	1.0	硬脂酸单甘油酯	1.0
羊毛脂	1.0	香精、柠檬黄色素	适量
十八醇	3.0	去离子水	余量

(5) 焗油　头发按发质不同可分为沙发、钢发、绵发等几种，焗油是当代用于美发、护发的高级发用化妆品，并替代了护发素，效果甚佳。焗油对烫过的发质效果明显，焗油除具有增光泽、抗静电、整发固发作用外，对保养头发，及对干、枯、脆等受损头发的修复功能更为突出。使沙发发质的女性长发不再蓬散而是光亮柔顺美丽。

通常用焗油来护发的方法是采用焗油机进行蒸汽焗油处理和用较热的毛巾热敷处理，热度大些效果更好。然后用水漂洗一下即可。

草本精华润发焗油膏配方（质量分数%）

A:双十八烷基氯化铵	3.0	B:杏仁油	2.0
聚二乙醇(25)羊毛脂	4.0	麦胚提取物	4.0
甘油	8.0	天然芦荟原汁	10.0
乳化硅油	6.0	C:香精、柠檬酸、防腐剂	适量
阳离子瓜尔胶	0.2	D:去离子水	余量
霍霍巴油	2.0		

制法：将 A、D 组分混合加热至 75℃，搅拌溶解后冷却至 55℃，加入 B 组分，冷却至 45℃时加入 C 组分，充分搅拌，最后用柠檬酸调节 pH 值为 6.0。

四、特殊用途化妆品

1. 防晒用化妆品

(1) 紫外线及其作用　所谓紫外线，是指波长为 200～400nm 的射线。阳光中的紫外线能杀死细菌或抑制皮肤表面细菌的生成，能促进皮肤中的脱氢胆固醇转化为维生素 D，还能增强人体的抗病能力，促进人体的新陈代谢，对人体的生长发育具有重要作用。阳光中一部分紫外线（波长 290～320nm）可使皮肤真皮逐渐变硬、皮肤干燥、失去弹性、加快衰老和出现皱纹，还能使皮肤表面出现鲜红色斑，有灼痛感或肿胀，甚至起泡、脱皮以致成为皮肤癌的致病因素之一。所以保护皮肤，防止皮肤衰老，预防皮肤癌的关键是防止阳光中紫外线对皮肤的损伤。

(2) 防晒剂　防晒剂是添加于防晒化妆品中的主要物资。防晒用化妆品中所用防晒剂品种很多，从防晒机理讲，可归纳为两类：一类是紫外线散射剂，如钛白粉、氧化锌、高岭土、碳酸钙、滑石粉等无机粉体，这类防晒剂主要是通过散射作用减少紫外线与皮肤的接触，从而防止紫外线对皮肤的侵害；另一类是紫外线吸收剂，如水杨酸薄荷酯、苯甲酸薄荷酯、水杨酸苄酯、对氨基苯甲酸乙酯、二苯甲酮衍生物等具有羰基共轭的芳香族有机化合物；这些紫外线吸收剂的分子能够吸收紫外线的能量，然后再以热能或无害的可见光效应释放出来，从而保护人体皮肤免受紫外线的伤害，现代防晒化妆品所加防晒剂主要以此类物质为主。

（3）防晒化妆品的种类　目前市场上的防晒化妆品中，按形态不同主要有防晒油、防晒水、防晒乳液和防晒霜等。下面介绍防晒油与防晒霜两类品种。

① 防晒油。许多植物油对皮肤有保护作用，而有些防晒剂又是油溶性的，将防晒剂溶解于植物油中制成防晒油，一般来说效果不错，且由于含油分多，不易被水冲掉，但缺点是会使皮肤有油腻感，易黏灰，不透气。

防晒油配方（质量分数%）

成分	含量	成分	含量
水杨酸辛酯	5.0	月桂酸乳酸酯	14.0
甲氧基肉桂酸辛酯	4.0	VE乙酸酯	0.1
异十六醇	10.0	香精	适量
棕榈酸辛酯	22.0	白油	余量
椰子油	2.5		

制法：将各组分混合均匀即可。

② 防晒霜。防晒霜既能保持一定油润性，又不至于过分油腻，使用方便，是比较受欢迎的防晒化妆品。

防晒霜配方（质量分数%）

成分	含量	成分	含量
A相：硬脂酸	12.0	B相：三乙醇胺	0.4
白油	6.0	精制水	62.1
羊毛脂	5.0	C相：水杨酸苯酯(防晒剂)	1.0
白凡士林	1.0	钛白粉(防晒剂、增白剂)	3.0
单硬脂酸甘油酯	3.5	甘油	6.0
尼泊金乙酯	适量	D相：香精	适量
2,6-二叔丁基对甲酚	适量		

制法：将油相A、水相B分别加热至80～85℃，保持15～20min，搅拌下将水相加入油相中，搅拌至70～75℃时，加入预先制好的甘油糊，即C相，结膏前加入香精即可。

2. 祛斑类化妆品

祛斑类化妆品是用于减轻面部皮肤表皮色素沉着的化妆品。面部色素沉着症主要是雀斑、黄褐斑和瑞尔氏黑皮症，是色素障碍性皮肤病。研究认为，色素沉着与人体的内分泌腺中枢——脑下垂体有密切联系。脑下垂体有两种黑色素细胞刺激分泌激素（MSH）。MSH能使黑色素细胞内酪氨酸活性增强，使酪氨酸的铜化物变成亚铜化物，加强表皮细胞吞噬黑色素颗粒，并在紫外线照射下促使黑色素颗粒从还原状态变成氧化状态，导致皮肤色素沉着。从黑色素形成过程中可以看出，要形成黑色素，需要有酪氨酸、酪氨酸酶、氧及黑色素体。黑色素体内的酪氨酸酶活性越大，含量越多，越易形成黑色素。因此抑制酪氨酸酶的活性，清除活性氧，减少紫外线照射，防止氧化反应发生等，可有效地减少黑色素的形成。

对于色素沉着病的防治，目前国内外尚无特效疗法。由于紫外线能促进黑色素的生成，因此应避免日光的过度照晒。服用维生素C、维生素B等能一定程度地抑制黑色素的形成。

目前祛斑类化妆品中，采用中草药作祛斑剂，如白芨、白术、白茯苓、川芎、沙参、柴胡、当归等以及配合使用维生素C、维生素E及超氧化物歧化酶（SOD）等，它们能抑制和减少黑色素的形成，对祛除色素沉着有一定作用；采用曲酸、熊果苷、果酸、天然动植物提取物、水果提取物等制成的祛斑化妆品，它们能消除细胞的黑色素沉积，使皮肤表面光滑、细嫩、柔软，有减退皮肤色素沉着、色斑、老年斑、粉刺等功效，同时对皮肤具有美白、保湿、防皱、抗衰老的作用。除此之外，水杨酸苯酯、二氧化钛等，其作用是避免紫外线的照射，降低氧化的程度，也能减少黑色素生成；硫黄有还原性，具有漂白作用，可将皮肤软化、除去黑色素，所以配有硫黄的洗涤剂可起到美白的效果。表 7-10 中列举了一些祛斑类化妆品的配方。

表 7-10 一些祛斑类化妆品的配方 单位：%（质量分数）

祛斑类化妆品配方	O/W 型(一)	O/W 型(二)	祛斑类化妆品配方	O/W 型(一)	O/W 型(二)
十六醇	5.5	1.0	氨基甲基丙二醇	10.0	
白油		9.0	果酸		6.5
甘油三(2-乙基己酸酯)	8.0		曲酸		1.0
角鲨烷	8.0	5.0	天然植物提取物	0.5	
二甲基硅氧烷	0.5		丙二醇	5.0	
Arlatone983		1.5	L-乳酸钠	1.0	
单硬脂酸甘油酯	2.0		香精、防腐剂	适量	适量
聚二乙醇(40)硬脂醇醚	4.0		去离子水	余量	余量

3. 抑汗祛臭化妆品

抑汗祛臭化妆品是用来祛除或减轻体臭的一类特殊产品。

人的全身布满了汗腺，不时分泌汗液，以保持皮肤表面的湿润并排泄废弃物。每个人汗液分泌的情况不同，同一个人也因食物、运动、精神状态、外界环境以及部位的不同而变化。有些人的腋窝下，腋下腺异常，常排出大量黄色汗液，发出一种刺鼻难闻的臭味。尤其在夏季、气温高、汗腺分泌旺盛时，臭味更为明显。因为这种臭味类似狐狸身上所发出的臊气，所以人们称它为“狐臭”。

为了消除或减轻汗臭，应从两方面着手：一是制止汗液的过量排出；二是清洁肌肤，抑制细菌的繁殖，防止或消除产生的臭味。

抑汗祛臭化妆品即是依据上述要求而设计配制的，可分为两种类型：一类是利用收敛剂的作用，抑制汗的分泌，间接地防止汗臭；另一类是利用杀菌剂的作用，抑制细菌的繁殖，直接防止汗的分解变臭。

(1) 抑汗化妆品　抑汗化妆品的主要作用在于抑制汗液的过多分泌，吸收分泌的汗液。其主要成分是收敛剂，其品种较多，大致可分为两类：一类是金属盐类，如苯酚磺酸锌、硫酸锌、硫酸铝、氯化锌、碱式氯化铝等；另一类是有机酸类，如单宁酸、柠檬酸、乳酸、琥珀酸等。它能使皮肤表面的蛋白质凝结，使汗腺膨胀，阻塞汗液的流通，从而产生抑制或减少汗液分泌量的作用。抑汗化妆品可以制成液状、膏霜状、粉状三种。粉状是以滑石粉等粉料作为基质，再加收敛剂配制而成的，具有滑爽和吸汗作用。液体抑汗化妆品的配方最为简单，由收敛剂、酒精、水、保湿剂、增溶剂和香精等组成，必要时可加入祛臭剂和缓冲剂。

① 抑汗液配方（质量分数%）

碱式氯化铝	15.0	酒精	49.65
六氯二苯酚基甲烷	0.1	香精	0.25
甘油	5.0	去离子水	30.0

② 抑汗霜配方（质量分数%）

碱式氯化铝	18.0	失水山梨醇单硬脂酸酯	5.0
硬脂酸	14.0	聚氧乙烯失水山梨醇单硬脂酸酯	5.0
蜂蜡	2.0	香精	0.3
液体石蜡	2.0	去离子水	53.7

(2) 祛臭化妆品　祛臭化妆品是通过减少汗腺的分泌，破坏其中间产物，抑制细菌繁殖，达到爽身除臭的目的。祛臭化妆品的主要成分是杀菌祛臭剂，常用的有二硫化四甲基秋兰姆、六氯二羟基二苯甲烷，以及具有杀菌功效的阳离子表面活性剂，如十二烷基二甲基苄基氯化铵、十六烷基三甲基溴化铵、十二烷基三甲基溴化铵等，也可使用氧化锌、硼酸、叶绿素化合物以及留香持久且具有杀菌消毒功效的香精等。这类化合物能杀菌祛臭、无毒性及刺激性，且易吸附于皮肤上，作用持久，用量一般为0.5%～2.0%。祛臭化妆品有粉状、液状和膏霜状等类型，但尤以祛臭液效果显著，市场上也比较畅销。

祛臭液配方（质量分数%）

溴化十二烷基二甲基苄基铵	1.0	丙二醇	10.0
溴化十六烷基三甲基铵	2.0	乙醇(95%)	60.0
苯酚磺酸锌	5.0	香精	0.7
甘油	9.0	去离子水	12.3

4. 脱毛用化妆品

脱毛用化妆品是指具有减少、消除体毛作用的化妆品。主要来脱除不需要的毛发，如腋毛、过分浓重的汗毛等，其结果相当于剃除。一般剃除时仅刮去贴着皮肤表面的毛发，而脱毛剂则是从毛孔中除去毛发，因此脱毛后不仅毛发生长慢，而且皮肤光滑，留下舒适的感觉。使用脱毛化妆品可以达到净肤、靓肤、健美、美容之目的。

优质的脱毛剂应在5min内即显示效果，且由于毛发的组成和皮肤的组成类似，所用脱毛剂不应对皮肤有刺激性或损伤。这类产品分物理脱毛剂和化学脱毛剂两种类型。

(1) 物理脱毛剂　物理脱毛剂也称拔毛剂，是利用松香等树脂将需要脱除的毛发黏住，然后自皮肤上拔除，其作用相当于用镊子拔除毛发。通常为蜡状制品，使用时先将蜡熔化，然后涂在需要拔除毛发的部位，待蜡凝固后，即从皮肤上揭去，被黏着于凝固蜡中的毛发即随之从皮肤里被拔出来。由于这种方法使用时很不舒适，而且若使用不当会使皮肤受到损伤。

(2) 化学脱毛剂　化学脱毛剂是利用化学作用使毛发在较短时间内软化而能被轻易擦除。化学脱毛剂分为两大类：一类是无机脱毛剂，如钠、钾、钙、钡、锶等金属的碱性硫化物；另一类是有机脱毛剂，如巯基乙酸的钙、锂、钠、镁、锶等盐。

脱毛用化妆品可以制成粉状、液状或乳膏状三种。脱毛用化妆品中除主要成分脱毛剂外，还需加入其他助剂，如碱类、表面活性剂、香精等。

脱毛剂碱性很强，易损伤皮肤，配制和使用时均应十分注意。脱毛后要用肥皂轻洗，再擦酸性化妆水中和，或待完全干燥后擦滑石粉。脱毛后的皮肤如有干燥、粗糙等现象时，应擦适量乳液或乳膏以补充油分。

脱毛霜配方（质量分数%）

液体石蜡	10.0	巯基乙酸钙	5.0
白凡士林	15.0	精制水	52.0
十六醇	3.0	甘油	5.0
十八醇	3.0	钛白粉	1.0
聚氧乙烯(50)油醇醚	4.3	抗氧剂、防腐剂、香精	适量
聚氧乙烯(8)十八醇醚	1.7		

制法：将油、水相分别加热至 90℃，水相加入油相中乳化，70～75℃时加入预先混合研磨好的甘油钛白糊，55～58℃时加入香精，用氨水调节 pH 值为 12.7。

思考题

1. 化妆品指的是什么？
2. 为何要使用化妆品？
3. 化妆品按用途不同如何分类？按剂型不同又怎样分类？
4. 人的皮肤有什么功能？
5. 对化妆品的性能有什么要求？
6. 举例说明化妆品的基质原料包括哪几类？
7. 化妆品的辅助原料有哪几类？各自的主要用途是什么？
8. 举例说明化妆品中常用的添加剂包括哪几类？
9. 乳剂类化妆品的质量如何控制？
10. 简述液洗类化妆品的生产工艺过程。
11. 简述水剂类化妆品的生产工艺过程。
12. 水剂类化妆品的质量如何控制？
13. 香粉的生产工艺过程一般包括哪几个步骤？
14. 香粉和粉饼类化妆品存在哪些质量问题，应如何克服？
15. 紫外线对皮肤有什么危害？常用的防晒剂有哪些？

第八章　口腔卫生用品

【学习目的与要求】

了解口腔卫生用品的性能，了解生产口腔卫生用品的基本原料及其作用，了解普通牙膏、透明牙膏、药物牙膏的配方设计及药物牙膏的药效成分，掌握牙膏生产工艺和质量问题的解决方法。

第一节　概　　述

口腔护理用品包括牙膏、含漱剂、口腔卫生剂、洁齿剂和凝胶、口腔喷雾剂等。

口腔护理用品作为个人护理用品的重要组成部分，与人们生活息息相关。而据调查表明，目前我国有1/3的城市人口没有良好的刷牙习惯，农村地区不刷牙的人数占到57%。由此可见，口腔护理用品在我国大有发展前景。

第二节　牙膏的性能与组成

一、牙膏的性能

牙膏是由摩擦剂、发泡剂、甜味剂、胶黏剂、保湿剂、香精、防腐剂等原料按配方工艺制得的，是一种用软管包装的膏状混合物，使用方便，深受广大消费者的欢迎。现在，它是一种应用最广的重要的洁齿剂。牙膏应该具有洁齿能力、起泡性、较好的色香味、使用性以及对某些牙病有一定的防治效果。

1. 洁齿能力

为除去牙垢和牙缝内的食物残渣，美化牙齿，牙膏必须具有适当的洁齿性能。这种洁齿作用不仅要清洁牙齿，而且要清洁口腔，消除轻微口臭。牙膏的洁齿能力主要是由粉末原料摩擦剂和起泡剂决定的，此外与黏合剂和香精的种类、含量也有关系。摩擦剂对牙膏洁齿能力的影响很大，作为摩擦剂粉末本身的硬度太大会损伤牙周组织。相反，硬度太小，粉末颗粒不适合，难以将牙垢除去，更谈不上赋予牙齿表面光泽，所以选用的摩擦剂好坏直接影响到牙膏洁齿性能的优劣。

2. 起泡性

在使用牙膏时，必须产生丰富的泡沫。泡沫是由膏体组织中的发泡剂产生的，一般选用起泡力较强的表面活性物质作发泡剂。泡沫有较强的洗涤去垢能力，泡沫均匀迅速地扩散不仅能顺利地除去牙齿表面的污垢和口腔内的食物残渣，而且渗透到牙缝内和牙刷刷不到的部分，可将牙垢分散、乳化而除去。因此，牙膏在使用时产生泡沫量的多少，也是评价牙膏质量高低的标准之一。

3. 色香味

牙膏除应具备清洁牙齿、有益口腔卫生的功能以外，同时还必须照顾到消费者色香味方面的喜好，即必须考虑使人们乐于使用，养成刷牙的习惯。从感观上讲，牙膏应膏体色泽洁白、膏质细腻、稀稠适度、香气芬芳、味道清凉。一般来说，人们在使用后应有令人满意的香甜、清凉、爽快的感觉。牙膏的色香味几乎和组成牙膏的所有原料都有关。例如，粉末原料、发泡剂、黏合剂、甜味剂和香精等。其中，香精和甜味剂、漂白剂对色香味影响最大，所以在选择有关原料时务必注意。

4. 使用性

一般来说，牙膏首先要安全、无毒、无刺激，必须通过医疗部门鉴定，方可投放市场，供人们使用。使用时牙膏容易从软管中被挤出，流出的膏体在牙刷上保持一定形状，在口腔中易分散，吐掉后在口中容易漱净，使用后牙刷容易洗净等，这些被称为牙膏的使用性能。牙膏的使用性与牙膏的原料配方、工艺设备、产品性能以及包装材料等关系极大。例如，摩擦剂、发泡剂、黏合剂等膏体成分及牙膏管的大小、材料、厚度、口径粗细等都直接影响到牙膏的使用性能。因此，牙膏的使用性必须从原料、工艺、性能、容器等各方面进行综合研究。

5. 防治效果

现在，牙膏已经从单纯的洁齿剂发展成为预防和治疗性的卫生用品。大部分是在膏体中添加药物成分，以求达到预防龋齿和治疗牙周组织等口腔病的目的。生产药物牙膏，其质量除符合一般牙膏标准外，还必须通过医疗单位的临床鉴定，确证疗效，安全无害，方可使用。

一般来说，药物牙膏对牙齿或牙周组织的某些疾患应起到一定的防治作用，长期使用，应起到防治牙病的效果。根据我国化妆品卫生法规定药物牙膏或其他药物化妆品，应隶属国家药政部门管理。

二、牙膏的基本原料

牙膏是由软管和膏体两部分组成的。软管只起包装作用，这里主要介绍膏体的原料。牙膏的膏体原料主要有摩擦剂、发泡剂、保湿剂、黏合剂、甜味剂、赋香剂、防腐剂和水，此外还要用到少量的漂白剂、矫味剂和药物成分等。

1. 摩擦剂

摩擦剂多采用无机矿物粉末，借助共摩擦作用清除附着在牙齿表面的牙垢要求摩擦剂有适当的摩擦性，颗粒细腻，不含过粗颗粒和易于划伤牙齿的过硬颗粒。它是使牙膏具有洁齿力的主要组成原料，约占膏体总量的40%～50%。矿物质的硬度标准一般是用莫氏硬度表示的。以滑石为1，金刚石为10，把它们之间分成10等分，这就是莫氏硬度（见表8-1）。

表8-1 莫氏硬度

物质	滑石	石膏	方解石	萤石	磷灰石	冰晶石	石英	黄玉	刚玉	金刚石
莫氏硬度	1	2	3	4	5	6	7	8	9	10

一般来说，人的牙齿珐琅质的莫氏硬度为6～7。通常，用于牙膏中粉状摩擦剂的莫氏硬度为3，其目的是不损坏牙齿珐琅质。有些人有吸烟或喝浓茶的习惯，致使牙齿表面积存较多的污垢。为此，可在牙膏中加入较高硬度的摩擦剂，但这种牙膏只供上述人使用，一般人最好不要使用。

其次，粉状摩擦剂的颗粒过粗，在口中会产生异物感。一般牙膏中采用的粉末摩擦剂的颗粒规格应在325目（44μm）以下。除特种产品外，市售牙膏中一般使用10～20μm颗粒度的粉末摩擦剂。

目前，应用于牙膏生产的摩擦剂有普通摩擦剂、高级摩擦剂和新型摩擦剂三种。

(1) 普通摩擦剂　碳酸钙是最普通的摩擦剂。它是目前我国牙膏生产中大量采用的一个品种，年用量近两万吨，用这种摩擦剂生产的牙膏约占全国牙膏生产总量的80%以上。碳酸钙是无臭、无味的白色细腻粉末，不溶于水。牙膏用碳酸钙一般分为轻质、重质和天然的三种。轻质和重质碳酸钙都是用沉淀法生产的，轻质碳酸钙是在石灰乳中通入二氧化碳生产的，而重质碳酸钙是将沸腾的氯化钙溶液注入到热沸的碳酸钠溶液中制成的：

$$Ca(OH)_2 + CO_2 \longrightarrow CaCO_3 \downarrow + H_2O$$

$$Na_2CO_3 + CaCl_2 \longrightarrow CaCO_3 \downarrow + 2NaCl$$

天然碳酸钙主要是指天然的方解石粉。方解石粉是我国的自然资源之一，矿藏遍布全国，尤其以浙江省蕴藏量最大，而且质量也较好。又由于方解石矿开采比较容易，加工过程也不复杂，它具有资源丰富、建厂投资少、成本低三大优点，已成为我国牙膏生产中使用的主要摩擦剂。

用碳酸钙作牙膏的摩擦剂成本低，一般用于生产乙级牙膏。

(2) 高级摩擦剂　生产牙膏用的高级摩擦剂有磷酸氢钙、焦磷酸钙、磷酸钙、氢氧化铝、水合硅酸等。这些摩擦剂在水中能分散成胶体，其颗粒细度已达到胶体粒子的尺寸，所以又称胶体摩擦剂。用经过精制的胶体摩擦剂生产的牙膏，膏体洁白、光滑、细腻、稳定，摩擦性能温和，是生产甲级牙膏的摩擦剂。

磷酸氢钙摩擦剂含有两个分子的结晶水，又属酸式盐，其分子式为 $CaHPO_4 \cdot 2H_2O$。在一定条件下，磷酸氢钙可能失去结晶水，酸式盐也可能变成正盐，似乎磷酸氢钙是一种理化性质不稳定的摩擦剂，但实际上，磷酸氢钙粉料在黄蓍树胶黏合剂中使用时，在不加任何稳定剂的条件下，所生成的膏体非常稳定。其膏体细腻，呈半透明状态，产品贮存数年后，一直保持稳定的正常状态。

牙体的大部分是由磷酸盐构成的。而磷酸氢钙摩擦剂具有与牙齿结构相似的成分，在理化性质等方面与牙齿颇为接近，它对牙齿磨损小，而且对牙齿赋以光泽，是一种比较理想的牙膏高级摩擦剂。国外生产牙膏时，大部分采用此种摩擦剂。

高级摩擦剂一般成本较高，是制造甲级牙膏的摩擦剂。

(3) 新型摩擦剂　最近国际上出现了一些新型的摩擦剂，如包覆摩擦剂、塑料摩擦剂等。例如，将平均颗粒度在2～10μm的硅石、碳化硅等硬质磨料的表面浸涂一层树脂，形成包覆摩擦剂。这种摩擦剂的优点是清洁、摩擦性好而不伤牙齿。另外，用硅酸锆与细粉状热塑性树脂也可生成包覆摩擦剂。新型摩擦剂种类很多，将来一定会代替旧的天然摩擦剂。

2. 发泡剂

发泡剂就是各种表面活性物质，它能协助摩擦剂更好地发挥洁齿作用。一般来说，要求用起泡、分散、乳化、渗透、去垢等各种性质均好，而且无毒性、无刺激性的表面活性剂作发泡剂。发泡剂用量较少，发泡迅速，并分散于口腔中各个角落，从而洗去牙齿污垢，清洁口腔。

第二次世界大战以前，国外还基本是以生产皂型牙膏为主，发泡洗涤主要依靠肥皂的效能。第二次世界大战后，随着合成洗涤剂的进展，牙膏也逐渐由皂型牙膏过渡到合成发泡剂牙膏。从1956年起，我国先后在济南、上海、天津等厂改掉了生产皂型牙膏，至1972华全国淘汰了皂型牙膏，改成生产合成发泡剂牙膏。目前，国内外广泛应用的合成发泡剂有十二醇硫酸钠和十二醇酰甲胺乙酸钠等。

(1) 十二醇硫酸钠　十二醇硫酸钠是一种微有脂肪醇气味的白色粉末，溶于水中成中性溶液。其分子式为 $C_{12}H_{25}OSO_3Na$。十二醇硫酸钠是由椰子油加氢成脂肪醇，减压蒸馏得到大部分十二醇，再经硫酸酸化，然后以氢氧化钠溶液中和，喷雾干燥成粉。

$$C_{12}H_{25}OH + H_2SO_4 \longrightarrow 4C_{12}H_{25}OSO_3H + H_2O$$

$$C_{12}H_{25}OSO_3H + NaOH \longrightarrow 4C_{12}H_{25}OSO_3Na + H_2O$$

十二醇硫酸钠作发泡剂可产生丰富的泡沫，可以渗透、疏松牙齿表面污垢和食物残渣，使之成为悬浮状，被牙刷及摩擦剂从牙齿表面移除下来，随漱口水吐掉。这种发泡剂碱性较低，对口腔刺激性小，其稳定性好，是合成发泡剂中的一个重要品种，我国生产的牙膏几乎全部应用此种发泡剂。

(2) 十二醇酰甲胺乙酸钠

十二醇酰甲胺乙酸钠的化学结构式为

$$\underset{\displaystyle CH_3}{\mathrm{R{-}CON}\!\!\!\!\!\!\!\!\!\!\!\!\!\!\quad\;\big|}\!\!{-}CH_2{-}COONa \qquad R = {-}C_{12}H_{25}$$

纯品为白色粉末，能溶于水并产生大量的泡沫。用于牙齿中，可使牙膏的膏体细腻稳定，泡沫丰富，且在漱口时，极易漱清。同时还能防止牙缝间食物残渣发酵产生乳酸，因此它还有一定的防龋齿能力，是一种比较理想的有发展前途的牙膏用发泡剂。

3. 保湿剂

保湿剂又叫湿润剂。其加入量占牙膏原料总量的10%～30%。在牙膏中配入保湿剂，可防止膏体水分蒸发，甚至能吸收空气中的水分，以防止膏体干燥变硬以及赋予膏体以光泽等。另外，保湿剂还能降低膏体的凝固点，有防冻的性能，这样使牙膏在寒冷地区亦能正常使用。

目前，生产牙膏时常用的保湿剂有甘油、丙二醇、丁二醇、山梨醇等，它们都属于多元醇。这些多元醇的水溶液长时间贮藏，都可以使细菌繁殖。细菌可以破坏膏体中的黏胶体，使膏体变质，因此在膏体中应添加适量的防腐剂以防其霉变。

我国生产牙膏时，一般选用甘油为保湿剂。甘油不仅是牙膏的保湿剂，而且还是膏体的防冻剂和甜味剂。

最近，新发现的保湿剂是聚氧乙烯二醇，它既是保湿剂又是表面活性剂，但其防冻性能较差，与甘油配合使用，才能收到优良的保湿效果。

4. 黏合剂

黏合剂将制造牙膏的所有原料，如摩擦剂、发泡剂、赋香剂及甜味剂等进行分散包覆，予以极好地黏合，制成可供长期贮存和使用方便的稳定膏体。可见，黏合剂性能的优劣直接影响到牙膏膏体的稳定。而其他原料的选用，基本上应服从黏合剂的需要。因此黏合剂也是制作牙膏的一种重要原料。

牙膏用黏合剂，除要求能制成稳定的胶体溶液外，还要求色浅味正，对人体无害。

淀粉是人们生产牙膏时使用的第一种黏合剂。由于它的稳定性很差，又易被霉菌降解，早已淘汰。后来又使用羧甲基淀粉，也因其稳定性不好，不再使用。21世纪初，人们普遍采用天然胶作为牙膏用黏合剂，如印度胶、阿拉伯树胶、黄蓍树胶等。海藻类的品种，如鹿角菜胶、海带胶（海藻酸钠）也被采用。近年来，又采用了甲基纤维素、羧甲基纤维素、羟乙基纤维素、聚乙烯醇、聚乙酰烯醇胺等。

(1) 黄蓍树胶粉　黄蓍树胶粉又称白胶粉，是一种白色至微黄色的粉末，不溶于酒精，在水内溶胀成凝胶，是由相当复杂的多糖组成的。这种天然胶粉是由黄蓍树的树汁干燥制成的。该树生长在希腊、伊朗、土耳其和非洲等地。黄蓍树胶粉具有一定的乳化能力，可使水溶液增稠，感觉滑爽而不黏腻，它是一种性能较好的牙膏用黏合剂。其黏性在pH=8时最大，加入酸、碱、盐或久置、煮沸均能使黏度降低。

（2）海带胶　海带为褐藻类，海带胶即从海带中提出的褐藻酸的钠盐，因此又称其为海藻酸钠。海带胶的生产经过浸泡、消化、钙化，再用碳酸钠中和，干燥后磨成粉末。其性状为无臭、无味、白色至浅黄的粉末。海带胶溶液是透明均匀的黏稠胶液。胶粒约为20nm，粒度较小，故透明度好。用海带胶作牙膏的黏合剂，膏体稳定，扩散性优良。在国外也被广泛采用。我国海域辽阔，海岸线很长，现正在大力发展海带的养殖事业，海带资源极为丰富。海带胶的生产正在不断地扩大。海带胶是适应我国牙膏生产扩大发展的一种重要的黏合剂。

（3）羧甲基纤维素　羧甲基纤维素的英文全称为 carboxy methyl cellnlose，常缩写为 CMC。在化妆品或牙膏中，一般用其钠盐，即羧甲基纤维素钠，应缩写为 NaCMC，但习惯上仍写作 CMC。其化学结构式为

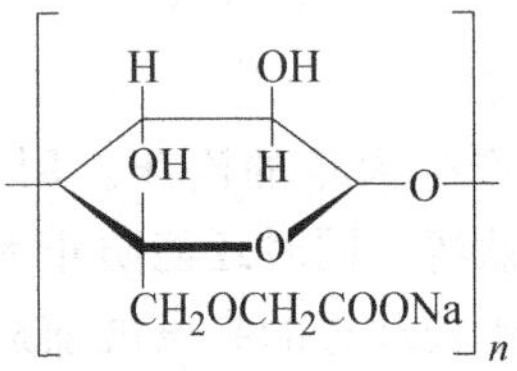

H　OH
OH　H
O
CH_2OCH_2COONa
n

CMC 是白色或微黄色的纤维状粉末，具有湿润性，可溶于水。在中性或碱性溶液中具有很高的黏度，并呈透明状。对光、热、化学药品稳定。CMC 的生产，首先将棉絮状的纤维素碱化处理成胶态，然后用一氯乙酸（$ClCH_2COOH$）进行醚化反应而制成。现在，我国用于牙膏的黏合剂，绝大部分是羧甲基纤维素钠，它是一种性能优良，没有毒性的牙膏用黏合剂。CMC 在水中容易分散成高黏度的胶体溶液，对霉菌有抑制作用并且在生理上不起作用，对膏体的其他成分有较好的适应性。选择并控制 CMC 的使用量可以得到各种黏度的产品，有低黏度的、中黏度的、高黏度的等。因为它无气味，所以加入香精后的牙膏，其效果优于用海带胶。由于用 CMC 作牙膏黏合剂，其性能优良，膏体稳定，价格比较便宜，因此广泛应用于国内外的牙膏生产。

5. 甜味剂

为了使牙膏具有一定的甜味，以掩饰其他原料的气味，改善口感，在牙膏中还要加入适量的甜味剂。牙膏用甜味剂主要有糖精、甘油、木糖醇、桂皮油等，其中以糖精为主。

1879 年，美国的雷姆森（I · Remson）用煤焦油中分离出的甲苯首次合成糖精。其甜味相当于蔗糖的550倍，不久便广泛应用于食品工业。

糖精的化学名称叫邻苯甲酰磺酰亚胺，分子式为 $C_6H_4COSO_2NH$，其化学结构式为

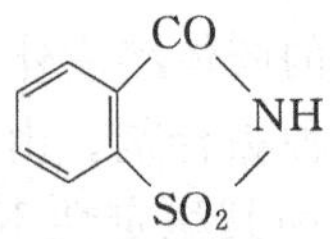

CO
NH
SO_2

纯品为白色结晶体、粉末或叶状晶体，无臭，略有芳香气味，味很甜。因为它难溶于水，往往将其制成钠盐使用。糖精钠可溶于水，即使是万分之一的水溶液也有甜味。

糖精钠在口腔中不会变酸，是国内外牙膏生产使用的主要甜味剂。它的用量一般在0.25％～0.35％。用量过多，反而会变成苦味。又因作为保湿剂的甘油亦具有甜味，故糖精钠的配用量应根据甘油用量以及甜味香料的有无和多少合理配用。

关于糖精的安全性曾有争议。考虑到它在膏体中用量甚微，况且在人体内不分解，又随尿排出体外，对人体健康影响不大，因此，多数学者认为糖精是一种安全无害的人造甜味剂。

6. 赋香剂

牙膏中加入赋香剂，在使用时给人以愉快清凉的感觉，口内留香，消除口臭，同时它又是一种良好的防腐剂。在牙膏中使用的香精必须具有可食性，另外在与膏体其他成分接触后不变味。

牙膏的香味是消费者评定质量优劣的一个重要标志。目前，牙膏的香型以水果香型、留兰香香型为主。此外，还有薄荷香型、茴香香型、豆蔻香型等。

牙膏用香精的香型，是调香师将几十种香料混合，精心调制而成的。将调好的香精添加到牙膏的膏体中，产生极佳的香气，同时所用的香精还必须与牙膏膏体有较好的相容性。因此，调香既是一种艺术，又是一门科学。牙膏、香气和味道必须为广大消费者所喜爱，一般来说，香气幽雅芬芳，口感清凉爽快者为上品。

7. 其他

制作牙膏的原料除上述六种以外，还有调和剂、漂白剂、矫味剂和防腐剂以及药物成分。

牙膏的调和剂主要是指将构成膏体的粉质原料予以均匀调和的液体原料，如水、酒精等。水是牙膏膏体成胶的主要分散介质。水的硬度大小与含铁量（能影响膏体色泽）等对牙膏的质量影响很大。最好用经过砂滤或经离子交换树脂处理过的水，当然最好是蒸馏水。一般来说，硬水不宜制造牙膏。

优质牙膏的膏体应洁白细腻。如果膏体颜色发灰或颜色不正，可在膏体中加入微量的漂白剂。牙膏用的漂白剂有过氧化氢、次氯酸钠或过硼酸钠等。过硼酸钠不但有漂白作用，而且还有杀菌消毒作用。

牙膏用的矫味剂有酒石酸、琥珀酸等。在膏体中加入微量，可矫正膏体的不愉快异味，以使其气味纯正。

牙膏中所用的防腐剂有苯甲酸钠、山梨酸、对羧基苯甲酸酯类或甲醛等。

第三节　牙膏的配方设计

一、普通牙膏

普通牙膏有甲级牙膏和乙级牙膏两种。其分级标准以摩擦剂为主要指标。凡摩擦剂以磷酸氢钙、焦磷酸钙、氢氧化铝、二氧化硅为主的是甲级牙膏；以碳酸钙为主的则是乙级牙膏。目前，我国牙膏生产中大量采用的摩擦剂是碳酸钙，碳酸钙牙膏约占全国牙膏总量的 80%左右。

1. 磷酸氢钙、磷酸钙、焦磷酸钙型牙膏

(1) 配方 1（质量分数%）

磷酸氢钙二水合物	45.0	角叉胶	0.3
二氧化硅	2.0	月桂醇硫酸钠	1.3
甘油	10.0	去离子水	余量
山梨糖醇	10.0	香料	1.0
羧甲基纤维素	1.0	甜味剂	适量

(2) 配方 2（质量分数%）

磷酸钙	45	羧甲基纤维素钠	1.2
山梨醇溶液	30	防腐剂	0.5
丙二醇	3	月桂酸单乙醇酰胺醚硫酸钠	1.8
糖精钠	0.15	净化水	余量
香精	1		

说明：该牙膏泡沫丰富，且刺激性小。

(3) 配方 3

$Ca_2(HPO_4)_2$	48.00	羧甲基纤维素钠	0.50
甘油	18.00	羟乙基纤维素	0.50
山梨醇	6.00	焦磷酸四钠	0.25
单氟磷酸钠	0.76	糖精钠	0.20
十二烷基磺基乙酸钠	1.30	NaF	0.20
香精	0.95	去离子水	余量

说明：以上组分混合制成牙膏，具有怡人香味。

2. 氢氧化铝、氧化铝型牙膏

(1) 配方 1（质量分数%）

氢氧化铝	47	月桂基硫酸钠	2.5
CMC	1.2	糖精	0.3
甘油	15	磷酸氢钙	0.5～1.0
山梨醇(70%)	5	净化水	余量

(2) 配方 2（质量分数%）

氢氧化铝	40	明胶	0.2
氧化硅	3	香精	1
藻酸钠	1		
山梨醇	26		
丙二醇	3	甘油月桂酸丁二酸二酯单钠和以甘油月桂酸丁二酸二酯单钠水溶液处理的葡聚糖酶(20000 单位/g)	0.5
糖精钠	0.2	水	余量

(3) 配方 3（质量分数%）

无水氧化铝(平均粒度为 3μm)	5	卡拉藻	0.4
不溶性偏磷酸钠	40	月桂酸钠	1.5
胶体状二氧化硅	2	糖精钠	0.1
丙二醇	2	一氟磷酸钠	0.76
山梨醇	25	香精	1
羧甲基纤维素钠	0.6	水	余量

(4) 配方 4（质量分数%）

氧化铝(三水化合物)	52	月桂基硫酸钠	1.5
山梨糖醇(70%)	27	苯甲酸钠	0.20
羧甲基纤维素钠	1.1	香料	0.85
糖精钠	0.2	水	16.35
单氟磷酸钠	0.8		

3. 二氧化硅型牙膏

(1) 配方 1（质量分数%）

二氧化硅	12	十二烷基硫酸钠	1
羧甲基纤维素钠	1	对羟基苯甲酸酯	0.1
甘油	10	香精	1
木糖醇	30	水	余量

(2) 配方 2（质量分数%）

二氧化硅气凝胶	14	糖精钠	0.2
二氧化硅增稠剂	7	聚乙二醇	4
山梨醇(70%)	69	月桂醇硫酸钠	1.50
羧甲基纤维素	0.3	单氟磷酸钠	0.78
香精	1	水和染料	2.22

4. 碳酸盐型牙膏

（1）配方1（质量分数%）

碳酸镁	30	乙醇	1
碳酸钙	25	尼伯金甲酯	0.1
胶厚(相对分子质量9500)	3	薄荷香精	0.5
甘油	10	精制水	余量

（2）配方2（质量分数%）

碳酸氢钠	40	糖精钠	0.1
山梨醇	14	香精	0.8
甘油	8	8-乙酰化蔗糖	0.001
羧甲基纤维素钠	1.5	水	余量
月桂基硫酸钠	2		

二、透明牙膏

透明牙膏膏体呈透明状或半透明状，色泽有红、绿、蓝等多种，晶莹美观，鲜艳夺目。配方特点是用二氧化硅作摩擦剂，甘油用量高。二氧化硅在透明牙膏中既作清洁剂又作摩擦剂，并和氟化物等抗龋药物有很好的配伍性，可确保药效稳定持久。这种牙膏的分散性能比普通牙膏好，香料释放速率也较快。透明牙膏配方举例如下。

（1）配方1（质量分数%）

甘油(99.5%)	10	氢氧化钠(50%)	1.2
山梨酸(70%)	48.45	沉淀二氧化硅	22
羟甲基纤维素钠	0.4	月桂基硫酸钠	1.5
角叉菜胶	0.4	芳香剂	1
氟化钠	0.243	三氯生	0.3
糖精钠	0.3	去离子水	余量

（2）配方2（质量分数%）

沉淀硅酸	12	酰氨基丙基甜菜碱	0.72
有色硅酸	0.1	香精	0.8
三梨醇	33.6	糖精钠	0.25
甘油	24.3	单氟磷酸钠	1.1
聚乙二醇(400)	3.5	磷酸钠	1.1
汉生胶	0.18	去离子水	余量
月桂基硫酸钠	0.5		

（3）配方3（透明液态牙膏）（质量分数%）

甘油	12	酰氨基丙基甜菜碱	0.78
乙醇	8	香精	0.8
羟乙基纤维素	0.7	糖精钠	0.25
聚氧乙烯氢化蓖麻油	1.2	单氟磷酸钠	1.1
磷酸氢二钠	0.05	去离子水	余量
月桂基硫酸钠	0.5		

（4）配方4（加氟透明牙膏）（质量分数%）

三梨糖醇(70%溶液)	46.3	单氟磷酸钠	0.8
甘油	21	糖精钠	0.5
二氧化硅气凝胶	14	颜料溶液	0.5
二氧化硅增稠剂	8	羧甲基纤维素(CMC)	0.3
聚乙二醇(1450)	5	苯甲酸钠	0.1
月桂醇硫酸钠 K_{12}	1.5	香精	2

(5) 配方5（透明彩色彩条牙膏）（质量分数%）

	主膏	彩膏		主膏	彩膏
三梨醇	62	58	苯甲酸钠	0.1	0.1
二氧化硅	23	23	色素	适量	适量
白油	4.2	7.8	水	7.9	7.5
糖精钠	0.4	0.4	钛白粉		0.02
十二烷基硫酸钠	1.8	1.8	单氟磷酸钠		0.78
羧甲基纤维素钠	0.6	0.6			

三、药物牙膏

药物牙膏问世于20世纪50年代。自此以后，牙膏的功能就从单纯洁齿逐渐变成洁齿与防治牙病兼而有之。龋齿和牙周组织病是口腔的两大病患，药物牙膏就是为防治这两种疾患而研制的。防龋齿牙膏主要是含氟牙膏，有单氟和双氟之分。单氟牙膏中仅含单氟磷酸钠；双氟牙膏中则含有单氟磷酸钠和氟化钠两种氟化物。前者可促进牙釉质表面再矿化，而氟化钠则更多地使病损体再矿化。两者结合可起双重作用。防治牙周炎的药物牙膏一般选用季铵化合物，如烷基季铵磷酸酯，以及柠檬酸锌、聚磷酸盐、洗必泰等合成品。与龋齿和牙周炎相关的另一种常见牙病是牙本质过敏症，其症状是牙齿遇冷、热、酸、甜和机械等刺激就感到酸疼，治疗这种牙病的牙膏配方中常加氯化钠、甲醛、氯化锌、硝酸银、氯化铝等。此外，我国利用资源丰富的中草药制成了品种繁多的药物牙膏，它们为防治牙病、保护牙齿起到了重要的作用。下面介绍几种药物牙膏。

1. 加氟牙膏

加氟牙膏是药物牙膏的重要品种，将能离解为氟离子的水溶性氟化物加入牙膏中便成为加氟牙膏。牙膏中的氟离子被牙齿表面吸收后，能增强牙齿表面的珐琅质，提高牙齿的抗酸能力，从而收到防治龋齿的独特功效。

19世纪50年代，在以焦磷酸钙为摩擦剂、焦磷酸锡为稳定剂的牙膏中添加了氟化亚锡，制得了世界上第一支加氟牙膏，同时取得了防治龋齿的临床效果。100多年来，加氟牙膏中所用的氟化物不断增多。目前常用的有氟化钠、氟化钾、氟化锶、氟化亚锡、单氟磷酸钠、单氟磷酸钾、单氟磷酸钙、单氟磷酸镁等。在牙膏配方中含量为0.1%～0.4%，但效果较好，大量使用的是氟化亚锡和单氟磷酸钠，因为它们与各种摩擦剂的配伍性能好，并可在较长时间内保持氟离子的浓度。由于氟有腐蚀性，牙膏包装采用特殊内涂层的金属管，以及采用复合材料软管，或在牙膏中加抗蚀剂。

加氟牙膏的制作技术中，最困难的一点是保持氟离子的稳定性。牙膏中的摩擦剂用量很大，将近占膏体原料的一半，摩擦剂的品种又多为含钙物质，如碳酸钙、磷酸氢钙等。这些钙盐摩擦剂都可与氟离子反应生成氟化钙，从而降低了氟离子的含量，减弱了防龋效果。因此，在配方设计中，应首先注意到这个关键问题，采用α-焦磷酸钙、α-氧化铝、偏磷酸钠等为加氟牙膏的摩擦剂。加氟牙膏的pH值以5.5～6.5为最佳。现在，国际上比较著名的加氟牙膏产于英国，所加氟化物是氟化亚锡。

加氟牙膏配方（质量分数%）

焦磷酸钙	42.0	羧乙基纤维素	0.6
氟化亚锡	0.4	焦磷酸亚锡	1.2
甘油	10.0	糖精	0.2
山梨醇	20.0	香精	1.0
硅酸镁铝	0.6	精制水	24.0

2. 加酶牙膏

在牙膏的膏体中加入一些酶制剂便制成了加酶牙膏。加酶牙膏是当代药物牙膏中的一个重要品种。这一品种历史虽短，但其发展非常迅速。牙膏中添加酶制剂，是在第二次世界大战以后的事。20 世纪 60 年代已有销售，70 年代就有优质产品问世了。

制作加酶牙膏对酶的选择是关键，要求其对人体安全，并具有足够的酶活力，为保证酶不失活，最好制成 30～50g 的小管包装。目前，所采用的酶制剂有葡聚糖酶、蛋白酶、淀粉酶、纤维素酶、葡萄糖氧化酶、溶菌酶和脂肪酶等。这些酶制剂各有独特的生物催化作用。例如葡聚糖酶能催化分解齿垢上的葡聚糖，并能有效抑制牙齿疾病的发生。又如蛋白酶不仅能除掉牙齿表面主要脏物蛋白质，而且也是良好的消炎剂，对龋齿和牙周病有预防作用，对牙龈炎和牙出血有治疗效果，同时还有较强的去垢能力。因此，加酶牙膏不仅具有去垢洁齿能力，而且还具有防龋齿及牙龈炎等口腔疾病的作用。目前，国内加酶牙膏还不多见。

因为酶有特殊效能，预计在洁齿方法上会有较大的改革。资料报道，有人将枯草杆菌所产生的蛋白酶和淀粉酶加入漱口水中，每天漱口就可除去 50％的牙垢。显然，酶的洁齿性能大大超过了牙膏中固体摩擦剂的作用。可以设想将来一定会设计出完全不加摩擦剂的牙膏，其洁齿性能将会超过传统牙膏，甚至在口腔中含漱即可达到目前刷牙的效果。

配方（质量分数％）

A	山梨醇	26.0		糖精钠	0.2
	明胶	0.2		甘油月桂酸丁二酸二酯单钠	0.5
	丙二醇	3.0	C	二氧化硅	3.0
B	水	18.0		氢氧化铝	40.0
	藻酸钠	1.0		香精	1.0
	葡聚糖酶(2000U/g)	7.1			

制法：先将 A、B 分别混合分散均匀，然后将 B 加入 A 中溶胀制胶，再加入 C 组分捏合成膏体，经研磨、陈化、真空脱气后灌装即得到加酶牙膏。

3. 脱敏牙膏

脱敏牙膏是在牙膏的膏体中添加脱敏药物所制成的一种药物牙膏。脱敏牙膏不仅能治齿，同时还具有抑菌抗酸、脱敏镇痛的作用。

牙齿过敏症，一般是指牙齿受冷、热、酸、甜、刷牙或咬硬物时感觉酸痛的一种牙疼病。它并不是单独的一种疾病，大都是由牙齿磨损、牙龈萎缩、牙根暴露等原因，致使牙齿珐琅质缺损、牙本质暴露，使牙神经受刺激而引起的。

脱敏药物的功能在于它们有抑菌、抗酸以及镇痛等作用。脱敏牙膏常用的药物有甲醛、多聚甲醛、氯化锶、氯化锌、硝酸银、尿素等化学药品或中草药如丁香、白芨藜、丹皮酚等。以上药物对牙本质过敏都有一定的防治效果，例如尿素能抑制乳酸杆菌的滋生，并能溶解牙面上的斑膜，起到抗酸脱敏的作用。又如氯化锶的锶离子能被牙釉、牙本质吸收生成碳酸锶（$SrCO_3$）、氢氧化锶 $Sr(OH)_2$ 等沉淀物，降低牙体硬组织的渗透性，提高牙组织的缓冲作用。并且还能与羟基磷灰石作用生成羟基锶磷灰石 $Ca_3(PO_4)_2Sr(OH)_2$，从而增强了牙齿的抗酸能力。锶又能与牙周组织密切结合，增强牙周组织的防病能力，达到脱敏效果。

再如从中药徐长卿中提取的丹皮酚，是一种很好的镇痛脱敏药物。脱敏牙膏以尿素、氯化锶、丹皮酚为主要药物原料，它们配伍性好，混合使用于牙膏中，在药理上发挥协同作用，增强了脱敏止痛的效果。

脱敏牙膏配方（质量分数％）

碳酸钙	50.0	香精	1.2
十二醇硫酸钠	7.2	尿素	5.0
甘油	20.0	氯化锶	0.3
CMC	1.2	丹皮酚	0.05
糖精	0.3	精制水	14.75

4. 叶绿素牙膏

叶绿素是吡咯的衍生物，是从绿色植物中提取出的色素。实际使用的叶绿素多从蚕类、南瓜叶中用乙醇溶液提取。叶绿素与氯化铜和苛性钠作用生成叶绿素铜钠盐。

将叶绿素铜钠盐添加到牙膏膏体中即可制成叶绿素牙膏。这种牙膏不仅能起到一般牙膏的洁齿、爽口、杀菌等作用，而且在治疗牙床脓肿、出血，促进牙龈组织生长，清除口臭等方面也有积极作用。尤其在我国西北地区，冬季蔬菜供应短缺，将此类牙膏投放市场，更有积极作用。叶绿素铜钠盐的加入，使牙膏膏体由白色变成绿色，其颜色深浅，完全由叶绿素的加入量决定。一般添加量为1%左右即可。

叶绿素牙膏配方（质量分数%）

碳酸钙	45.0	糖精	0.3
碳酸氢钙	4.0	香精	1.0
十二醇硫酸钠	2.5	叶绿素铜钠盐	0.1
甘油	25.0	精制水	20.5
CMC	1.6	防腐剂	适量

5. 洗必泰牙膏

洗必泰学名为1,6-双（*N*-对氯苯双胍）己烷，简称氯代己啶，商品名称洗必泰。其化学结构式为

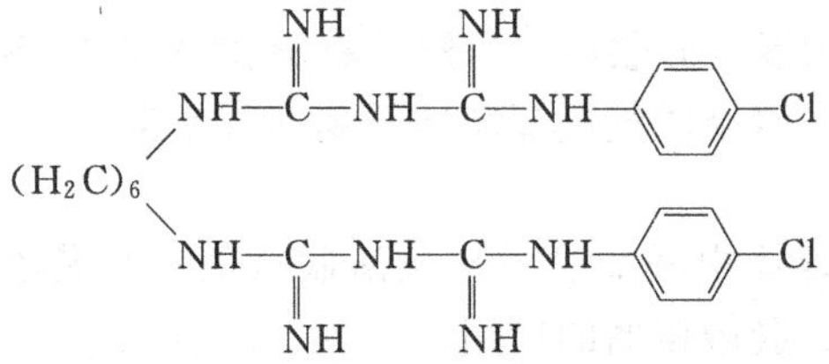

```
                 NH        NH
                 ‖         ‖
           NH—C—NH—C—NH—⟨◯⟩—Cl
          /
  (H₂C)₆
          \
           NH—C—NH—C—NH—⟨◯⟩—Cl
                 ‖         ‖
                 NH        NH
```

洗必泰是一种广谱消毒防腐药，用于皮肤、黏膜以及机械的消毒。它对乳酸杆菌、嗜酸菌、金黄色葡萄球菌、绿色链球菌以及致龋的变形链球菌等多种细菌都有良好的杀灭能力。一般用于牙膏中的洗必泰是其无毒酸的盐类，如盐酸洗必泰、葡萄糖酸洗必泰等，我国常用的是醋酸洗必泰。在牙膏中用量一般为0.01%～0.5%。

添加洗必泰的牙膏，不仅有洁齿爽口的能力，而且还具有防龋、消炎和脱敏的功效。使用安全，受到消费者的喜爱。

洗必泰牙膏配方（质量分数%）

磷酸氢钙	50.0	香精	1.2
十二醇硫酸钠	2.5	精制水	21.4
甘油	22.0	焦磷酸钠	1.0
CMC	1.2	醋酸洗必泰	0.45
糖精	0.25		

6. 防感冒牙膏

中医中药是我国的宝贵遗产，闻名世界。中草药医治牙齿和口腔疾病的药方，远在两千年前即有。例如，贯仲、紫苏、柴胡、鱼腥草、白芷、冰片、细辛、板蓝根、银花藤、桑寄

生、丁香、荜拨、牡丹皮、连翘等或生物制剂，均有消炎、止痛等作用，可以引用并研制出我国特有的中草药牙膏。近年来，人们在牙膏中加进了一定剂量的防感冒药物，便研制出了防感冒牙膏。防感冒牙膏是药物牙膏的一个新品种。

预防感冒的药物要具有去瘟、解热、灭菌等多种效果，而长期使用对人无任何副作用，这往往不是一味中药所能解决的，因此需选用几种药物复制，以求达到相辅相成的效果。防感冒药物选用了板蓝根、银花藤、桑寄生三味中药制成复方，提取出药汁作为牙膏中的药物添加剂。经药性实验证明：板蓝根具有广泛的抗菌能力，有清热解毒效果，可医治咽喉肿痛。银花藤可以清热解毒，医治外感、咽痛目赤、热证等病症。桑寄生具有祛风湿、通筋络等功能，对流感和其他类型的病毒有抑制作用。

其制法是将三味中药以一定比例，加水煎煮两次，每次 2h，将两次煎煮的溶液合并过滤、浓缩，加乙醇提取，沉淀分离，取上层清液浓缩，加活性炭脱色，再次浓缩即可得到一种防感冒的中药提取物。

防感冒牙膏配方（质量分数%）

成分	用量	成分	用量
磷酸氢钙	49.0	糖精	0.35
十二醇硫酸钠	2.6	香精	1.2
甘油	25.0	叶绿素铜钠盐	0.1
CMC	0.6	中药提取物	0.45
羧乙基纤维素	0.5	精制水	20.2

经临床试验证明，长期使用这类牙膏，确有预防感冒的效果。

7. 止痛消炎牙膏

牙周炎、牙龈炎、牙髓炎等都是常见的牙疼病，其发病率很高。现在，市场上有一种止痛消炎药物牙膏，此类牙膏主要含有镇静麻醉神经的药物和消炎杀菌的药物。

这类牙膏中的主要添加药物有新洁而灭、氯丁醇、苯甲醇、丁香油、冬青油、薄荷油等。新洁而灭是一种表面活性杀菌剂，临床应用的是5%水溶液，即新洁而灭溶液。它是具有芳香气味的无色透明液体，味苦，无刺激性，具热稳定性。在医疗上是一种较强的杀菌消毒剂，有消炎作用。氯丁醇为无色有光泽结晶或结晶性粉末，有樟脑气味，易溶于醇和甘油，难溶于水。在医疗上具有局部麻醉、镇静、止吐以及较弱的催眠作用。

在止痛消炎牙膏的具体配方中，氯丁醇、苯甲醇、丁香油、冬香油、薄荷油五种药物常以药物香料形式出现。其用量一般为 1.3%～1.5%。

止痛消炎牙膏配方（质量分数%）

成分	用量	成分	用量
磷酸氢钙	50.0	糖精	0.14
十二醇硫酸钠	3.0	药物香料	1.5
甘油	23.0	新洁而灭(5%)	0.5
CMC	1.2	精制水	19.76
聚乙烯醇	0.9		

第四节　牙膏的生产

一、间歇制膏工艺

间歇制膏是我国“合成洗涤型牙膏”冷法制膏工艺中普遍采用或曾经采用过的老式工艺，它有两种制造方法：一种是预发胶水法；一种是直接拌料法。

第一种工艺是先将胶黏剂等均匀分散于润湿剂中，另将水溶性助剂等溶解于水中，在搅拌下将胶液加至水溶液中膨胀成胶水静置备用；然后将摩擦剂等粉料及香料等依次投入胶水中，充分拌匀，再经研磨均质，真空脱气成型。

第二种工艺是将配方中各种组分（如甘油、CMC、水及助剂、摩擦剂、洗涤剂和香料）依次投入拌膏机中，靠强力搅拌和捏合成膏，再经研磨均质，真空脱气成型。

间歇制膏工艺主要的特点是投资少，而它的不足之处是工艺卫生难以达标，故已被真空制膏工艺取代而逐步被淘汰。

二、真空制膏工艺

真空制膏是在真空条件下进行加工制膏，是当今国内外牙膏制造工业普遍采用的先进工艺与设备，它也是一种间歇制膏法，只是在真空（负压）下操作，其主要特点是工艺卫生达标；香料逸耗减少（新工艺比老工艺可减少香料逸损10%左右），因香料是药膏膏体中最贵重的原料之一，因此可大大降低制造成本；可为程控操作打好基础，为企业实现电脑控制生产奠定基础。真空制膏的关键设备是真空制膏机。

真空制膏工艺目前在国内也有两种方法：一种是分步法制膏，它保留了老工艺中的发胶工序，然后把胶液与粉料、香料在真空制膏机中完成制膏，这种称为“三合一”制膏，即拌膏、均质、真空脱气三合一，它的特点是产量高，真空制膏机利用率高；另一种是一步法制膏，它从投料到出料一步完成制膏，即发胶、拌膏和脱气一次完成，称为“四合一”制膏，其特点是工艺简单，工艺卫生状况得到提高，制造面积小，便于现代化管理，是中小药膏企业技术改造的必经之路。

1. 分步法制膏

① 首先制胶，根据配方投料量，按“间歇制膏操作要点”规定完成制胶，并取样化验，胶液静置数小时备用。

② 制膏按“三合一”原理，根据配方称取胶液用泵送入制膏机中，然后依次投入预先称量的摩擦剂及其他粉料与洗涤剂进行拌料，粉料由真空吸入，注意流量不易快，以避免粉料吸入真空系统内，还应注意膏料溢泡，必要时要采取真空加以控制，直至膏面平稳为止，开启胶体磨若干分钟再停止。

③ 在达到真空后（－0.094MPa），投入预先称量的香精，投毕再进行脱气数分钟制膏完毕。

④ 将膏料通过膏料输送泵送至贮膏釜中备用，同时取样化验。

2. 一步法制膏

（1）预混制备分油相、水相、固相等　油相：根据配方投料量，把胶黏剂预混于润湿剂中。水相：根据配方投料量，把水溶性助剂预溶于水中，然后投入定量的山梨醇。固相：根据配方投料量，把摩擦剂及其他粉料用电子秤或磅秤计量后预混于粉料罐中。

（2）制膏　真空制膏机开机前先开启电源及试启刮刀，无异常后才能开机。启动真空泵时，注意水流（无水关泵），待真空到达－0.085MPa时开始进料。先进水相液料，开启刮刀，再进油相胶液，注意胶液进料速度不宜过快，以免结粒起泡。进料完毕待真空到位后开启胶体磨（胶体磨必须负载启动，切忌空转，避免损坏磨齿）若干分钟，注意电源表。磨毕停磨数分钟再第二次开启均质数分钟后停磨，制胶完毕停机取样化验，胶水静置片刻。

拌膏开机前先开启刮刀再开启搅拌，开启真空泵，待真空到达－0.085MPa时开始进粉料，注意进料速度以防止溢泡，进料完毕待真空度到位釜内膏面平稳后开动胶体磨数分钟，停磨数分钟后再开胶体磨数分钟均质，停数分钟后二次均质，再投入预先称量的香精，用适量食用酒精洗涤香料液斗，进料完毕待真空到位后均质数分钟再脱气数分钟后停机，则制膏完毕。

将膏料通过膏料输送泵送至贮膏釜中备用，同时取样化验，作好制膏记录，搞好工艺卫生及环境卫生。

（3）进、出料要点　进料时要先开制膏釜球阀，再开料阀；进料完毕后先关料阀再关球阀；出膏时先开膏料输送泵再开制膏釜球阀；出料完毕后先关球阀再关泵。

（4）工艺参数如下：

真空到位/MPa	＞－0.094
胶水黏度（30℃）/mPa·s	2500～3500
膏料相对密度	A＞1.48；B＞1.52；C＞1.58
膏料 pH 值	A，7.5～8.5；B，8～9；C，8.5～9.5
膏料稠度/mm	9～12
制膏温度/℃	25～45

注：A 为磷酸钙型；B 为氢氧化铝型；C 为碳酸钙型。

三、程控制膏工艺

程控制膏是当代国际上最先进的制膏工艺之一，几家大型牙膏企业均采用此工艺制造牙膏，我国也引进了这种大型装置并已投入生产，运行正常。

程控制膏是将配方计量、工艺参数、操作要点、质量标准等参数输入程序控制器，控制系统由两台真空制膏机组成组合生产线，输入程序控制器形成“中央控制室”指挥生产。

程控制膏工艺的特点是：①产量高；②质量与消耗指数先进；③工艺卫生状况优越。但其投资大，而且不宜实现多品种生产。

程控制膏是在真空制膏的基础上进行程序化控制，故其工艺流程与操作要点可参照真空制膏参数编程序后输入控制器而实现生产控制。

1. 原料输送系统

（1）粉料的气力输送　牙膏中的粉料主要为方解石粉（碳酸钙）、磷酸氢钙和氢氧化铝，这些粉料占牙膏总量的50%，处理量大，在生产操作中需要较多的劳动力，利用气力输送可减轻劳动强度，并改善操作环境，减少粉尘飞扬。

常用的气力输送有两种方式，介绍如下。

① 稀相风送。即在粉料拆包容器与粉料贮仓之间，由风管连接，并由鼓风机造成粉仓负压，使粉体物料被气流送入贮仓，废气再经旋风分离器或袋式除尘器除尘，这种方式空气与粉料的比值很大，废气处理量大，风管直径粗，长距离输送设备庞大，动力消耗也大。

② 浓相输送。用压缩空气将粉料喷动，使其成流态化状态，并通过管道送入贮仓。一般 $1m^3$ 的粉料只需压缩空气 $10m^3$ 左右，由于是正压风送，载粉浓度高，可输送较长距离和高度，废气量少，后处理较容易。目前牙膏行业主要采用浓相输送。

（2）液态原料的流量计输送　液态原料（如甘油、山梨醇、丙二醇、二甘醇、净水、液态洗涤剂）由输送泵送至贮存釜中，由液体流量计计量进入真空制膏釜（计量精度 0.5%），此流量计安装于真空制膏釜旁边，表面有数字显示装置，操作时要根据配方用量计算成体积，将所需的体积（L）由给定按钮输入，进料时扳动手柄，液料即按给定值进入，开始时快速进至进料量的 90%后逐渐减慢速度，最后准确停在给定数值上，表面上方可显示累计数字。

（3）小宗原料的计量与输送　小宗原料因量小而品种多，如 CMC 等胶黏剂，二氧化硅等粉剂，糖精等可溶性助剂，硅酸钠等液剂，它们将分别处理。

① 胶黏剂与小量粉剂由小量粉仓贮存，由小量粉料计量罐计量输送。

② 糖精等可溶性助剂与液体助剂由人工计量送入预混器预混溶解后备用。

③ 香精由专用计量器输送。

以上均可编入程序控制器中。

2. 操作程序的设计编制

制膏的生产工艺可预先根据牙膏配方，制订投料计划程序，并按需要设置真空，搅拌、胶体磨等启动运转时间，列出计划程序，先进行间歇式手动操作，注意观察操作情况，并用秒表记录每一工序的实际操作时间，经过多次操作修改，对所设计的程序取得满意的结果后，将操作程序输入计算机内即实现程控操作。

程控制膏生产线主要由两个制膏锅组成，交替使用形成连续生产状态，制膏操作控制由一台 16 波道的程序控制器控制生产，工艺程序先由手动操作测定每一工艺的操作时间和方式，成熟后输入程序控制。

四、牙膏的灌装与包装

牙膏的灌装和包装是牙膏生产的最后工序，是人员密集与协作配套面较广的工序，它一般以主要设备灌装机与包装机组合成灌装包装生产线。目前国内外牙膏生产所用的灌装机和包装机设备，其结构形式基本相似，主要区别在于自动化程度的高低、速度的快慢（即生产能力的大小）。目前国内牙膏企业组装的牙膏灌装包装生产线大致有三种类型：有灌装机用人工包装与装箱的生产线；灌装机与装盒机组合用人工装箱的生产线；有软管供给机、灌装机、装盒机、热塑包装机、装箱机组合的自动生产线。

1. 设备简介

（1）牙膏灌装机　牙膏灌装机是把牙膏膏料定量灌装入软管中，然后把铝管管尾折叠和密封的机械，或把复合塑料软管焊封和割切的机械，它的结构和型式与生产能力可分为以下三类。

① 转盘式。单管，60～80 支/min。

② 链带式。双管，100～200 支/min。

③ 线形式。多管，＞200 支/min。

这些设备自动化程度较高，有各种系统装置，如进管、吸尘、紧帽、探管、灌装、定位、封尾和出管等工序，通过凸轮系统、连杆和马氏机械等正确、连续、自动地完成。它用无级变速调整转速、柱塞泵和螺杆微调机构计量灌装膏料，用光电识算机构定位、自动轧平折叠及印刻装置封尾或割尾，用顶杆和翻身触杆出管，一机完成牙膏的灌装工序。

（2）软管供给机　软管供给机是牙膏灌装机的辅助装置，它主要有机械手与真空吸取装置，工作时由机械手从定型盒子里取出空软管，向牙膏灌装机供给所需软管。

软管供给机国内企业使用并不普遍，一般都以人工代替，称为人工插管或排管，但手工操作必须戴手套，以防污染软管内壁。

（3）牙膏装盒机　牙膏装盒机是把灌装封尾的牙膏自动地装入一支装彩盒里的机械，它由纸盒供给装置和纸盒取出（真空吸取）装置、纸盒输送机构、牙膏推进机构、盒侧面折叶封闭机构和盒上下折叶封闭结构及排出输送带等机构组成。

牙膏装盒机按结构形式不同有间歇式与连续式两类，但其生产速度均需与灌装机协调配套。牙膏灌装机对纸盒的纸质要求较高，故使用普及率受到影响，目前用手工包装的企业比例较大。

(4) 热塑包装机　热塑包装机是进行牙膏包装的机械，有 6 支装（半打装）、12 支装（大装）、20 支装（中包装）。热塑包装机主要由牙膏推进装置及累叠装置、薄膜包扎装置、薄膜伸展装置、电子脉冲封闭热粘装置等机构组成。

热塑包装是新工艺，它的特点是体积小、质量轻、成本低，由于是透明包装，可改善外观，它的生产速度亦应与灌装机协调配套。

中包装老工艺是用瓦楞纸盒，都以手工操作为主。

(5) 装箱机（半自动式）　装箱机是把若干中包装牙膏集装成箱的机械。装箱机主要由产品输送推进装置、贮存纸箱装置、定位装置、纸箱叠合装置和热熔封闭装置、卸箱装置等机构组成。

装箱机工作前先把纸箱预先存放在贮存纸箱装置中，然后把中包装产品整理成型，由输送带送至预定的位置上，然后自动推入由真空取出的纸箱中，装卸后纸箱自动叠合并热熔封闭，成型后卸下再经手工打包入库。

装箱机国内引进后很少使用，对于产品装箱，国内企业大都以人工装箱打包为主，全自动装箱打包机国外也只有少数企业使用。

2. 包装材料

(1) 容器（软管）　牙膏软管有铝管与复合塑料管两种，国外以复合管为主，而国内目前以铝管为主。铝管有铝嘴塑帽和塑嘴塑帽两种，而复合管也有铝箔隔香与尼龙隔香两种。

铝管的纯度国内以“AOO”纯度 99.7%为主，而国外以“AO”纯度 99.6%为主。复合管以高压聚乙烯塑料为主，帽盖是以高低压聚乙烯树脂复合为主。

软管的规格以直径为准，如铝管以 Φ22mm、Φ25mm、Φ27mm、Φ30mm、Φ32mm 和 Φ35mm 六种为主；复合管以 Φ30mm 与 Φ35mm 为主。另外还有旅游产品、儿童牙膏等特殊规格。

软管的长度没有统一规定，各企业自定规格，但公差规定为±0.5mm，以利灌装机生产和适合一支装长度所需，由于软管长度没有规定，因此所装牙膏容量（净重）也各牌各异，还未达到标准化、系列化。

下面以铝质软管为例，介绍其生产工艺。铝质软管的制造基本采用冲压延伸的制管方法，其工艺流程如下：

铝板→冲片→退火→冲管→印底→烘干→印图案→烘干→扭盖→成品

铝质软管的生产方法已从手工生产改进为单机串联的自动化生产。目前，我国铝质软管的生产工艺比较成熟，设备配套，从冲管至上小盖已为一己自动生产线。

软管的质量必须符合以下要求。

① 软管的直径、长度、管壁厚度符合公差规定。

② 管口螺纹与帽盖必须啮合、捻紧。

③ 底墨印刷均匀，无明显露底及接缝与露线；图文印刷清晰，套色准确，叠印与套印以及色差必须符合规定，在不显眼处允许有轻度斑点、线条及印刷发毛现象。

④ 管身挺直、端正、整洁，管壁内部无污染及异物等。

⑤ 软管须印有牌名、厂名、生产年月，尾部对光色标为 3mm×12mm。

(2) 彩盒　彩盒一般用单面白版卡纸，印有商标图案与产品性能简介，是商品的重要部分。彩盒的尺寸各企业自定，所用质量按牙膏要求自定，一般有 250g、300g、350g、400g

等白版卡纸。

（3）中包（瓦楞纸盒与塑膜） 中包有 6 支装（半打）、12 支装（打装）、20 支装三种，有用瓦楞纸盒装或塑膜装两种。

瓦楞纸盒由 360g 牛皮纸内外贴面，中层用 180g 瓦楞纸组成的单瓦楞纸盒，其尺寸按彩盒大小而定，表面印刷与否企业自定，瓦楞纸盒必须干燥。

塑膜中包是聚乙烯薄膜，其厚度与透明度企业自定，其尺寸也按彩盒大小而定，无须印刷。

（4）纸箱 纸箱有 72 支装（半罗）、144 支装（1 罗）、160 支装和 240 支装，出口产品还有 2 罗装（288 支）等规格。

第五节 牙膏的质量问题分析

牙膏的质量好坏，不能只凭某种原料的多少或泡沫的多少加以评定，应从以下几点来考虑：稠度要适当，从软管中挤出成条，既能覆盖牙齿，又不致飞溅；摩擦力适中，要有良好的洁齿效果，但不伤牙釉；膏体稳定，在存放期内不分离出来，不发硬，不变稀，pH 值稳定；药物牙膏在有效期内应保持疗效；膏体应光洁美观，没有气泡，泡沫虽然与质量没有直接关系，但在刷牙过程中要有适当的泡沫，以便使食物碎屑悬浮易被清除；香味、口味要适宜。

一、牙膏的质量标准

1. 感官指标

膏体应均匀，无水分分离，无漏水现象，细腻无结粒，洁净无杂质，香味定型无异味。

软管应端正，管尾封轧应牢固整齐。帽盖螺纹应与软管紧密配合。软管图案和字迹清楚，套色整齐，色泽鲜明。

小包装纸盒图案印刷清晰，套色准确，盒身挺直端正、洁净，不得破坏，中包装纸盒及大箱应干燥、尺码内外大小配合。

2. 理化指标

牙膏颁布标准中对牙膏的 pH 值、黏度、挤膏压力、泡沫量进行了规定。如甲级普通牙膏 pH 值为 7.5～9.0，室温挤膏压力$\leqslant 4\times10^4$Pa，耐热挤膏压力$\leqslant 4\times10^4$Pa，泡沫量$\geqslant$130mm。

二、质量问题分析

1. 气胀

气胀，顾名思义是因为产生了气体而导致管内压力过大从而使包装膨胀甚至膏体冲破包装的现象，是最直观的问题，也是消费者最为敏感的问题。究其原因，主要是由原辅材料、原料投放、制膏工序等引起的，下面就这些原因进行简单分析。

（1）磷酸氢钙、泡花碱等原料的影响 一般的碳酸钙型牙膏中含有 50%左右的碳酸钙，为了防止铝管被腐蚀，通常加入 0.3%～0.5%的二水合磷酸氢钙和相近量的泡花碱作为缓蚀剂。然而，它们量的多少与膏体是否会气胀有很大的关系。

若同时缺少二水合磷酸氢钙和泡花碱，则牙膏在常温下几天之内即发生气胀，高温下则在 12h 内发生气胀，此时若打开帽盖，膏体迅速外移，严重者窜出体外很远，甚至可使管尾或盖子爆开，这是最为严重的一种类型。检验所产生的气体，由于明显具有氢气的爆鸣特征可以确定是氢气。证明由于缓蚀剂缺乏而不能生成铝管表面保护膜、阻滞阴极或阳极反应，导致原料或铝管中的铜、铁等杂质与铝管发生了化学反应或是形成原电池引起电化学腐蚀，又称为面蚀氢胀。取样观察，膏体大量分水而且难看，管内壁全面严重腐蚀且失去金属光泽。

若碳酸钙型牙膏中的二水合磷酸氢钙含量超标，比如说大于2%时也会导致气胀现象，但是发生的时间较长一些。分析这些牙膏，除了磷酸氢钙超标以外，还可以发现产生的气体主要为二氧化碳。

(2) 防腐剂的影响　为了顺应绿色行动的流行趋势以及达到降低生产成本的要求，现在产品中的防腐剂含量普遍减少，从而使得某些菌类能够生存繁殖，经微生物的发酵作用，代谢产生气体。通过微生物的检测，可以发现细菌的含量严重超标，同时细菌使香精变味、发臭，发生酸败，产生难闻的气味。但这种情况下，铝管内壁一般不会被腐蚀。

(3) 设备工艺方面　如果制膏过程中设备达不到一定的真空度而使脱气效果不理想，膏体中残存着较多的气体，同时由于设备上的原因，牙膏在灌装时会在管口或管尾处留下少量的空气，也会为微生物的滋生提供良好的生存环境。这方面引起的气胀现象比较明显，容易发现。通过改善工艺条件可以满足生产的要求。

总之，引起气胀的原因还有很多，如占牙膏50%的碳酸钙、碳酸铝的纯度、熔炼过程、表面粗糙度、其他原料甚至环境等因素都会引发一系列的化学反应和电化学反应。气胀可能是单一的原因，也可能是多种原因共同起作用。

2. 水分

牙膏的水分现象是很普遍的，引起的原因也是最为复杂的，其最终结果是使牙膏均相胶体体系受到破坏而使固液分离，析出水分。其中主要有以下几个方面的因素。

(1) 增稠剂　它对膏体的稳定性起着重要作用。CMC取代度一般为宏观统计的平均值，具有不均匀性，它很难保证形成均匀的三维网状结构，从而使膏体中的水分不能很好地固定在膏体中而出现分离出水的现象。另外，如同前面所提到的，由于受绿色环境所影响，杀菌剂的用量日趋减少，牙膏中细菌存活滋长的可能性大大增强，细菌等微生物可使CMC降解，也会导致分水现象，所以气胀时常常伴有分水现象的发生。另外，CMC是一种高分子钠盐且耐盐性较差，牙膏中常添加较多量的钠盐，由于同离子效应，膏体黏度降低乃至分离出水，而如果使用耐盐性好的其他胶黏剂复配或单独使用，可避免由于胶黏剂引起的分水现象。

(2) 发泡剂　牙膏中常用的发泡剂为十二烷基硫酸钠，其中十二醇和十四醇的含量存在差异，含量高或低都对膏体的稳定性产生很大影响。如果只是满足企业标准，而不顾两者的含量，都可能引起膏体不稳定。只有通过气相色谱法测出各醇含量，结合本企业的实际情况，积累经验，选择合适的含量配比，才能避免分水现象发生。一般为十二醇含量在35%～45%、十四醇的含量≤15%时较为理想。

(3) 保湿剂　现在常用的保湿剂有山梨醇、甘油和丙二醇三种，如山梨醇含水量过大，甚至有人注意到如果是制备山梨醇的原料淀粉已发生霉变，都可能导致分水现象的发生。

(4) 工艺方面　生产上，制膏机对膏体的研制、剪切力过强过大，会破坏CMC的网状结构，破坏胶体的稳定性，引起分水。所以，制膏时间要严格控制，不能过长。另外，刚输送到贮膏缸中的牙膏温度较高，如果马上盖上盖子，会引起水汽蒸发后冷凝回流，游离出水分，也会破坏胶体的稳定性。在盖子上装排气扇，可起到冷却和排出水汽的作用。

3. 变稀

膏体变稀的原因主要有两个方面。一是CMC被微生物利用分解而变稀，对牙膏进行成分分析，发现摩擦剂的含量正常，只是微生物超标。二是操作和设备因素，这种情况最为常见，如进料混合制膏设备中（如断电时）真空管倒吸进水。对摩擦剂含量进行分析，当含量低于1～2个百分点时，稠度就相当低了。只要通过严格管理，规范投料程序，在真空管道和制膏机之间安排一个止回阀防止水倒吸，这种问题就能得到解决。

第六节　其他口腔卫生用品

一、牙粉

牙粉是早期的洁齿用品，因为制法简单，用料便宜，售价低廉，在国内外仍有少量销售。牙粉的配方不像牙膏那样要求严格，因为配置中不需加水，所以不必考虑成分之间发生相互反应的可能。应予以注意的是，配方中各成分颗粒应有适宜的粒度（硬度，即颗粒的大小），而且要求成品在贮藏过程中不能有结块现象。

牙粉配方组分主体是摩擦剂，其次是表面活性剂、黏合剂、添加剂香料及甜味剂等，其中摩擦剂用量可高达98%。

牙粉的制造比较简单，一般是把香料和甜味剂混合均匀，如有需要可加少许酒精，然后将此混合物加到摩擦剂等成分中，在常用混合机内进一步混合均匀，即得成品。

二、漱口剂

也称含漱剂，漱口水等，漱口剂使用简单，节省时间，且不需要特别的用具，是非常有效的口腔清洁用品。

口腔黏膜和牙齿上会残留有害的细菌、牙垢、牙结石、食物残渣等，经腐败、发酵会产生恶臭。发达国家，出于礼节考虑，认为严重口臭是不礼貌的，因此漱口剂的使用是很平常且很有必要的。

漱口剂中配有杀菌剂、收敛剂、中和剂、抗酶剂、香精、酒精、表面活性剂等。它可以清洁口腔，除去腐败、发酵的食物残渣；可以抑制产生恶臭的微生物和发酵活性；可以除去恶臭物质的成分，杀灭口中的致病菌，减轻或消除口臭，或以香料掩盖恶臭。

漱口剂中常用的药性添加剂有：薄荷脑、洗必泰、柠檬酸、硼酸、安息香酸、一氯麝香草脑、麝香草脑、间苯二酚、烷基吡啶季铵盐、氯化锌、氟化物、酶甲硝唑、硼砂、中草药等。

含漱剂的药物添加剂与牙膏的药物选择是相同的，根据加入药剂的不同，可制成各种功能的含漱剂，类似于药物牙膏。如可制成防龋齿含漱剂、防治牙斑含漱剂、防牙龈炎含漱剂、防牙结石含漱剂、抗收敛含漱剂、除口臭含漱剂、除牙周病含漱剂等。

它和牙膏的不同之处，在于漱口剂只在口腔内进行单纯的漱洗，而牙膏是和牙刷并用以利用其组成中的摩擦剂进行清洗的。

漱口剂一般在餐后或进食后使用。每次用量为15～20mL，在口腔内应保留15s以上。

漱口剂是一种新型的口腔卫生清洁用品，在发达国家已很流行。国内也有这方面的产品问世，如美加净含漱液，蓝天爽口液等。

三、口腔卫生剂

口腔卫生剂有口香糖、口腔清爽剂、防龋齿剂、牙周病防治剂、洁齿剂、假牙清洗剂等。

1. 口香糖

除加有糖或甜味剂成分以外，还加有胶基、摩擦剂、香精、药物等。其药物与某些牙膏中的药物类似，有杀菌、除臭、防牙斑、防龋齿等功效。

2. 除口臭剂

成分类似漱口水，制成胶带状或棒状或气雾剂型，可杀菌、除口臭。

3. 假牙清洗剂

有液状、粉状、片状等。主要成分为碳酸钾、过硼酸钠、碳酸钠、薄荷香精、过硫酸钾及少量表面活性剂等。所用原料必须符合药典规定，确保产品安全。有去臭、除菌、杀菌、防腐效果。

有供老年人或牙齿不好者清洁活动假牙之用，以消除食物碎屑和防止涎液粘在假牙托板上发出的恶臭，并起消毒杀菌作用。用时取其少量溶于水中，把假牙浸入此溶液中 24h，1 周浸泡 1 次可达到保洁要求。

思 考 题

1. 牙膏的基本原料及各自作用是什么？
2. 药物牙膏的药效成分及作用是什么？
3. 生产牙膏工艺是什么？
4. 评价牙膏好坏的质量标准是什么？

第九章　其他日用化学品

【学习目的与要求】

通过本章学习，使学生了解一些常见的（如鞋油等）日用化学品的作用，了解它们的基本性状、主要功能、配方等，了解鞋油等日用化学品的生产工艺及制备方法，并了解配方中原料所起的作用。

第一节　鞋　　油

皮鞋油是人们日常生活用品之一，它是涂擦在皮鞋及皮革表面的皮革保护剂和上光剂。宏观世界具有防水、护革、增强皮革表面光泽的作用，对皮革表面还有洁净美观和加色补色的作用。

制造皮鞋使用皮革的种类有很多，通常采用动物的皮革如黄牛皮、水牛皮、猪皮、马皮、羊皮、狗皮以及人造皮革和合成革等。由于各种皮革质地性能有所不同，故制作皮鞋用的皮革也须根据不同鞋种而有所选择。

皮革需要经常保养，擦过油的皮鞋，才具有良好的性能，如颜色鲜艳，光亮度强，并有一定的柔软性和坚固性，机械性能得到增加，从而体现出皮鞋保温、透气、防水等特点。鞋油是人们在日常生活中不可缺少的保护皮鞋的用品。

按结构来分，鞋油有溶剂性硬膏体鞋油、乳化型软膏体鞋油和液体鞋油三种。从外包装看，溶剂性鞋油采用铁盒包装，乳化型鞋油采用软管包装，液体鞋油用塑料瓶或玻璃瓶包装。鞋油的颜色有黑、棕、黄、红、蓝和白色等多种。

我国鞋油的生产始于20世纪30年代，现在皮鞋油工业得到了较快的发展。近年来液体鞋油发展较快，大有流行之趋势。随着我国人民生活水平的不断提高，皮鞋油的需要量以及新的花色品种将会大幅度地增加，并且向使用方便、效果良好的方向发展。

一、溶剂性鞋油

该产品呈硬膏状。皮鞋油所用的原料是蜡，如巴西棕榈蜡、脱色蒙旦蜡、蜂蜡、矿地蜡和石蜡等；有机溶剂主要是松节油和石脑油；染料是油溶性的或碱性的物质；其他助剂。它是最早生产的皮鞋油，具有光亮度好、防水性强的特点，在市场上一直占有相当的份额。

该产品供保护和光亮皮鞋之用。用时先擦去皮鞋上的尘污，用毛刷蘸取小量鞋油均匀地涂擦在皮鞋上，稍等片刻，让溶剂挥发掉，再用刷子或软布揩擦即可。也可用于其他皮革制品。

下面列举溶剂性鞋油配方实例。

溶剂性鞋油配方（质量分数%）

松节油	75.9	硬脂酸	1.7
地蜡	12.7	粗褐煤蜡	4.4
油溶苯胺黑	0.9	巴西棕榈蜡	4.4

制法：在带有搅拌装置的容器中将巴西棕榈蜡和粗褐煤蜡加热溶解，边搅拌边依次加入硬脂酸和油溶苯胺黑，熔融混合后加入地蜡，继续搅拌，然后再加入松节油，充分搅拌，冷却至60℃即可灌装。

工艺流程如图9-1所示。

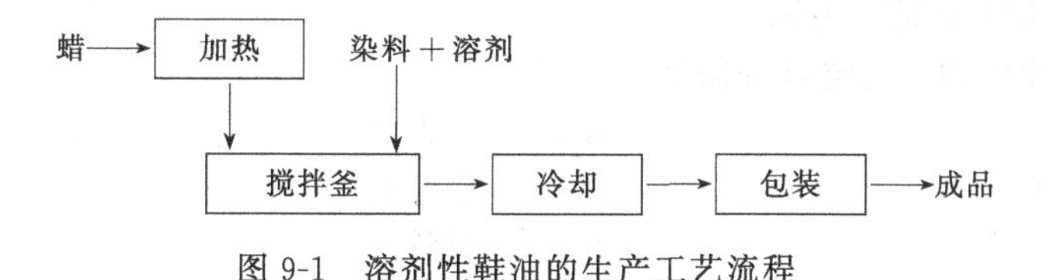

图9-1 溶剂性鞋油的生产工艺流程

二、乳化型鞋油

该产品为乳化软膏。它是将蜡、有机溶剂、染料、水、乳化剂及其他助剂等原料乳化而形成的鞋油。乳化型鞋油可以减少溶剂用量或不用溶剂，溶剂用量减少可减轻对环境的污染。可分为油包水型（W/O）和水包油型（O/W）两种。常用的是油包水型，它具有使用方便，不易干缩，光亮度较好的特点。

乳化型鞋油所用的乳化剂一般是蜡中易皂化的组分，该组分经皂化成为乳化剂，有时用硬脂酸、油酸和妥尔油酸皂化作乳化剂，这样的乳化剂价格便宜，效果好。

调节蜡含量多少、溶剂量，可将乳化鞋油生产为膏状和稠度很低的乳状液。该产品供保护和光亮皮鞋之用。这种鞋油使用时，先将尘土擦净，然后用干净的布或刷子将鞋油抹上一擦即可，省时省力，可达到清洁、光亮皮鞋的目的。也可用于其他皮革制品。

下面列举乳化型鞋油配方实例。

乳化型鞋油配方（质量分数%）

卡偌巴蜡	6.5	染料	5.0
石蜡	4.5	有机溶剂	36.0
蜂蜡	5.0	精制水	30.0
乳化剂(AEO-9)	13.0		

制法：将各种蜡、有机溶剂、染料、水和乳化剂分别加热溶解，然后混合搅拌，制好后冷却即可灌装。

工艺流程如图9-2所示。

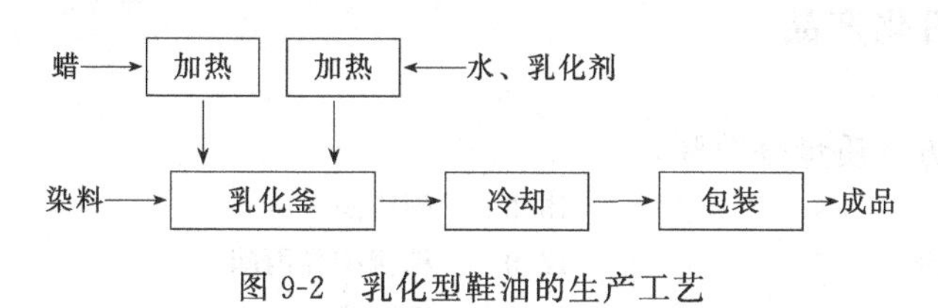

图9-2 乳化型鞋油的生产工艺

三、液体鞋油

该产品为乳化型液体。主要成分有蜡、树脂、有机溶剂、水、乳化剂和染料。液体鞋油使用方便，擦去鞋上的尘土，喷上或涂抹上即可，无须再用布擦拭，故又称为自亮型鞋油，该产品尤其适合于旅行者使用。液体鞋油的特点是水含量高，大约占60%～80%，再就是其中含有天然的高分子树脂。

制造液体鞋油的乳化剂为苏打-松香皂、马赛皂、硬脂酸盐等。先将皂类溶于水，加热到沸腾，加入蜡及树脂，形成均匀的乳液后，冷却、过滤，加入染料及防腐剂，再充分搅拌即可。对不易乳化的树脂，则需要添加溶剂。

该产品供保护和光亮皮鞋之用。这种鞋油使用时，先将皮鞋上的尘土擦净，将瓶口倒转，刷头按在鞋面上往返涂刷均匀，不需再用布擦，就会发出光泽。也可用于其他皮革制品。

下面列举液体鞋油配方实例。

(1) 液体鞋油配方1（质量分数%）

巴西棕榈蜡	8.0	松香皂	3.0
丙烯酸树脂乳液	3.5	防腐剂	0.1
蜂蜡	5.0	颜料	适量
脂肪醇聚氧乙烯醚	4.8	精制水	余量
醇醚磷酸单酯	4.5		

制法：在带搅拌和加热装置的容器中加入巴西棕榈蜡和丙烯酸树脂乳液，加热熔融，澄清后加入乳化剂脂肪醇聚氧乙烯醚和醇醚磷酸单酯、松香皂，使之分散，再加入水及防腐剂，充分搅拌后加入颜料分散后即可。配方中巴西棕榈蜡和蜂蜡作为蜡质原料，丙烯酸树脂乳液作成膜剂，松香皂作催干剂，颜料用作调颜色。本产品有免擦、自亮及使用方便的特点。

(2) 液体鞋油配方2（质量分数%）

松节油	62.0	硼砂粉	1.0
蜂蜡	19.0	煤气黑	4.0
鲸蜡	5.0	普鲁士蓝	3.0
沥青假漆	5.0	香料	1.0

制法：将蜂蜡隔水加热熔融后，再将硼砂粉研细后加入蜂蜡液中不断搅拌，直至成为凝胶状。另取鲸蜡于另一容器中加热熔融后，再加入用松节油混合的沥青假漆，并予以充分搅拌，然后将此溶液加入前述蜂蜡溶液内，最后加入煤气黑和普鲁士蓝色素，再搅拌，到温度达50℃时加入香料，待温度降至40℃后装瓶即可。这种鞋油具有防水性，使用时无须刷擦，直接涂于皮鞋表面上即可生光。

第二节 其　　他

一、皮革用日化产品

1. 皮革去污剂

皮革去污剂配方（质量分数%）

蜂蜡	15.0	硬脂酸	4.0
卡偌巴蜡	12.0	棕榈酸异丙酯	4.0
地蜡	21.0	Span-80	4.0
液体石蜡	20.0	精制水	20.0

制法：除将水另行加热外，其余组分一起加热熔融，在75℃时，将水倒入这些组分中予以迅速搅拌，当温度降至65℃时停止搅拌，将其灌装于软管中。此剂为W/O型膏体，它能使皮革表面的油溶性污渍和水溶性污渍分别溶于油相与水相中，然后再经过软布的摩擦，极易除去，从而使去污后的皮革具有光泽且有一定的防水性。本品适用于皮革表面的污渍擦洗，效果佳。

2. 皮革上光剂

传统的上光剂一般为糊状乃至固体状的上光剂，使用中将上光剂涂于皮革表面或家具表面后必须反复用力擦拭才可擦亮，上光过程相当麻烦，且易弄脏衣服和手。现在新型上光剂则可以避免这样的问题，使用中只需向皮革或家具表面喷射后简单擦拭，即可提高皮革或家具的光亮度，而且也有利于改善皮革、家具的耐水性能，尤其是大大降低了保养皮革或家具的劳动强度，从而得到了广大消费者的青睐。上光剂通常可分为皮革上光剂、家具上光剂等。

新型皮革光亮剂配方（质量分数%）

组分	质量分数	组分	质量分数
异链烷烃(溶剂)	20.5	羊毛脂乙醇聚乙二醇醚	0.5
微晶石蜡	0.8	香精	0.1
硅油	2.4	防腐剂	0.1
Tween(吐温)	0.5	水	75.1

制法：首先将石蜡、硅油及表面活性剂 Tween 和羊毛脂乙醇聚乙二醇醚加热到 90℃熔融至混合均匀，将其加入溶剂水中，特别是在与水混合后需迅速进行搅拌乳化，然后再加入香精和防腐剂，即可得到油包水型（W/O 型）乳化液。此外还可将质量分数为 70%的乳化液和 30%的液化石油气加入气溶胶罐内，即可制成气溶胶制品。

这种新型皮革光亮剂既起清洁去污作用，又能保护皮革，修饰皮革制品。因为油包水型光亮剂对皮革面很容易亲和渗透，易除去油污污染，起到光亮的作用；同时溶剂蒸发后转换为水包油型，又能除去水性污染。

二、家具上光剂

家具上光剂配方实例如下。

(1) 家具上光剂配方 1（质量分数%）

组分	质量分数	组分	质量分数
蜂蜡	16.0	皂片	0.2
巴西棕榈蜡	8.2	松节油	54.9
二戊烯	18.3	蒸馏水	2.4

制法：将皂片溶于热蒸馏水中，同时将蜡溶于二戊烯中，待冷却后将各溶液强烈搅拌混合，再装入密封容器中。

本品在使用中只需将其喷在家具表面，用海绵或软布擦匀后即使家具光洁如新，并能形成一层保护膜，既便于抹去灰尘，又利于保护家具涂料表层。

(2) 家具上光剂配方 2（质量分数%）

组分	质量分数	组分	质量分数
蜡(熔点 90℃)	5.0	硅酸钠	10.0
脂肪酸乙醇酰胺	0.5	三氯化铝溶液(5%)	1.5
烷基硫酸钠	5.0	精制水	47.8
氯化镁	30.0	香精	0.2

制法：将熔点为 90℃的蜡加热至熔化，在另一容器中加入精制水，在搅拌下将脂肪酸乙醇酰胺（作保护胶体）、烷基硫酸钠、氯化镁、硅酸钠、三氯化铝溶液等组分逐步加入，并不断升温使其全部溶解，当温度为 90℃时，再将已溶化的蜡加入，充分搅拌混合均匀后，体系温度降至 40℃时，将香精加入并搅拌均匀即可。

本品具有抗静电性，易于清除家具表面的污垢，能保持家具表面的光洁。

三、除臭剂

1. 人体除臭剂

人体除臭剂配方（质量分数%）

乙醇	50.0	烷基苄基二甲基氯化铵	2.0
山梨糖醇	5.0	蒸馏水	43.0

制法：将乙醇、山梨糖醇、杀菌剂烷基苄基二甲基氯化铵混合后充分搅拌并溶解，然后加入蒸馏水，搅拌至透明即可。

本品涂于腋下，有杀菌和除臭作用。

2. 人体抑汗剂

人体抑汗剂配方（质量分数%）

聚硅聚烷油(SF-1202)	55.0	碱式氯化铝(止汗剂)	22.0
十八烷醇	20.0	滑石粉(325目)	1.0
山梨醇三油酸酯	2.0	香精	适量

制法：将聚硅氧烷油、十八烷醇、山梨醇三油酸酯混合搅拌并加热至70℃，当温度降至45℃时加入碱式氯化铝和滑石粉，最后加入香精，搅拌均匀即可包装。

本品中碱式氯化铝含量高，抑汗效果良好。

3. 鞋子除臭剂

鞋子除臭剂能除去鞋内异味，并具有一定的杀菌作用，它对于易出脚汗、穿着球鞋和旅游鞋的人来讲尤为适宜。

鞋子除臭剂配方（质量分数%）

乙醇	54.0	十二烷基硫酸钠	4.7
六氯苯(杀菌剂)	0.2	苯并噻唑	0.1
三氯化铝	30.0	香精	1.0
丙二醇	10.0		

制法：将上述物料充分混合搅拌均匀使之溶解后包装即可。

本品除具有吸汗除臭作用外，还有防治脚气的作用。

4. 厕所用除臭清洁剂

厕所用洗涤剂应具有清除污垢和除臭等功能，还必须考虑使用方便、安全卫生等问题。

厕所用除臭清洁剂配方（质量分数%）

二氯异氰尿酸钠	3.5	纤维素树胶	2.0
过硫酸钠	12.0	去离子水	73.5
烷基苯磺酸钠	4.0	香精	2.0
环状糊精	2.0	色料	1.0

制法：将上述物料加热后充分混合搅拌均匀即注入模型，急剧冷却成型。

本品是供具有水箱的抽水马桶和坐便器使用的。它在水中能自动释放出清洗组分和除臭成分，从而达到清洗和除臭的效果。

四、空气清新剂

室内空气清新用品，常用于居室、宾馆、车厢中，它可以不断散发清香，使人身心愉快，乐而忘倦。当用于浴室、厕所时，可消除臭味，保持环境幽雅、清净。

空气清新剂有许多类型，有固体型、乳液型、凝胶型、气溶胶型等。气溶胶型一次能喷出较大剂量，可使环境突然香化。固体凝胶型可以连续不断地散发清香，能创造一个持续幽雅的气氛。常用的空气清新剂香型有薰衣草香型、柠檬香型、玫瑰花香型等。

下面列举空气清新剂配方实例。

(1) 固体型空气清新剂配方（质量分数%）

熟石膏	87.3	去离子水	11.4
羟丙基纤维素粉(HPC)	0.5	薰衣草香精溶液	适量
合成硅酸钙	0.8		

制法：将熟石膏、羟丙基纤维素粉、硅酸钙混合均匀后，加入水中制成浆料，随后注入艺术品模型中，一天后取出，在80～90℃烘箱中干燥2h后，再置于薰衣草香精溶液中吸附一定时间取出即可。

本石膏艺术品置于房间中，可持续散香半年以上。

(2) 气溶胶型空气清新剂配方（质量分数%）

香精油	2.0	甘油	2.0
丙二醇	3.0	异丙醇	10.0
三甘醇	3.0	抛射剂(丁烷/丙烷:40/40)	80.0

制法：将配方中各组分充分混合即可填装入压力罐中成为成品。

五、玻璃防雾剂

玻璃防雾剂是一种透明液体，其主要成分为表面活性剂、高聚物、防冻剂和其他助剂。它具有防雾、防尘、清洁的功能。

玻璃防雾剂配方（质量分数%）

二乙醇	30.0	二乙醇酰胺	1.0
异丙醇	30.0	水	37.0
脂肪醇聚氧乙烯醚	2.0		

制法：将配方中各组分均匀混合即可。

本品可用于汽车挡风玻璃、穿衣镜、眼镜的防雾。涂上防雾剂后，在正常情况下可保持10天左右不生雾结霜；并有防雾、防尘之用。

六、干洗剂

全毛和丝绸等高级衣料与服装用水洗涤会引起皱缩、变形，一般都采用干洗。所使用的干洗剂应具有去除油渍、污渍迅速，并易挥发，不损坏衣料，不需漂洗，不留下清洗痕迹的性能。干洗剂是由有机溶剂和表面活性剂等组成的，其中有机溶剂能除去衣物上的重垢油污，而表面活性剂能防止溶于溶剂中的污垢再沉淀，使之分散于有机溶剂中。

下面列举干洗剂配方实例。

(1) 干洗剂配方1（质量分数%）

四氯乙烯	40.0	辛基酚聚氧乙烯醚(APE-9)	10.0
月桂醇聚氧乙烯醚(AEO-9)	40.0	壬基酚聚氧乙烯醚(TX-10)	10.0

制法：将四氯乙烯加入混合器中，然后依次添加月桂醇聚氧乙烯醚、辛基酚聚氧乙烯醚、壬基酚聚氧乙烯醚，搅拌均匀后包装即可。

本品的去污力强，对被清洗物无腐蚀作用。

(2) 干洗剂配方2（质量分数%）

四氯化碳	58.0	三氯甲烷	1.0
汽油	40.8	香精	0.2

制法：将四氯化碳、汽油、三氯甲烷在充分搅拌下混合均匀，再于缓慢搅拌下加入香精即可包装。

将本品涂于衣物污垢处，待溶剂挥发后，用干净纱布轻轻擦之。本品有良好的去污能力。

思　考　题

1. 简述鞋油的作用。
2. 简述溶剂性鞋油的生产工艺过程。
3. 简述乳化型鞋油的生产工艺过程。
4. 举例说明空气清新剂的作用。

参 考 文 献

[1] 顾良荧主编. 日用化工产品及原料的制造与应用大全. 北京：化学工业出版社，1997.

[2] 孙绍曾编著. 新编实用日用化学品制造技术. 北京：化学工业出版社，1996.

[3] 郑富源编译. 合成洗涤剂生产技术. 北京：中国轻工业出版社，1996.

[4] 刘德峥主编. 精细化工生产工艺学. 北京：化学工业出版社，2000.

[5] 王培义编著. 化妆品——原理·配方·生产工艺. 第2版. 北京：化学工业出版社，2006.

[6] 林森，涂宗财，温辉梁主编. 精细化工产品-生产配方与应用手册. 南昌：江西科学技术出版社，1999.

[7] 颜红侠，张秋禹主编. 日用化学品制造原理与技术. 北京：化学工业出版社，2004.

[8] 殷宗泰编. 精细化工概论. 北京：化学工业出版社，1984.

[9] 周学良主编. 精细化工产品手册·日用化学品. 北京：化学工业出版社，2002.

[10] 孙宝国，何坚编著. 香精概论——生产、配方与应用. 第2版. 北京：化学工业出版社，2006.

[11] 孙宝国主编. 日用化工词典. 北京：化学工业出版社，2002.

[12] 化学化工大辞典编委会，化学工业出版社辞书编辑部编. 化学化工大辞典. 北京：化学工业出版社，2003.

[13] 张育川主编. 家用化学品实用小百科. 北京：化学工业出版社，2000.

[14] 化学工业出版社组织编写. 化工产品手册：日用化工产品. 第4版. 北京：化学工业出版社，2005.

[15] 孙宝国，何坚编著. 香精概论——香料、调配、应用. 北京：化学工业出版社，1996.

[16] 何坚，李秀媛编. 实用日用化学品（配方集）. 北京：化学工业出版社，1998.

[17] 李和平，葛虹主编. 精细化工工艺学. 北京：科学出版社，2006.

[18] 虞苏幸主编. 日用化工——新产品与新技术. 南京：江苏科学技术出版社，2001.

[19] 谢明勇，王远兴主编. 日用化学品实用生产技术与配方. 南昌：江西科学技术出版社，2002.

[20] 王宗绵主编. 日用化工品最新配方与生产工艺. 广州：广东科技出版社，1998.

[21] 宋小平，韩长日主编. 实用化学品配方手册. 成都：四川科学技术出版社，1996.

[22] 陈长明，林桂芳等主编. 精细化学品配方工艺及原理分析. 北京：北京工业大学出版社，2003.

[23] 包于珊主编. 化妆品学. 北京：中国纺织出版社，2000.

[24] 李红. 香水香型综述. 精细石油化工进展，2000，1（4）：16-18.

[25] 朱洪法，彭涛主编. 精细化工产品配方与制造. 北京：金盾出版社，2002.

[26] 钱旭红，徐玉芳，徐晓勇等编. 精细化工概论. 北京：化学工业出版社，2000.

[27] 顾良荧编著. 日用化工产品及原料制造及应用大全. 北京：化学工业出版社，1997.

[28] 何坚，孙宝国编著. 香料化学与工艺学. 北京：化学工业出版社，1995.

[29] 陈煜强等编著. 香料产品开发与应用. 上海：上海科学技术出版社，1994.

[30] 王建新，王嘉兴，周耀华编. 实用香精配方. 北京：中国轻工业出版社，1997.

[31] 钟有志主编. 化妆品生产工艺. 北京：中国轻工业出版社，1999.

[32] 肖子英编著. 实用化妆品学. 天津：天津大学出版社，1999.

[33] 谭永军等编. 精细化工小产品新配方. 长沙：中南工业大学出版社，1991.

[34] 唐岸平等编. 精细化工配方500例及生产. 南京：江苏科学技术出版社，1994.

[35] 录华主编. 精细化工概论. 北京：化学工业出版社，1999.

[36] 肖子英. 化妆品学. 天津：天津教育出版社，1988.

[37] 徐宝财等. 洗涤剂配方工艺手册. 北京：化学工业出版社，2005.

参考文献